信息管理与信息系统专业系列丛书
互联网+创新型“十四五”精品教材

交换机与路由器配置与管理

（微课版）

主　编◎龚永华　王懿嘉　王兴旺
副主编◎尹红丹　赵　胜　李红玲　王卫东

哈尔滨工程大学出版社
Harbin Engineering University Press

内 容 简 介

本书全面系统地介绍了信息系统分析与设计的基本概念、基本方法和相关技术。本书共 7 个项目，以网络系统集成管理为主线，主要包括网络系统集成基础、计算机网络基础、需求分析与网络设计、线缆与接口、交换机配置基础、路由器配置基础，以及综合布线等。本书内容针对高职教育特点，侧重于实际应用和动手能力的培养，以提高读者分析问题、解决问题的能力。

本书实例丰富、内容翔实、操作方法简单易学，既可作为应用型本科院校、职业院校的教材，也可作为相关专业人士及感兴趣的读者的参考用书。

图书在版编目（CIP）数据

交换机与路由器配置与管理 : 微课版 / 龚永华，王懿嘉，王兴旺主编. -- 哈尔滨 : 哈尔滨工程大学出版社，2025. 2. -- ISBN 978-7-5661-4686-1

Ⅰ. TN915.05

中国国家版本馆 CIP 数据核字第 2025GU5298 号

交换机与路由器配置与管理（微课版）

JIAOHUANJI YU LUYOUQI PEIZHI YU GUANLI（WEIKE BAN）

选题策划 张林峰

责任编辑 田 婧

出版发行 哈尔滨工程大学出版社

社 址 哈尔滨市南岗区南通大街 145 号

邮政编码 150001

电 话 0451-82519989

经 销 新华书店

印 刷 中晟雅豪印刷有限公司

开 本 787 mm×1 092 mm 1/16

印 张 15.5

字 数 396 千字

版 次 2025 年 2 月第 1 版

印 次 2025 年 2 月第 1 次印刷

书 号 ISBN 978-7-5661-4686-1

定 价 49.80 元

http://www.hrbeupress.com

E-mail:heupress@hrbeu.edu.cn

前　言

党的二十大报告指出，“坚持尊重劳动、尊重知识、尊重人才、尊重创造，实施更加积极、更加开放、更加有效的人才政策”“着力形成人才国际竞争的比较优势”“加快建设国家战略人才力量”“深化人才发展体制机制改革……把各方面优秀人才集聚到党和人民事业中来”。

网络技术是实现社会信息化的基础，随着我国信息化的深入建设，急需大批具备计算机网络系统集成知识的专业人才，本书正是为了满足这样的需求而编写。通过本书各项目理论内容的学习以及实训课题的训练，读者可以在掌握网络知识的基础上，对网络系统集成技术有一个全面清晰的认识，同时具备独立组建网络工程项目的能力。

本书从全面提升网络系统集成技术实际应用能力的角度出发，结合大量的案例来讲解如何运用各种网络系统集成技术解决工程实际问题，使读者了解网络系统集成技术并能够独立地完成各种网络系统集成技术应用操作。

本书中有很多实例本身就是网络系统集成技术应用项目案例，通过编者的精心提炼和改编，不仅保证了读者能够学好知识点，更重要的是能够帮助读者掌握实际的操作技能，同时培养网络系统集成技术应用实践能力。

本书由龚永华（赣州师范高等专科学校）、王懿嘉（吉林司法警官职业学院）、王兴旺（信阳艺术职业学院）担任主编，由尹红丹（兴山县职业教育中心）、赵胜（济南市技师学院）、李红玲（广西电子高级技工学校）、王卫东（平顶山工业职业技术学院）担任副主编。本书的相关资料和售后服务可扫封底二维码或登录 www.bjzzwh.com 下载获得。

本书中所采用的图片、模板、音频、视频和创意等素材，均为所属公司、网站或个人所有，本书引用仅为说明（教学）之用，绝无侵权之意，特此声明。

由于编者水平有限，书中难免存在错误之处，恳请广大读者批评指正并提出宝贵意见。

编　者

目　　录

CONTENTS

项目1 网络系统集成基础

项目导读

随着科技的飞速发展和计算机技术的广泛应用，无论是工作、学习还是娱乐，人们都越来越依赖于高效、稳定的网络系统。在这样的背景下，网络系统集成成为计算机网络技术发展中不可或缺的一环。它不仅仅是一种服务方式，更是确保网络系统满足各类复杂需求的关键。网络系统集成已经成为人们生活中不可或缺的一部分，而它的不断完善和进步，也将为用户带来更加便捷、高效的网络体验。本项目主要介绍网络系统集成基础方面的知识。

学习目标

知识目标

- 掌握网络系统集成的基本概念。
- 了解网络系统集成的主体工作。
- 掌握网络系统集成的工作内容。

技能目标

- 能够识别网络系统集成项目中的关键角色。
- 能够分析智能建筑系统集成中存在的问题与挑战，并提出相应的解决方案或改进建议。

素质目标

- 增强读者网络意识，树立正确的网络安全观，保护信息安全。
- 倡导技术创新，鼓励读者自主创新，推动网络技术发展。

思政目标

- 培养读者独立自主意识，发扬自立更生的精神。
- 培养读者细心严谨的态度，秉持精益求精的精神。

任务1　网络系统集成的概述

任务描述

分析网络系统集成的基本概念、复杂性及其优势，明确其在技术、产品和应用层面的集成需求，并探讨其对提升系统质量、建设速度和提供标准化配置等方面的作用。

任务分析

要完成此任务，首先，需要详细梳理网络系统集成的定义和核心要素。其次，从技术集成、产品集成和应用集成三个层面深入分析网络系统集成的必要性。再次，结合实际情况，探讨网络系统集成过程中可能遇到的各种复杂性和挑战，包括技术、成员、环境和约束等方面的因素。最后，总结网络系统集成在提高系统质量、加快建设速度、提供一站式解决方案及降低维护成本等方面的显著优势。

任务重点与实施

网络系统集成是一个多层次的概念，其核心包含了“网络”“系统”和“集成”三个关键要素。

（1）“网络”在这里特指计算机网络，如常见的校园网、企业网等。这些网络虽然本身就含有一定的系统集成成分，但通常并不涉及更专业的技术和工艺。

（2）“系统”是一个为实现特定功能而构建的、由多个相互关联的部分组成的集合体。在计算机网络中，这些部分可能包括计算机、交换机、路由器、防火墙、系统软件、应用软件以及通信介质等，共同构成了一个有机、协调的整体。

（3）“集成”是一种过程和方法，将原本孤立的事物和元素通过某种方式集中在一起，形成一个有机的整体。在网络系统集成中，集成不仅涉及硬件和软件的整合，还包括系统规划、设计、实施、管理和维护等多个环节。

1.1.1　网络系统集成的作用

网络系统集成并非仅仅是硬件和软件的简单堆砌，更是一种专注于系统整合与系统再生产的增值服务业务，其核心价值在于根据客户的需求进行定制化的价值再创造。从工程实施的角度来看，网络系统集成涵盖了三个核心层面：技术集成、产品集成和应用集成。

技术集成是网络系统集成的基础，它涉及对各类先进技术的融合与优化，从而确保整个网络系统的稳定性、安全性和高效性。这一层面需要专业的技术人员对网络技术有深入的理解和丰富的实践经验，以确保技术的有效整合和最佳配置。

产品集成是将各种网络设备、服务器、存储设备等产品按照既定的设计方案进行组合和配置，形成一个完整的网络系统。在这一过程中，需要考虑产品的兼容性、可扩展性以及未来升级的可能性，确保整个系统的灵活性和适应性。

应用集成是将网络系统与各种应用软件、数据库等进行整合，实现数据的共享、流程的自动化和业务的协同。这一层面需要深入理解客户的业务需求，将业务需求转化为具体的应用解决方案，确保网络系统能够真正满足客户的实际需求。

网络系统集成是一个复杂而精细的过程，它需要综合考虑技术、产品和应用等多个方面，通过专业化的整合和优化，为客户提供高效、稳定、安全的网络系统解决方案，如图 1-1 所示。

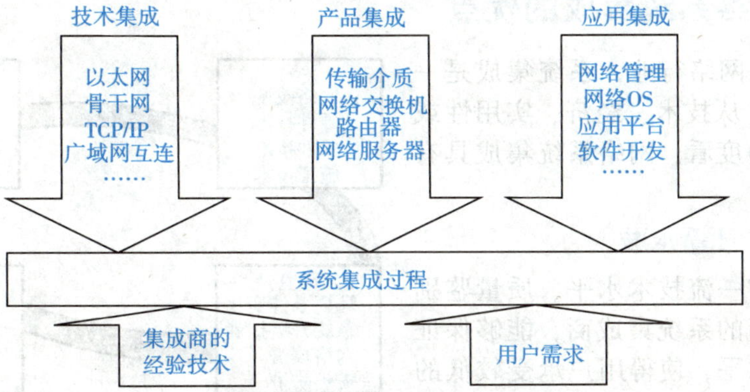

图 1-1　网络系统集成的三个层面

1. 技术集成的需要

各种计算机网络技术，如以太网技术、网络接入技术、光以太网通信技术等的快速发展，使得网络技术体系更加纷繁复杂，导致建网单位、普通网络用户和一般技术人员难以选择和掌握。这就要求必须有一种角色，能够熟悉各种网络技术，完全从客户应用和业务需求入手，充分考虑技术发展的变化，去帮助用户分析网络需求，根据用户需求特点去选择所采用的各项技术，为用户提供解决方案和网络系统设计方案，这个角色就是系统集成商。

2. 产品集成的需要

每一项技术标准的诞生，都会带来一大批丰富多样的产品。每个公司的产品都自成系列且有着功能和性能上的差异。事实上，几乎没有一个网络专业公司能为用户解决从方案到应用的所有问题。系统集成商则不同，它会根据用户的实际应用需要和费用承受能力，为用户进行软硬件设备选型与配套、工程施工等产品集成。

3. 应用集成的需要

用户的需求各不相同、各具特色，由此产生了很多面向不同行业、不同规划、不同层次的网络应用，如 Intranet、extranet、Internet 应用，数据、语音、视频一体化等。这些不同的应用系统，需要不同的网络平台。这些需要系统集成技术人员利用大量的时间进行用户调查、分析应用模型、反复论证方案，使用户能够得到一体化的解决方案，并付诸实施。

1.1.2　网络系统集成的复杂性

网络系统集成技术和产品集成涉及不同的标准和行业规范，其复杂性体现在四个方面：技术、成员、环境和约束，如图 1-2 所示。技术方面的复杂性涉及网络技术、硬件技术、软件技术和施工技术。成员方面的复杂性涉及系统用户、系统集成商、第三方人员和社会评价人员，需要照顾到各方的意见和利益。环境方面的复杂性涉及应用环境的不确定性，包括环境条件变化、系统升级扩展、网络攻击和灾难防护。约束方面的复杂性涉及资金约束、时间约束、政策约束和管理约束。

1.1.3　网络系统集成的优点

目前，在网络行业，系统集成是一个热门话题。从技术、经济、实用性或时间效益的角度看，网络系统集成具有以下特点。

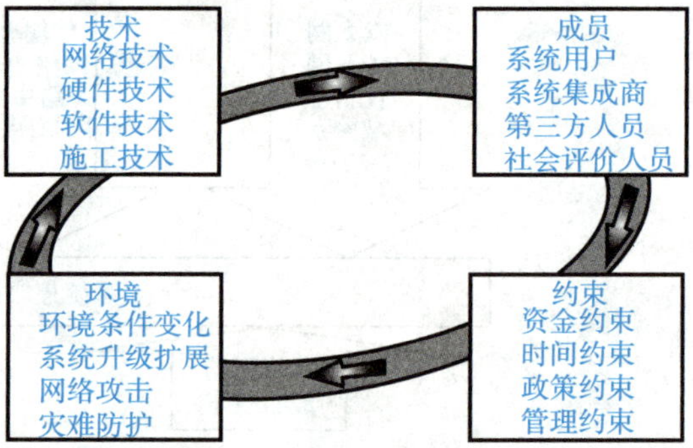

图 1-2　网络系统集成复杂性体现

1. 较高的质量水准

选择具有一流技术水平、质量鉴别体系和资质高的系统集成商，能够保证系统的质量水平，使得用户承受较低的风险。

2. 网络系统建设速度快

由多年从事系统集成的专家和配套的项目组进行集成，有畅通的设备供货渠道，富有处理用户关系的经验，能加快系统建设的速度。

3. 交钥匙解决方案

全权负责处理所有的工程事宜，使用户能够将注意力放在系统的应用要求上。

4. 标准化配置

系统集成商采用成熟和稳妥的方案，使得系统维护及时、成本较低。

由此可见，网络系统集成是目前建设网络信息系统的一种高效、经济、可靠的方法，既是一种重要的工程建设思想，也是一种解决问题的思想方法论。

任务评价

评价内容	评价标准	分值/分	自评	师评
网络系统集成的定义	了解“网络”“系统”和“集成”三个核心要素	20		
为什么需要网络系统集成	理解网络系统集成的三个核心层面	30		
网络系统集成的复杂性	熟悉技术、成员、环境和约束复杂性	30		
网络系统集成的优点	掌握网络系统集成特点	20		
总分		100		

任务 2　网络系统集成的主体结构

任务描述

本任务旨在全面探讨网络工程中的甲方、乙方及监理方角色与职责，深入理解网络系统集成商的组织结构与运营要求，并阐述系统集成资质等级评审的重要性。

任务分析

要完成此任务，首先，需要清晰界定网络工程中的甲方、乙方及监理方的角色定位与职责范围。其次，深入分析系统集成商的内部组织结构，探讨其各职能部门的设置与运作方式，以及成为合格系统集成商所具备的关键条件。同时，需详细阐述系统集成资质等级评审的体系与标准，理解其在保障网络工程项目质量、规范市场秩序方面的重要作用。

任务重点与实施

网络工程建设是一项复杂的系统工程，工程建设通常由多个主体参与。主要的主体包括需要建设计算机网络的单位、网络工程设计单位、网络工程施工单位和工程监理单位等。因为网络工程建设不是简单的设备连接，而是一个技术再开发的过程，所以网络工程设计单位和施工单位通常是同一个单位。一般的网络工程采用三方结构模型，所谓三方结构是指工程甲方、工程乙方和工程监理方，如图 1-3 所示。

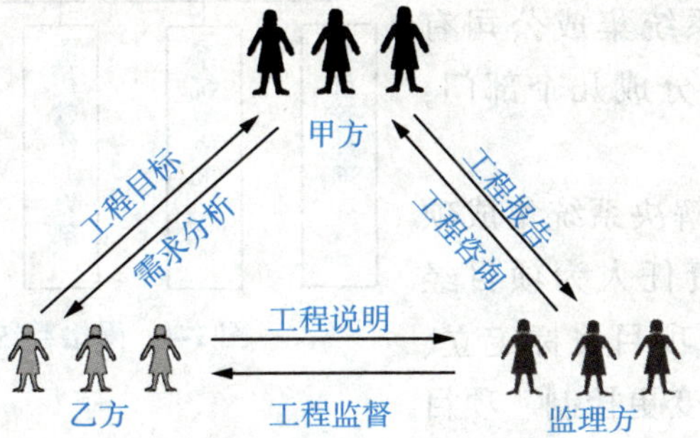

图 1-3　网络工程三方结构

1.2.1　网络工程甲方

网络工程甲方是需要建设计算机网络的单位，也称用户，是计算机网络工程的提出者和投资方，如校园网工程中的学校。甲方的人员组成主要包括行政联络人和技术联络人。行政联络人是甲方的工程负责人，一般由甲方的行政领导担任，负责甲方的组织协调工作。技术联络人是甲方的工程技术负责人，工程中有关技术问题，乙方和监理方可以与甲方技术联络人协调。甲方的职责是编制标书、组织招标和投标、监督工程、组织网络专家对计算机网络工程进行可行性论证等。

1.2.2　网络工程乙方

网络工程乙方是指计算机网络工程的承建者。例如，校园网由a公司承建，则a公司就是网络工程乙方。有时候，由于网络工程的量比较大，可以由多个公司承担网络工程的建设任务，则此时就存在多个乙方。乙方的主要职责是编制投标书、签订工程合同、进行用户需求调查、规划设计、制订实施计划、产品选型、系统集成、合同规定的其他工作等。

1. 经销商、系统集成商、应用开发商

经销商是指从事一家或数家专业厂商网络信息产品的增值代理商、分销商或外商的直接分支代表机构，仅对其代理的产品提供市场推广、营销、售后技术支持等服务。系统集成商是网络系统集成的主要角色，一般都有着丰厚的财力和雄厚的技术力量。应用开发商则以专门开发、销售软件为主。

曾经有一位系统集成专家形容系统集成有三种境界：第一种境界称为“box move”，即“搬箱子”，最多算是体力活，这种商家实质等同于代理，所以为最低层次；第二种境界称为“solution provider”，即解决方案提供商，有较高的技术含量，为用户进行传统设计和制定网络方案，注重系统质量和服务意识，是市场上比较成熟和有实力的系统集成商；第三种境界称为“consultation provider”，即整合服务商，系统集成的使命是为用户引入先进的信息技术，谋求最佳技术和产品方案远比具体实施项目工程重要得多。

2. 系统集成商的组织结构

一个功能完善的系统集成公司有20～100名员工，并划分成几个部门，如图1-4所示。

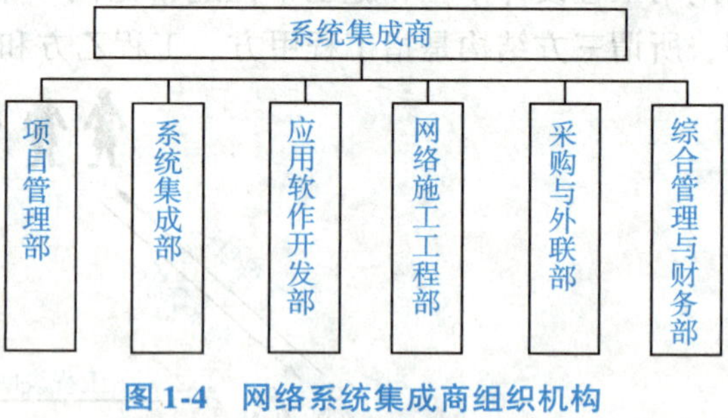

图1-4　网络系统集成商组织机构

(1)项目管理部：解决系统集成项目的非技术性问题，责任人为项目经理，主要负责系统集成项目目标定立、项目规划、项目跟踪、变更控制、项目复审、项目保证、费用估算、风险评测、项目分包、项目验收鉴定等工作。

(2)系统集成部：解决系统集成项目的技术性问题，如需求调研分析、网络方案设计、网络设备选型、组网工程、网络维护管理、网络应用平台构筑，以及网络工程测试等。

(3)应用软件开发部：主要负责根据客户需求定制开发专用软件系统，实现不同硬件、网络及业务系统的整合协同。

(4)网络施工工程部(可选)：负责网络土木建筑施工、综合布线等，也可外包。

(5)采购与外联部：除政府采购之外，一般系统集成项目都附带网络及资源设备的采购。系统集成项目能否争取到好价钱，全靠这个部门。

(6)综合管理与财务部：财务人员配合项目管理部完成系统项目费用概算、账目处理、账务结算等日常财务管理。综合管理人员主要负责文秘、接待、宣传推广等事务工作，为公司提供后勤保障。

3. 成为合格系统集成商的必备条件

要成为一个合格的网络系统集成商，应该具备下列条件。

(1)具备承担网络系统的分析与设计、软硬件设备选型及工程项目组织管理及协调、系统安装调试与维护的能力。

(2)有一支从事网络系统集成的高水平技术队伍。网络系统集成不是一个公司或几个人就能做的，它需要拥有一批高水平专业技术人员，而且要有一定的工程经验。

(3)具备完成网络系统集成任务的调试环境及设备。

(4)有完成网络系统工程建设的经验和业绩，这是网络建设单位最感兴趣的资质。

(5)有充足的资金支持。一个系统集成项目在签约后，一般来讲，系统集成商投资的额度达50%~80%，而且工程周期长，在这个过程中要花费大量的人力、物力，这就要求系统集成商具有相当的经济实力。

4. 系统集成资质等级评审条件

计算机系统集成商要想获得网络工程项目的建设，必须取得相应的系统集成资质。目前，计算机信息系统集成资质分为四个等级，在招标、投标过程中对乙方的资质有明确规定。

(1)一级资质：具有独立承担国家级、省(部)级、行业级、地(市)级(及其以下)、大中小型企业级等各类计算机信息系统建设的能力。

(2)二级资质：具有独立承担省(部)级、行业级、地(市)级(及其以下)、大中小型企业级或合作承担国家级的计算机信息系统建设的能力。

(3)三级资质：具有独立承担中、小型企业级或合作承担大型企业级(或相当规模)的计算机信息系统建设的能力。

(4)四级资质：具有独立承担小型企业级或合作承担中型企业级(或相当规模)的计算机信息系统建设的能力。

1.2.3 网络工程监理方

网络工程监理方是指为了帮助用户建设一个性价比最优的网络系统，在网络工程建设过程中，给用户提供前期咨询、网络方案论证、确定系统集成商、网络质量控制等服务。提供工程监理服务的机构就是监理方，工程监理方的人员组织包括总监理工程师、监理工程师、监理人员等。网络工程监理方的主要职责是帮助用户做好需求分析、选择好的系统集成商、控制工程进度、控制工程质量、做好各项测试工作。

任务评价

评价内容	评价标准	分值/分	自评	师评
网络工程甲方	了解网络工程甲方	20		
网络工程乙方	了解网络工程乙方	30		
	掌握系统集成资质等级评审条件	30		
网络工程监理方	了解网络工程监理方	20		
总分		100		

任务3　网络系统集成的体系结构

任务描述

本任务旨在通过分析网络系统集成的关键步骤，包括环境支持、网络平台搭建、应用基础服务部署、信息系统集成、网络管理与安全等方面，为企业或组织提供一套完整的网络系统集成解决方案，以满足其日益增长的业务需求。

任务分析

要完成此任务，需清晰把握网络系统集成框架，明确环境、网络、应用、信息、管理及安全六大层次的功能与关联。随后，深入理解集成模型，掌握从需求分析到验收维护的全流程，注重技术文档与灵活性。

任务重点与实施

1.3.1　网络系统集成的体系框架

网络系统集成的体系框架用层次结构描述了网络系统集成涉及的内容，目的是给出清晰的系统功能界面，反映复杂网络系统中各组成部分的内在联系，如图1-5所示。

图 1-5　网络系统集成体系架构

1. 环境支持平台

环境支持平台是指为了保障网络安全、可靠、正常运行所必须采取的环境保障措施，主要考虑计算机网络的结构化布线系统和机房、电源等环境问题。

2. 计算机网络平台

计算机网络平台提供开发的网络通信协议 TCP/IP、网络互连规则和机制。选择传输的网络软硬件产品、进行网络设备的布局和配置、提供通信数据的交换和路由功能。

3. 应用基础平台

应用基础平台是指建立在 TCP/IP 协议基础和 Internet/Intranet 体系基础之上，以信息沟通、信息发布、数据交换、信息服务为目的的一组服务程序，包括电子邮件(E-mail)、WWW 协议、文件传送协议(file transfer protocol，FTP)和域名解析(domain name system，DNS)等服务。

4. 信息系统平台

信息系统平台容纳各种应用服务，直接面向网络用户。可以选用成熟的网络应用软件，也可以开发适用的应用软件，如用于学校的教学管理系统、企业的办公自动化系统等。

5. 网络管理平台

网络管理平台根据所采用网络设备的品牌和型号的不同而不同。但大多数都支持 SNMP，建立在 HP OpenView 网关平台基础上。为了网络管理平台的统一管理，习惯上在组建一个网络时，尽量使用同一家网络厂商的产品。

6. 网络安全平台

网络安全贯穿于系统集成体系架构的各个层次。网络的互通性和信息资源的开放性都容易被不法分子利用，不断增长的网络应用，使得网络安全更引人关注。

1.3.2 网络系统集成模型

网络系统集成模型用来指出设计和实现网络系统的阶段划分和各阶段之间的联系，体现了系统化的工程方法，方便了设计和施工，同时强调了技术文档的作用，各部分的反馈联系反映了网络工程实施的灵活性和适应性，如图1-6所示。网络系统集成模型具有加快网络系统建设速度、分工明确、职责清晰、提供交钥匙解决方案；实现标准化配置，所选取的设备及建设方法具有开放性等特点。

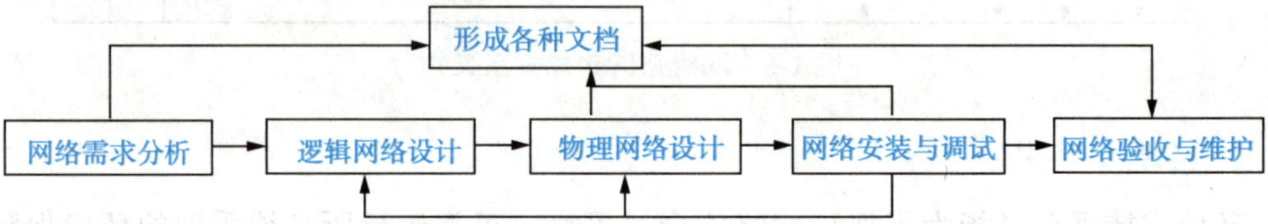

图1-6　网络系统集成模型

1. 网络需求分析

网络需求分析用来确定该网络系统要支持的业务、要完成的网络功能、要达到的性能等。需求分析的内容涉及三个方面：网络的应用目标、网络的应用约束与网络的通信特征，这需要全面细致地勘察整个网络环境。网络需求包括网络应用需求、用户需求、计算机环境需求、网络技术需求等。

2. 逻辑网络设计

以生活中做一双布鞋为例，给出类似的比喻。假设要为某一个人做一双布鞋，则应先照他的脚画一个“鞋样”，这个形成“鞋样”的过程就是逻辑网络设计。逻辑网络设计主要有四个步骤：确定逻辑设计目标、网络服务评价、技术选项评价、进行技术决策。逻辑网络设计需要确定的内容有：网络拓扑结构是采用平面结构还是采用三层结构，如何规划IP地址，采用何种路由协议，采用何种网络管理方案，以及网络管理和网络安全方面的考虑。

3. 物理网络设计

以生活中做一双布鞋为例，就是根据“鞋样”去制作鞋子，选择鞋底、鞋面材料、按工序制作鞋子。物理网络设计涉及网络环境的设计，结构化布线系统设计，网络机房系统设计，供电系统的设计，网络技术选择，网络设备的选型等。

4. 网络安装与调试

网络安装与调试是依据逻辑设计和物理设计，按照设备连接图和施工阶段图进行组网。在组网施工过程中进行阶段测试，整理各种技术文档资料，在施工安装、调试及维护阶段做记录。

5. 网络验收与维护

给网络端结点设备加电，并通过网络连接到服务器运工行网络应用程序，对网络是否满足需求进行测试和检查。

任务评价

评价内容	评价标准	分值/分	自评	师评
网络系统集成的体系框架	了解六大平台以及它们之间的内在联系	40		
网络系统集成模型	掌握网络系统集成模型全流程	60		
总分		100		

任务4 智能建筑系统集成

任务描述

本任务将探讨智能建筑系统集成的关键技术、组成结构以及目前存在的问题，旨在为智能建筑的高效管理和优化提供参考和指导。

任务分析

要完成此任务，首先需要全面理解智能建筑的组成结构及其关键技术，包括建筑设备自动化系统(BAS)、通信网络系统(CNS)、信息网络系统(INS)和综合布线系统(GCS)的各自功能及相互之间的关系。任务的核心在于实现智能建筑的系统集成，确保各子系统之间能够高效、协同地工作，以优化资源配置，提升建筑的整体智能化水平和运行效率。

任务重点与实施

智能建筑的系统集成就是借助综合布线系统和计算机网络技术，以构成智能建筑楼宇自动化(building automationion，BA)、办公自动化(office automation，OA)和通信自动化(communication automation，CA)三大要素为核心，将语音、数据和图像等信号经过统一的筹划设计综合在一套综合布线系统中，并通过贯穿于大楼内外的布线系统和公共通信网络，以及协调各类系统和局域网之间的接口和协议，把那些分离的设备、功能和信息有机地连成一个整体，从而构成一个完整的系统。使资源达到高度共享、管理高度集中。

智能建筑系统总体功能通常划分为三个层次：设备级集成、系统级集成和经营管理级集成。设备级集成完成系统的硬件资源连接，实现底层设备的联动和各种基本控制功能等；系统级集成完成各分、子系统内部的集成及各分、子系统间的互连，实现系统间的数据通信和资源共享，同时在互连的基础上完善相互之间功能上的协调控制；经营管理级集成是面向用户的高层次功能集成，在实现系统基本功能的基础上，满足建筑物综合服务管理的需要，使系统的楼宇设备控制管理、信息通信和信息管理等基本功能与建筑物的经营管理有机地融合为一体，最终实现智能建筑的最优化目标。

智能建筑系统组成示例如图 1-7 所示。

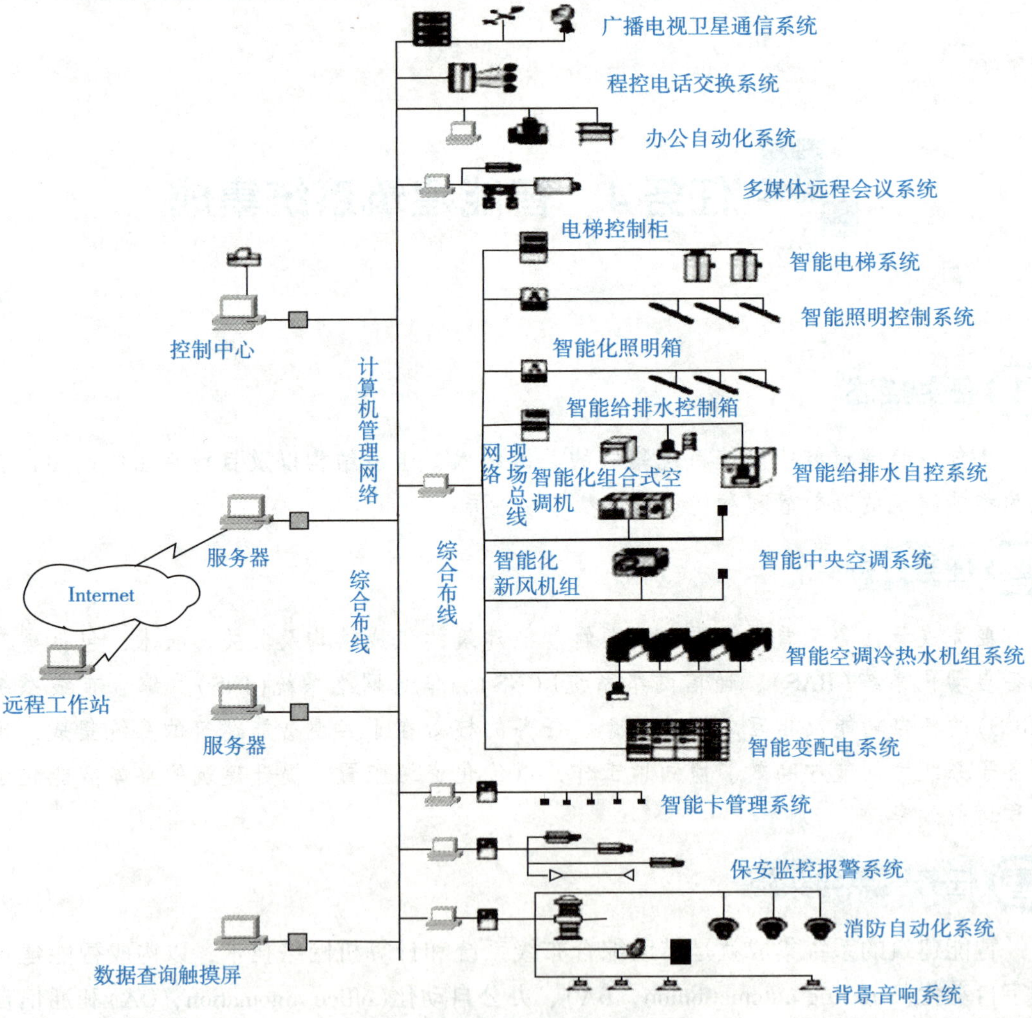

图 1-7　智能建筑系统组成示例

1.4.1 智能建筑的组成

在智能建筑的组成结构中，建筑设备自动化系统(building automation system，BAS)是智能建筑存在的基础；通信网络系统(communication network system，CNS)是沟通建筑物内外信息传输的通道；信息网络系统(information network system，INS)则向智能建筑内的人们提供网络应用平台，为人们的工作和生活创造方便快捷的环境；综合布线系统(generic cabling system，GCS)是为上述子系统提供信息传输、交换的物理网络。

1. 建筑设备自动化系统

BAS也被称为建筑自动控制系统，是“将建筑物或建筑群内的电力、照明、空调、给排水、防灾、保安、车库管理等设备或系统，以集中监视、控制和管理为目的，构成综合系统”，广义的BAS主要包括楼宇设备控制系统、安全防范系统(security automation system，SAS)、消防报警系统(fire alarm system，FAS)三大部分，狭义的BAS则专指楼宇控制系统。

上述三大部分可以采用以楼宇设备控制系统为主的模式来进行集成(俗称小3a集成)，是以控制为目的所做的控制信息集成；也可以在以太网平台上做各子系统平等地位的一体化集成，构成建筑物集成管理系统(building management system，BMS)。停车场管理系统(car parking system，CPS)有时也被划入其中。

随着网络技术的发展，BAS正在由集散控制系统(distributed control system，DCS)结构模式向现场总线控制系统(fieldbus control system，FCS)结构模式过渡。FCS模式简化了网络结构，用一条总线就可将系统所有的监控模块连接起来，使整个系统的可靠性大为提高，同时通过在总线上增减节点就能随意增加或减少监控模块，因此系统有很强的扩展能力。

基于现场总线的BAS系统多由二级网络组成，上级网络多为以太网，支持10/100 MB/s的传输速率，下级网络为现场总线网络，两级网之间通过网络控制器完成数据的传输、交换和共享。在一定程度上可以认为，以LonWorks等现场总线控制技术为核心、以工业过程控制数据交换标准接口(object linking and embedding(OLE) for process control，OPC)集成技术为纽带将是建筑物自动化系统发展的主要特点。

2. 通信网络系统

通信网络系统包括数字程控交换机PABX、无线通信系统、卫星通信系统、有线广播系统、电视会议系统等，它是建筑物内语音、数据、图像传输的基础设施，又与外部通信网络(公用电话网、综合业务数字网、计算机互联网、数据通信网及卫星通信网等)相连，可确保建筑物内外信息的畅通和实现信息共享。

智能建筑对CNS所需服务的要求可归纳为“5W1H”。5W是指无论是谁或与谁进行通信通信自由性选择(whoever/whomever)、无论采用什么方式进行通信通信服务多样性(whatever)、无论是什么时间进行通信通信随时性(whenever)、无论在哪里与哪里进行通信通信全方位、无约束性(wherever)，1H是指无论怎样进行通信通信操作方便、实时、安全性(however)。

3. 信息网络系统

信息网络系统主要由计算机网络、数据库、服务器、工作站、网关、路由器等网络设备及软件构成。由于数据网络可以把语音、视频、数据、因特网服务有机地联系起来，把建筑物内的服务与外界的宽带联系起来，因此，数据网络的发展极为迅速，人们在这方面的需求呈级数增长。在网络应用的基础上，为人们的工作带来方便，使人们的部分办公业务借助于各种办公设备，并由这些办公设备与办公人员构成服务于某种办公目标的人机信息系统。

信息网络系统也可以应用计算机技术、通信技术、多媒体技术和行为科学等先进技术来从事电子商务或视频点播、游戏娱乐等活动而丰富人们的生活，更可以进一步实现部门的管理信息系统(management information system，MIS)和决策支持系统(decision support system，DSS)，视管理对象不同，有时还可包括楼宇物业管理及三表抄送等内容。

4. 综合布线系统

综合布线系统是建筑物或建筑群内部之间的传输网络，用于语音和计算机网络的通信，是智能建筑重要的基础设施之一。它能使建筑物或建筑群内部的语音、数据通信设备、信息交换设备、建筑物物业管理及建筑物自动化管理设备等系统之间彼此相连，也能使建筑物内通信网络设备与外部的通信网络相连。

1.4.2 智能建筑系统集成的关键技术

智能建筑包含的系统多、技术含量高，工程内容、种类十分复杂，施工队伍来自不同单位，各子系统、各工种的工程进度互有先后、并迭，工作内容互为条件、基础。过程组织的集成包括系统集成分析、系统集成设计、系统集成实施、系统集成评价四个阶段。

通信的集成是智能建筑系统集成的基础。通信集成的目标是实现多种设备业务相互交换数据，有通路而不能通信就谈不上数据的共享和子系统之间的联动。智能建筑系统通信集成如图1-8所示。

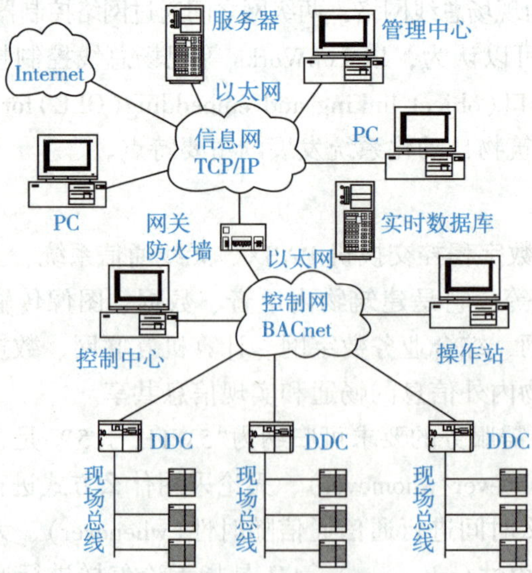

图1-8 智能建筑系统通信集成

控制的集成目标是希望将所有的监控单元纳入一个系统框架内。要解决子系统之间的互通互连，如图 1-9 所示。

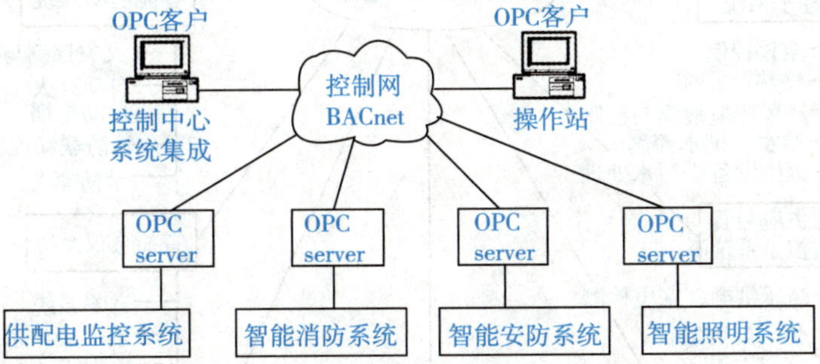

图 1-9　智能建筑系统控制集成

管理信息的集成目标是在实现各类数据共享的基础上构建智能建筑的信息管理系统和信息发布系统，最终实现数字城市、数字国家、数字地球。

智能建筑系统中的信息管理如图 1-10 所示。

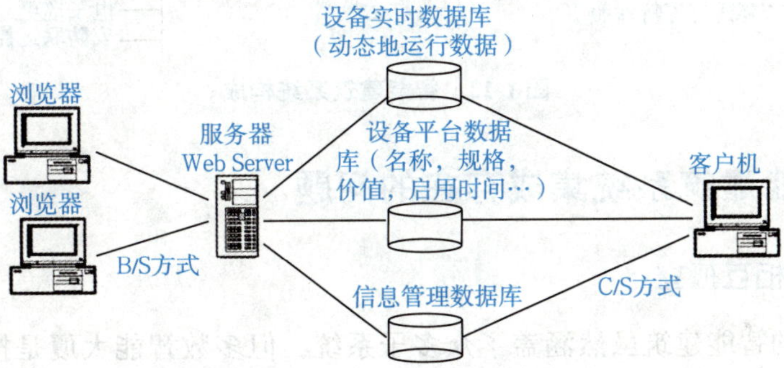

图 1-10　智能建筑系统中的信息管理

智能建筑系统模块如图 1-11 所示。

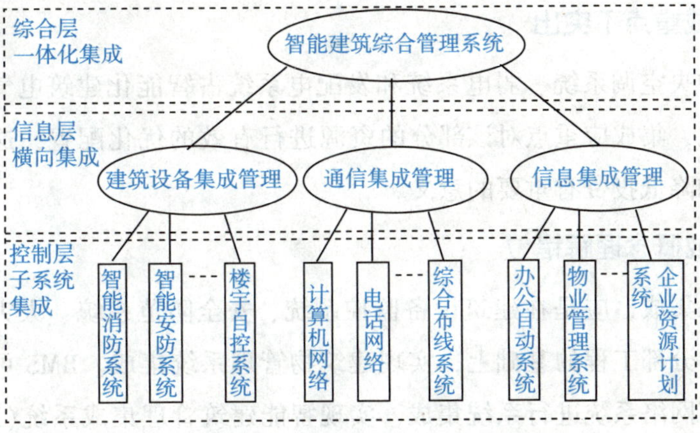

图 1-11　智能建筑系统模块

智能建筑系统构成如图 1-12 所示。

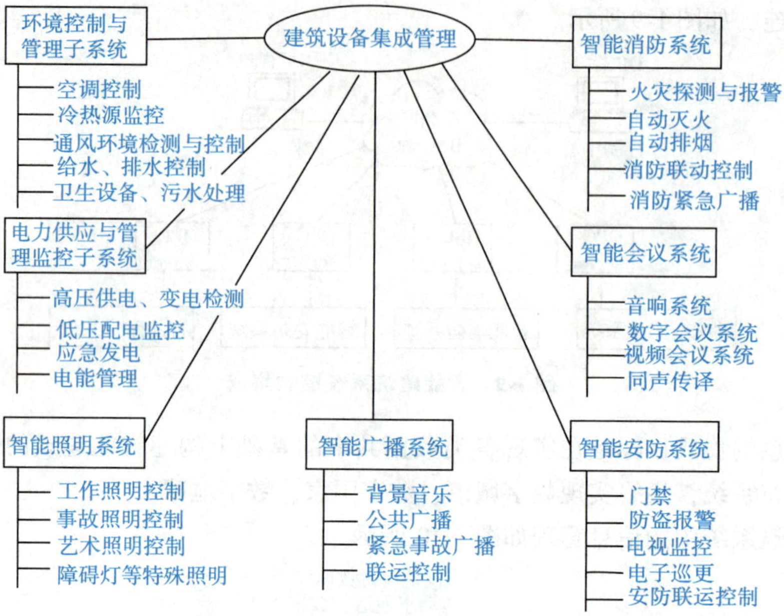

图 1-12 智能建筑系统构成

1.4.3 智能建筑系统集成存在的问题

1. 子系统相互孤立

已经建成的智能建筑虽然涵盖了众多子系统，但多数智能大厦是按照各子系统分立进行的，各子系统相互孤立，不能够实现系统集成。对智能大厦的资源没有进行有效的优化配置，对降低建筑电气设备投资和能耗效果不大。

2. 系统集成重点不突出

据统计，中央空调系统、弱电系统和发配电系统占智能化建筑电气系统总投资的 86% 以上。因此，集成应重点对该部分的资源进行有效的优化配置，这对大厦建筑电气设备的节能和降低投资有重要的意义。

3. 系统集成概念理解错位

智能化系统集成，应是在建筑设备监控系统、安全防范系统、火灾自动报警及消防联动系统等各分部工程的基础上，实现建筑物管理系统集成。BMS 可进一步与信息网络系统、通信网络系统进行系统集成，实现智能建筑管理集成系统(intelligent BMS, IBMS)。而目前大多仍停留在传统意义上的、以弱电系统为主的智能设计。

任务评价

评价内容	评价标准	分值/分	自评	师评
智能建筑的组成	了解建筑设备自动化系统	5		
	了解通信网络系统	5		
	了解信息网络系统	5		
	了解综合布线系统(GCS)	5		
智能建筑系统集成的关键技术	掌握通信集成的目标	5		
	掌握控制集成的目标	5		
	掌握管理信息集成的目标	5		
	掌握智能建筑系统控制集成要素	15		
	掌握智能建筑系统构成要素	20		
智能建筑系统集成存在的问题	分析智能建筑系统集成存在的问题	30		
总分		100		

任务5　安防系统集成

任务描述

安全防范系统，简称安防系统(security system)，是利用音视频、红外、探测、微波、控制、通信等多种科学技术，采用各种安防产品和设备，给人们提供一个安全的生活和工作环境的系统。达到事先预警、事后控制和处理的效果，保护建筑内外人身及生命财产安全。

任务分析

要完成此任务，需要系统地规划、设计并实施包括防盗报警系统、视频监控系统以及门禁系统在内的三大核心子系统。这一任务旨在通过高度集成化的安防手段，全面提升目标区域或建筑物的安全防护能力。

任务重点与实施

安防系统集成(security system integration)是指以搭建组织机构内的安全防范管理平台为目的，利用综合布线技术、通信技术、网络互联技术、多媒体应用技术、安全防范技术、网络安全技术等，将相关设备、软件进行集成设计、安装调试、界面定制开发和应用支持。

安全防范系统是技防和人防相结合的系统，利用先进的技防系统弥补人防本身的缺陷，用科学技术手段提高人们生活和工作环境的安全度。

除了技防系统外，还必须有严格训练和培训的高素质安保人员，只有通过人防和技防的结合防范才能提供一个真正的安防系统。强大的接警中心和高效的公安机关是安防系统的核心。

狭义的安全防范系统就是防盗报警系统(intruder alarm system，IAS)，它由三部分构成：前端报警探头(包括红外探测器、微波探测器、震动电缆、围栏、紧急按钮、窗门磁、烟感传感器、温度传感器等)、传输部分(包括电源线和信号线、传输设备)和报警主机。

广义的安全防范系统包括闭路电视监控系统(close circnit televison，CCTV)、门禁系统(access control system，ACS)和防盗报警系统，这是国际上主流的应用。在国内来讲还包括防盗门、保险柜、金属探测系统、安检系统等。

安防系统集成实施的子系统包括门禁系统、楼宇对讲系统、监控系统、防盗报警系统、电子巡查系统、一卡通、停车管理系统、消防系统、多媒体显示系统、远程会议系统。安防系统集成既可作为一个独立的系统集成项目，又可作为一个子系统包含在智能建筑系统集成中。

1.5.1 防盗报警系统

防盗报警系统包括智能大厦在内的现代化的大型建筑物，在其内部的主要设施和要害部门都要求设置防盗报警装置，这些场所包括：停车场、大堂、商场、银行、餐厅、酒吧、娱乐场所、设备间、仓库、写字楼层及其公共部分、大厦周围及主要场所的出入口等。防盗报警系统的设计应当从实际需要出发，尽可能使系统结构简单、可靠。设计时应遵循的基本原则如下。

(1)系统必须可靠，具有自动防止故障的特性，即使工作电源发生故障，系统也必须处于随时能够工作的状态。

(2)系统应具备一定的扩充能力，以适应后续使用功能的扩展。

(3)报警器应安装在非法闯入者不易达到的位置，通往报警器的线路最好采用暗埋方式。

(4)传感器或探测器尽量安装在不引人注意的地方，且当受损时易于发现，并得到相应的处理。

(5)系统应当符合我国有关的国家标准，即集散型结构，通过总线方式将报警控制中心与现场控制器连接起来，探测器则连接到现场控制器上，在难于布线的局部区域宜采用无线通信设备。

(6)系统所使用的部件应尽量采用标准部件，以便于系统的维护和检修。

(7)系统必须采用多层次、立体化的防卫方式，如周边设防、区域布防和目标保护。在目标保护中不能有监控盲区的出现。

防盗报警系统的构成如图1-13所示。

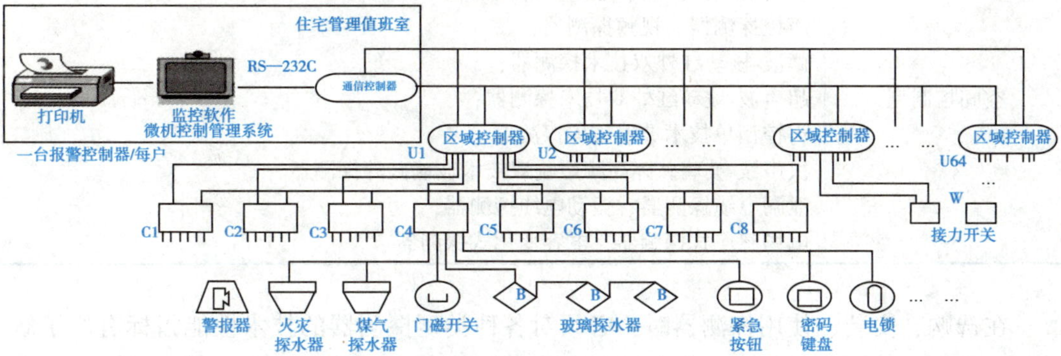

图1-13 防盗报警系统的构成

1. 探测器

探测器是安防报警系统的输入部分，是用来探测入侵者入侵时所发生的移动或其他动作的装置。它通常由传感器、信号处理器和输出接口组成，简单的入侵探测器可以没有信号处理器和输出接口。

探测器包括开关式探测器、玻璃破碎探测器、人体探测器、光束遮挡式探测器、振动探测器、移动探测器、电子围栏等。此外，为了防止发生抢劫事件及在发生紧急情况时报警，还要在需要的地方安装紧急按钮和脚踏开关等。

(1)按用途或使用的场所不同来分，探测器可分为户内型入侵探测器、户外型入侵探测器、周界入侵探测器、重点物体防盗探测器等。

(2)按探测器的探测原理不同或应用的传感器不同来分，探测器可分为雷达式微波探测器、微波墙式探测器、主动式红外探测器、被动式红外探测器、开关式探测器、超声波探测器、声控探测器、振动探测器、玻璃破碎探测器、电场感应式探测器、电容变化探测器、视频探测器、微波-被动红外双技术探测器、超声波-被动红外双技术探测器等。

(3)按探测器的警戒范围来分，探测器可分为点控制型探测器、线控制型探测器、面控制型探测器及空间控制型探测器，如表1-1所示。

表 1-1 按探测器的警戒范围分类

警戒范围	探测器种类
点控制型	开关式探测器
线控制型	主动式红外探测器，激光式探测器、光纤式周界探测器
面控制型	报动探测器、声控-振动型双技术玻璃破碎探测器
空间控制型	雷达式微波探测器、微波墙式探测器； 被动红外探测器、超声波探测器； 声控探测器、视频探测器； 微波-核动红外双技术探测器； 超声波-被动红外双技术探测器； 声控型单技术玻璃破碎探测器； 次声波-玻璃破碎高频声响双技术玻璃破碎探测器； 泄漏电缆探测器、振动电缆探测器； 电场感应式探测器、电容变化式探测器

在选购、安装、使用探测器时，必须对各种类型探测器的技术性能指标有所了解，否则必然会给使用带来很大的盲目性，以致达不到有效安全防范的目的。

(1)漏报率：当危险情况出现时，报警器没有发出报警信号的现象叫作漏报警。漏报率是出现危险情况而未报警的次数占出现危险情况次数的百分比。

(2)探测率：能准确探测到外来入侵的比例。由探测率和漏报率可见，两数之和应为100%。也就是说，探测率越高，漏报率越低；反之亦然。

(3)误报率：在没有任何危险情况出现时，报警器发出报警信号的现象叫作误报警。误报率是报警器在单位时间内没有出现危险情况而产生报警的次数。单位时间用年、月、日均可表示。

(4)探测范围：探测范围通常可以用探测距离、探测视场角或探测面积(体积)来表示。

(5)报警传送方式，最大传输距离。传送方式是指有线或无线传送方式。最大传输距离是指在探测器发挥正常警戒功能的条件下，从探测器到报警控制器之间的最大有线或无线传输距离。

(6)探测灵敏度：指能使探测器发出报警信号的最低门限信号或最小输入探测信号。该指标反映了探测器对入侵目标产生报警的反应能力。

(7)功耗：探测器在工作时间的功率消耗，分为静态(非报警状态)功耗及动态(报警状态)功耗。

(8)工作电压和电流：探测器工作时的电源电压和电流(交流或直流)。

(9)工作环境：室内应用时温度为-10~55 ℃；相对湿度<95%。室外应用时温度为-20~75 ℃；相对湿度<95%。

(10)工作时间：探测器可持续正常工作的时间。

2. 现场控制器

现场控制器或防盗控制主机是带微处理器的控制器，当它接收到现场的报警信号时，一方面对现场报警点进行操作和控制，另一方面向监控中心传送有关的报警信息，在监控中心的显示屏上显示出来或在监控中心的打印机上把有关的报警信息打印记录下来。现场控制器的规格与数量完全取决于现场报警信号的数量和性质。

现场控制器主要包括以下功能。

(1)接收带地址的报警信号。

(2)对不同性质的防区，通过编程确定防区的性质。

(3)可带控制键盘和液晶显示器，控制布防和撤防，有密码操作功能。

(4)输出信号带动报警器，输出标准信号推动联动设备。

(5)与监控中心的通信功能。

3. 监控中心

监控中心由控制计算机、高分辨率的大型彩色显示屏、中英文打印机、不间断电源及与现场控制器的通信连接器组成。此外，应有密码操作功能、图形功能、报警处理功能、报警功能、报表功能、打印功能、资料处理功能及与 CCTV 有联动功能的软件支持。

监控中心的主要功能有以下方面。

(1)接收现场报警、显示及打印报警信息，显示报警现场平面图形，报警点有明显的闪烁，对于与 CCTV 有联动功能的报警点则输出信息到 CCTV。

(2)控制现场报警点的布防和撤防，或每天按时间程序进行布防和撤防。

1.5.2 闭路电视监控系统

闭路电视监控系统又称视频监控系统，是智能建筑安防系统中不可缺少的一个子系统，通常在安防系统的监控中心设有数台甚至数十台闭路电视监视器，通过 CCTV 在监控中心可以随时观察大厦入口、主要通道、客梯轿厢及重要安防部位的动态情况，从而保证了这些主要场所的安全。

1. 视频监控系统的发展

从技术角度出发，视频监控系统发展划分为第一代模拟视频监控系统、第二代基于“PC+多媒体卡”的数字视频监控系统、第三代完全基于 IP 网络视频监控系统(intelligent video surveillance system，IPVS)。

(1)第一代视频监控

第一代视频监控是传统模拟闭路视频监控系统，依赖摄像机、电缆、录像机和监视器等专用设备。例如，摄像机通过专用同轴电缆输出视频信号。电缆连接到专用模拟视频设备，如视频画面分割器、矩阵、切换器、卡带式录像机及视频监视器等。模拟 CCTV 存在的局限性如下。

① 监控能力有限。只支持本地监控，受到模拟视频线缆传输长度和线缆放大器的限制。

② 可扩展性有限。系统通常受到视频画面分割器、矩阵和切换器输入容量的限制。

③ 录像负载重。用户必须从录像机中取出或更换新录像带保存，且录像带易丢失、被盗或无意中被擦除。

④ 录像质量不高。录像是主要限制因素，录像质量随复制次数数量的增加而降低。

(2)第二代视频监控

第二代视频监控是当前“模拟-数字”监控系统。“模拟-数字”监控系统是以数字硬盘录像机为核心的半模拟-半数字方案。从摄像机到 DVR 仍采用同轴电缆输出视频信号，通过数字视频录像机(digital video recorder，DVR)支持录像和回放，并可支持有限 IP 网络访问。由于 DVR 产品五花八门，没有标准，所以这一代系统是非标准封闭系统，DVR 系统仍存在如下的局限性。

① 布线复杂。“模拟-数字”方案需要在每个摄像机上安装单独视频缆，导致布线的复杂性。

② 可扩展性有限。DVR 典型限制是一次最多只能扩展 16 个摄像机。

③ 可管理性有限。用户需要外部服务器和管理软件来控制多个 DVR 或监控点。

④ 远程监视/控制能力有限。用户不能从任意客户机处访问任意摄像机，只能通过 DVR 间接访问摄像机。

⑤ 存在磁盘发生故障的风险。与磁盘阵列(redundant arrays of independent disks，RAID)冗余和磁带相比，“模拟-数字”方案录像没有保护，易于丢失。

(3)第三代视频监控

第三代视频监控系统(IPVS)是基于 IP 网络的全数字网络视频监控系统。该系统的优势是摄像机内置 web 服务器，并直接提供以太网端口。这些摄像机生成 jpeg 或 mpeg4 格式的数据文件，可供任何经授权客户机从网络中任何位置访问、监视、记录并打印，而不是生成连续模拟视频信号形式的图像。全 IP 视频监控系统的优势如下。

① 简便性：所有摄像机都通过经济、高效有线或无线以太网简单地连接到网络，使用户能够利用现有局域网基础设施。可使用五类网络线缆或无线网络方式传输摄像机输出图像及水平、垂直、变倍控制命令(甚至可以直接通过以太网提供)，

② 强大中心控制：一台工业标准服务器和一套控制管理应用软件就可运行整个监控系统。

③ 易于升级与全面可扩展性：轻松添加更多摄像机。中心服务器将来能够方便升级到更快速处理器、更大容量磁盘驱动器以及更大带宽等。

④ 全面远程监视：任何经授权客户机都可直接访问任意摄像机，也可通过中央服务器访问监视图像。

2. 典型视频监控系统的组成

典型的电视监控系统主要由前端监视设备、传输设备、后端控制显示设备三大部

分组成，其中后端设备可进一步分为中心控制设备和分控制设备。前、后端设备有多种构成方式，它们之间的联系(也可称作传输系统)可通过电缆、光纤或微波等多种方式来实现。

传统的闭路监控系统主要由摄像部分、传输部分、控制部分与显示记录部分四大块组成。

(1)摄像部分

摄像部分是电视监控系统的前沿部分，是整个系统的“眼睛”，在被监视场所面积较大时，在摄像机上加装变焦距镜头，使摄像机所能观察的距离更远、更清楚；还可把摄像机安装在电动云台上，可以用云台带动摄像机进行水平和垂直方向的转动，使摄像机覆盖的角度更大。

摄像机分彩色摄像机和黑白摄像机两种，一般根据监视对象的环境和要求选取。安装方式有固定和带云台两种。摄像机的清晰度用线表示，分为水平线和垂直线，线数越多，则清晰度越高。黑白摄像机的水平线大多在450～600线，而彩色摄像机的水平线大多在230～420线。

云台就是两个交流电组成的安装平台，可以水平和垂直运动。这里所说的云台有别于照相器材中的云台，照相器材的云台一般来说只是一个三脚架，只能通过手来调节方位；而监控系统所说的云台可以通过控制系统在远端控制其转动方向。云台有多种类型：按使用环境分为室内型和室外型，主要区别是室外型密封性能好，防水、防尘，负载大；按安装方式分为侧装和吊装，即云台是安装在天花板上还是安装在墙壁上；按外形分为普通型装和球型，球型云台是把云台安置在一个半球形、球形防护罩中，除了防止灰尘干扰图像外，还隐蔽、美观、快速。在挑选云台时要考虑安装环境、安装方式、工作电压、负载大小，也要考虑性能价格比和外形是否美观。

如果摄像机只是固定监控某个位置，不需要转动，那么只用摄像机支架就可以满足要求。普通摄像机支架安装简单，价格低廉，而且种类繁多。普通支架有短的、长的、直的、弯的，可根据不同的要求选择不同的型号。室外支架主要考虑负载能力是否合乎要求，还有安装位置，因为从实践中发现，很多室外摄像机安装位置特殊，有的安装在电线杆上，有的立于塔吊上，有的安装在铁架上。由于种种原因，现有的支架可能难以满足要求，需要另外加工或改进。

解码器的作用是用数据电缆接收来自控制主机发送的控制码，经其解码，放大输出，驱动云台的旋转及变焦镜头的变焦与聚焦。通常，解码器的电压放大输出，对云台的驱动电压为AC 24 V，对摄像头的驱动电压为DC 7～12 V。在选择解码器时，应考虑解码器与所配套的云台、镜头的技术参数量是否匹配，还要注意解码器适合的工作环境。

在某些情况下，特别是在室外应用的情况下，为了防尘、防雨、抗高低温、抗腐蚀等，对摄像机及其镜头还应加装专门的防护罩，甚至对云台也要有相应的防护措施。防护罩主要分为室内和室外两种。室内防护罩的主要区别是体积大小、外形是否美观、表面处理是否合格。功能主要是防尘、防破坏。室外防护罩密封性能一定要好，保证雨水不能进入防护罩内部侵蚀摄像机。有的室外防护罩还带有排风扇、加热板、雨刮器，可以更好地保护设备。当天气太热时，排风扇自动工作；太冷时加热板自动工作；当防护罩玻璃上有雨水时，可以通过控制系统启动雨刮器。挑选防护罩时先看整体结构，安装孔越少越有利于防水，再看内部线路是否便于连接，最后还要考虑外观、质量、安装座等。

(2)传输部分

传输部分就是系统的图像信号通路。一般来说，传输部分指的是传输图像、声音信号。同时，由于需要有控制中心通过控制台对摄像机、镜头、云台等进行控制，因而在传输系统中还包含控制信号的传输。

在传输方式上，近距离一般采用视频基带传送，通信介质为同轴电缆；也可采用射频无线传输，即视频图像信号调制到某一射频频道上进行传送；距离较远时可采用光纤传输，传输容量大，保密性好；对于远距离传输，需配备视频信号放大设备、图像信号的校正与补偿设备。

控制信号传输可采用通信编码间接控制，即采用串行通信编码控制，用双绞线传多路编码控制信号，到现场解码；或采用同轴视控传输方式，即控制信号与视频信号用一条同轴电缆。

(3)控制部分与显示记录部分

控制部分与显示记录部分负责对摄像机及其辅助部件(如镜头、云台)的控制，并对图像、声音信号进行记录。

监视器是监控系统的标准输出，有了监视器人们才能观看前端传送过来的图像。监视器分彩色、黑白两类，尺寸有9、10、12、14、15、17、21英寸等，常用的是14英寸。监视器也有分辨率，同摄像机一样用线数表示，实际使用时一般要求监视器线数要与摄像机匹配。另外，有些监视器还有音频输入、S-video输入、RGB分量输入等，除了用于音频输入监控系统外，其余功能大部分用于图像处理工作，在此不作介绍。

当视频传输距离比较远时，最好采用线径较粗的视频线，同时可以在线路内增加视频放大器，增强信号强度，达到远距离传输目的。视频放大器可以增强视频的亮度、色度和同步信号，但线路内干扰信号也会被放大，另外，回路中不能串联太多的视频放大器，否则会出现饱和现象，导致图像失真。

一路视频信号对应一台监视器或录像机，若想将一台摄像机的图像送给多个管理者看，最好选择视频分配器。因为并联视频信号衰减较大，送给多个输出设备后由于阻抗不匹配等原因，图像会严重失真，线路也不稳定。视频分配器除了阻抗匹配外，还有视频增益，它使视频信号可以同时送给多个输出设备而不受影响。

多路视频信号要送到同一处监控，可以一路视频对应一台监视器，但监视器占地面积大，价格高，如果不要求时时刻刻监控，可以在监控室增设一台切换器，把摄像机输出信号接到切换器的输入端，切换器的输出端接监视器，切换器的输入端分为2、4、6、8、12、16路，输出端分为单路和双路，还可以同步切换音频(视型号而定)。切换器有手动切换、自动切换两种工作方式，手动方式是想看哪一路就把开关拨到哪一路；自动方式是让预设的视频按顺序延时切换，切换时间通过一个旋钮可以调节，一般在1～35 s。切换器的价格很低(一般只有四百元左右)，连接简单，操作方便，但在一个时间段内只能看输入中的一个图像。要在一台监视器上同时观看多个摄像机图像，就需要用画面分割器。

画面分割器有四分割、九分割、十六分割等几种，可以在一台监视器上同时显示4、9、16个摄像机的图像，也可以送到录像机上记录。四分割是最常用的设备之一，其性能价比也较好，图像的质量和连续性可以满足大部分要求。九分割和十六分割价格较高，而且分割后每路图像的分辨率和连续性都会下降，录像效果不好。另外还有六分割、八分割、双四分割设备，但图像比率、清晰度、连续性并不理想，市场使用率更小。大部分分割器除了可以同时显示图像外，还可以显示单幅画面，叠加时间和字符，设置自动切换，连接报警器材。

监控系统中最常用的记录设备是民用录像机和长延时录像机，因其操作简单，录像带也容易保存和购买。与家用录像机不同，延时录像机可以长时间工作，可以录制24小时甚至上百小时的图像，可以连接报警器材，收到报警信号自动启动录像，可以叠加时间日期，可以编制录像机自动录像程序，选择录像速度，录像带到头后是自动停止还是倒带重录等。延时录像机的性能虽然出众，但价格不菲，而且目前分辨率不是很高，在延时录像时也会丢失一部分图像，回放的图像是跳跃的。

数字硬盘录像设备(DVR)在闭路电视监控行业中已是焦点产品之一。以DVR为核心组成的数字硬盘录像监控系统将会成为传统录像监控系统的替代产品。数字录像技术的诞生，使得快速检索、高清晰重播图像成为可能。

数字硬盘录像监控系统以其功能集成化、录像数字化、使用简单化、监控智能化、控制网络化等优势，在安防领域得到了广泛重视，将成为传统录像监控系统的替代产品。

以解压缩方式区分，又分为硬解压和软解压两大类。硬解压是指由专门设计的电路和单片机晶片内的底层软件完成解压；软解压是指用计算机主机和高级语言编制的软件解压。通过实际工程应用总结，发现硬件压缩和解压比软件更真实可靠，原因是软件方式依赖于成本低廉、机箱庞大的计算机，并非闭路电视领域的专业产品，且使用中很容易死机或引起资料混乱，所记录的图像也有可能被更改或重新编辑；而硬件方式采用闭路电视领域的专业技术，图像画面具有清晰的压缩和解压缩，一旦被记录下来，就不可能更改。视频监控系统的构成如图1-14所示。

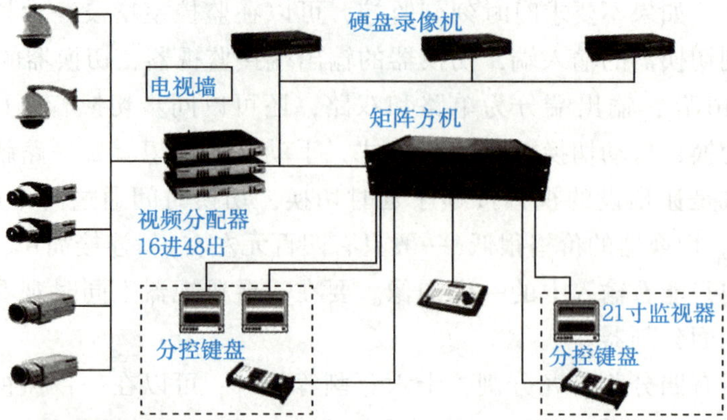

图 1-14　视频监控系统的构成

1.5.3　门禁系统

门禁系统又称出入管理控制系统，是一种管理人员进出的数字化管理系统。门禁系统由门禁控制器、读卡器、通信转换器、门禁考勤软件和电子门锁组成。门禁就是出入口控制，在人进出重要通道时，进行适当级别的权限鉴别，以区分是否能通过的一种管理手段。

1. 门禁系统的分类

随着社会电子化智能程度的深入，现在人们看到的门禁系统依据输入设备介质和方法的不同可以分为密码门禁系统、刷卡门禁系统和生物识别门禁系统。

(1)密码门禁系统

密码门禁系统通过输入密码，系统判断密码正确就驱动电锁，开门放行。优点是只须记住密码，无须携带其他介质，实现成本最低。缺点是速度慢，输入密码一般需要几秒钟，如果进出的人员过多，需要排队，如果输入错误，还需要重新输入，耗时更长；安全性也差，旁边的人容易通过手势记住别人的密码，密码容易被忘记或泄露。目前密码门禁使用的场合越来越少，只在对安全性要求低、成本低、使用不频繁的场合还在使用。

(2)刷卡门禁系统

刷卡门禁系统根据卡的种类分为接触卡门禁系统(磁条卡、条码卡)和非接触卡(又叫感应卡、射频卡)门禁系统。接触卡门禁系统由于频繁接触而使得卡片容易磨损，使用次数不多，卡片容易损坏等，使用的范围已经越来越少，只在和银行卡(磁条卡)有关的场合被使用，以及 VIP 通道门禁系统、无人值守取款机门禁系统等局部行业性领域被使用。非接触 IC 卡，由于其耐用性好、性价比高、读取速度快、安全性高等优势，成为当前门禁系统的主流。所以，当前很多人把非接触 IC 卡门禁系统简称为门禁系统。

(3)生物识别门禁系统

生物识别门禁系统是根据人体生物特征的不同而识别身份的门禁系统。常见的有指纹门禁系统(每个人的指纹纹路特征存在差异性)、掌形仪门禁系统(每个人的手掌的骨骼形状存在差异性)、虹膜门禁系统(每个人的视网膜通过光学扫描存在差异性)、人像识别门禁系统(每个人的五官特征和位置不同)等。

生物识别门禁系统的优点：无须携带卡片等介质，重复概率小，不容易被复制，安全性高。

生物识别门禁系统的缺点：成本高。由于生物识别需要比对很多参数特征，比对速度慢，不利于人员人数过多的场合。人体的生物特征会随着环境和时间的变化而变化，因此容易产生拒识率(明明是这个人，但是生物特征变了，而认为不是本人)。例如，指纹由于季节和干湿度不同而不同，掌形和人像由于年龄的增长而改变，虹膜由于眼部患病而改变等。所以，生物识别门禁系统虽然先进和安全，但是应用的范围有限，只在人数不多、安全性要求高，不担心成本高等少数领域进行应用，不是当前门禁系统的主流。

门禁系统根据其应用场合和应用对象不同还有一些衍生形式，例如，用于车辆进出管理的停车场管理系统、用于地铁公交收费的地铁门禁系统。

2. 门禁系统的组成

门禁系统从结构上主要分为独立门禁系统和联网门禁系统，组成有所不同。独立门禁系统又分为可存储记录数据的门禁系统与不可存储数据的门禁系统两种，但不管是哪一种系统，控制部分原理几乎是一样的。

(1)独立门禁系统

独立门禁系统不能和计算机通信，门禁权限的设置在本机的键盘或母卡进行设置。也有一些独立门禁机是利用带液晶显示的辅助键盘等做卡片的授权。

独立门禁系统包括独立型门禁机(含读卡和控制)、开门按钮、电锁、电源、感应卡等部件，有的还可以外接一个读卡器实现进出门都刷卡。

独立门禁系统的优点是价格比较便宜，无须计算机知识，装修人员都可以安装。独立门禁系统的缺点是安全性较差。因为控制电锁的继电器在一体机内，不法人员无须太多专业知识就可以通过短路或破坏独立型门禁机来开门，甚至有时用强磁铁就可以吸开独立型门禁机内的继电器，从而打开电锁。虽然有些厂家进行了改良，将按钮和继电器放在电源里面，但是没有从根本上提高安全系数。设置卡的权限相当不便捷，如果一个公司有多个门需要门禁时，需要一个一个地设置和取消，设置工作相当麻烦，而且不知道哪些门设置了什么权限。

所以，独立门禁系统适用于安全级别不高、成本预算低、门数不多、无须快速授权和分析门禁出入记录的场合。

市面上常见的一款独立型门禁机如图1-15所示。

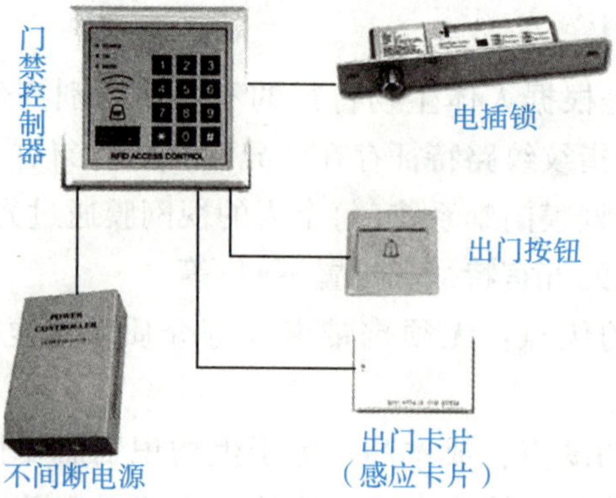

图 1-15 独立型门禁机

(2)联网门禁系统

联网门禁系统能够和计算机进行通信，通过安装在计算机上的门禁管理软件进行卡的权限的设置和分析查询门禁出入记录。电脑不打开，系统也可以脱机正常运行。软件运行可以进行权限和参数的设置，还可以实时监控各个门的进出情况，还可以统计考勤报表等。

联网门禁系统包括门禁控制器、读卡器、出门按钮、通信集线器、感应卡、电源和门禁管理软件等部分。

如果接两个读卡器，不接开门按钮，可以实现进出门都要刷卡。如果接密码读卡器，可以实现卡+密码功能，预防卡片被别人捡到而非法进入，安全级别更高。带读卡器国际通信接口输出格式的生物识别设备(指纹仪、掌形仪等)可以取代读卡器，实现更高安全级别的门禁系统。

按照门禁控制器的通信方式可以分为 RS232、RS485、TCP/IP、LAN 等。

RS232 通信方式的最远通信距离是 13 m(该距离内通信稳定)，3 m 以内最为稳定。虽然 13 m 以上测试也可以通信，但是不稳定，抗干扰能力差，不建议这样做。一般的台式计算机具备 1 ~ 2 个串口，通过多串口卡可以扩展为最多 255 个串口。笔记本一般没有串口，需要购买 USB 串口转换器来实现。需要注意的是 RS232 每个串口只能实现和一台控制器的通信。

RS232 通信方式的传输速率通常为 9 600 b/s，也可以为 2 400 b/s、4 800 b/s 等，波特率越大，传输速度越快，但稳定的传输距离越短，抗干扰能力越差。

理论上 RS485 通信方式下最远通信距离是 1 200 m，建议控制在 800 m 以内，能控制在 300 m 以内效果最好。如果距离超长，可以选购 485 中继器(延长器)，选购中继器理论上可以延长到 3 000 m。

一条 485 总线可以带多少台控制器取决于控制器的通信芯片和 485 转换器通信芯片，一般有 32 台、64 台、128 台、256 台几种选择。这个是理论上的数字，实际应用时，考虑现场环境、通信距离等因素，负载数量达不到指标数。如需要带更多控制器，可采用多串口卡或485HU来解决。不建议使用无源485转换器，无源485转换器成本低，但实际负载数量和通信距离远小于标称值。

RS485必须手牵手通过双绞线串联连接，禁止分叉或星形连接。

TCP/IP通信协议是当前计算机网络通用性标准协议，具备传输速度快、达国际标准、兼容性好等优点。采用TCP/IP通信协议时，控制器的接入方式和局域网的HUB及计算机网卡的接入方式一样。

TCP/IP通信协议下可以通过HUB的级联延长通信距离，每一级的通信距离达100 m，可以级联多级，而且在大型局域网中可以通过光纤、无线等多种方式延长到很远，甚至跨城市，也可以通过互联网实现千里之外的联网。

TCP/IP通信协议下，门禁系统的负载数量理论上没有限制，HUB可以级联，成千上万台控制器组网都没有问题。

但门禁系统中，最常用的是RS485和TCP/IP协议。下面六种基本门禁类型可以独立使用，也可以组合使用，根据项目要求的不同而变化，多种方案的灵活运用是门禁系统集成应具备的特点之一。

① 基本门禁系统。如图1-16所示的系统的应用于对门禁要求不高，需要基本的卡片管理、记录刷卡事件的项目、安装数量只有一台的情况。该系统支持的用户数比较少。

② 简单联网系统。如图1-17所示的系统具有门禁的基本功能，可通过多种485型号门禁控制器联网，在每个控制器接上读卡器和按钮等外部设备，所有控制器通过一个485通信器连接到计算机，可以扩充增加更多的控制器。该系统组网方便，成本容易控制。接线方式可参考上述基本门禁系统。

简单联网系统主要应用于对门禁要求不高、需要有基本的门禁管理功能、记录刷卡记录、安装多台的情况。

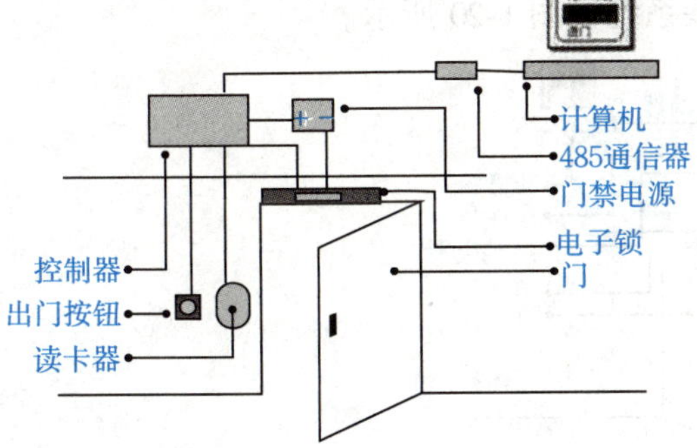

图1-16　基本门禁系统

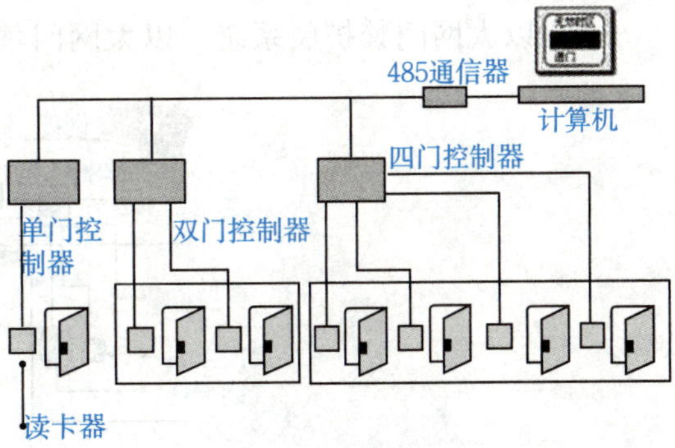

图1-17　简单联网系统

③ 多接口门禁系统。如图1-18所示的系统可采用多种485型号门禁控制器联网，通过485总线连接到计算机，组网方便，成本易控制，可实现较为复杂的通信和工作性能。

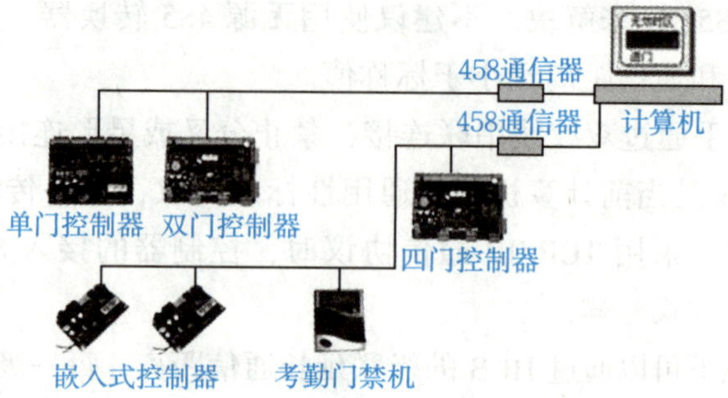

图 1-18　多接口门禁系统

由于 485 总线的通信距离限制，该系统中所有的门应该在一个比较近的范围内，其中比较近的门可以使用多门控制器，比较远的门则使用单门控制器，每个控制器的接线可参考上述基本门禁系统。

④ 基本以太网门禁系统。如图 1-19 所示的系统组网方便，安装维护快捷，可以使用多种型号的 TCP/IP 控制器，控制器通过集线器直接连接到计算机，管理卡片数在 4 000 以下。

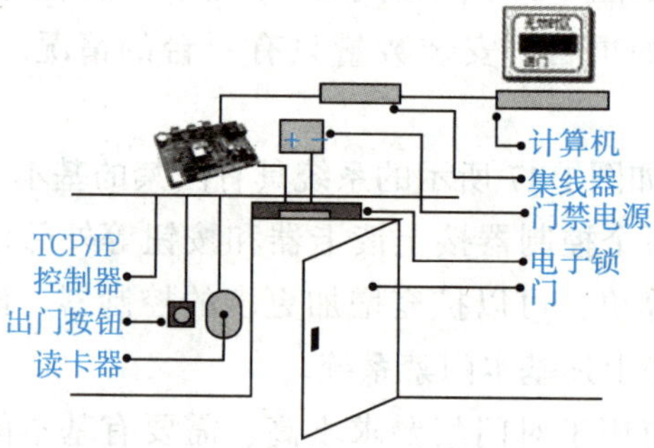

图 1-19　基本以太网门禁系统

⑤ 以太网门禁扩展系统。以太网门禁扩展系统如图 1-20 所示。

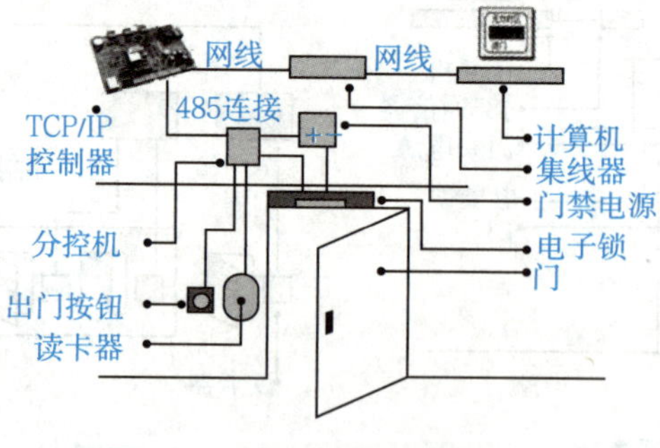

图 1-20　以太网门禁扩展系统

⑥ 混合门禁系统。混合门禁系统如图 1-21 所示。

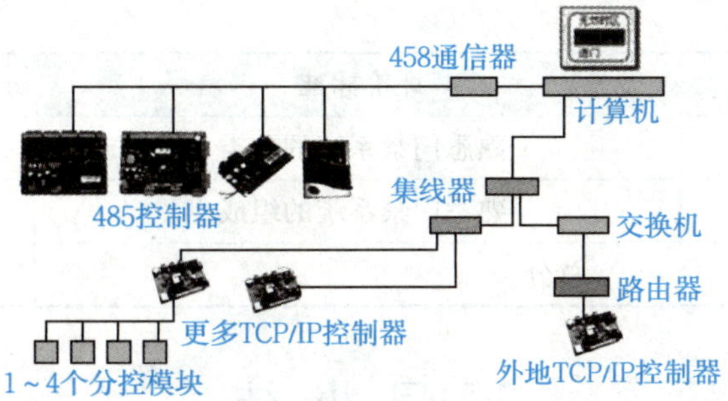

图 1-21　混合门禁系统

除了上述门禁系统外，市面上还有门禁一体机存在。门禁一体机就是读卡和控制器合二为一的门禁控制产品，有独立型的也有联网型的，相对于读卡器和控制器分离的联网门禁系统，其成本更低一些，但是由于控制部分外露，安全级别略低，往往用于只有一个门禁点的用户，中型和大型的多门门禁系统多数采用读卡器和控制器分离的联网门禁系统，以满足中高端门禁用户稳定性和安全性上的需求。

门禁一体机还具有键盘设置和液晶显示功能，能够满足国内一部分客户外观上的需求，但是由于液晶是易损配件，其稳定性、抗干扰性等不如读卡器和控制器分离的联网型门禁产品，进口产品(除了某些我国台湾地区的产品外)一般都还是采用读卡器和控制器分离的模式。市面上常见的几款门禁一体机如图 1-22 所示。

(a)　(b)　(c)

图 1-22　门禁一体机

任务评价

评价内容	评价标准	分值/分	自评	师评
防盗报警系统	掌握设置防盗报警的场所	5		
	理解设计时应遵循的基本原则	10		
	掌握防盗报警系统的构成部分	20		
视频监控系统	了解视频监控系统的定义	5		
	了解视频监控系统的发展阶段	10		
	掌握典型视频监控系统的组成部分	20		

（续表）

评价内容	评价标准	分值/分	自评	师评
门禁系统	熟悉门禁系统的分类	15		
	熟悉门禁系统的组成	15		
总分		100		

项目小结

本项目首先介绍了网络系统集成的定义、必要性、复杂性、优点；其次介绍了主体结构；再次介绍了网络系统集成的体系结构；最后介绍了智能建筑和安防系统集成这两个重要领域。通过本项目的学习，读者能够提升知识体系和实践技能，为未来职业发展奠定坚实基础。

项目习题

一、选择题

1. 网络系统集成的核心包含以下哪些要素？（　　）

A. 网络、硬件、软件　　B. 网络、系统、集成

C. 硬件、软件、服务　　D. 技术、产品、应用

2. 网络系统集成的优点不包括以下哪项？（　　）

A. 提高系统安全性　　B. 降低建设成本

C. 减少系统维护难度　　D. 加快系统建设速度

3. 在网络系统集成中，技术集成的主要作用是什么？（　　）

A. 确保系统的灵活性和适应性

B. 实现数据的共享和业务的协同

C. 确保整个网络系统的稳定性、安全性和高效性

D. 提供交钥匙解决方案

4. 网络系统集成商在提供服务时，通常扮演以下哪种角色？（　　）

A. 单纯的硬件供应商　　B. 解决方案提供商

C. 仅提供施工服务　　D. 仅负责系统维护

5. 智能建筑系统集成不涉及以下哪项内容？（　　）

A. 楼宇自动化　　B. 办公自动化

C. 通信自动化　　D. 网络硬件销售

二、填空题

1. 网络系统集成是一种以________为出发点，合理选择并整合各种软件、硬件和应用系统的过程。

2. 网络系统集成的复杂性体现在技术、成员、环境和________四个方面。

3. 安防系统集成的目的是利用音视频、红外、探测、微波、控制、通信等多种科学技术，给人们提供一个________的生活和工作环境。

三、简答题

1. 简述网络系统集成的定义及其主要工作内容。
2. 解释为什么需要进行网络系统集成，并说明其核心价值。
3. 描述网络系统集成的体系结构，并解释每一层的作用。
4. 智能建筑系统集成的关键技术有哪些?
5. 安防系统集成实施的子系统包括哪些?请列举至少三个。

四、项目实战

简单家用网络

小明家的房子是两室一厅，小明和父母都要在家里使用计算机上网。为了避免冲突，小明家准备购买 3 台 PC，其中，两台台式 PC 固定在客厅里上网，一台笔记本式 PC(带有无线网卡)需要在家里的任何地方都能够上网。

设计思路

1. 订购网络产品。
2. 安装调试。
3. 记录并整理技术文档。

项目 2　计算机网络基础

项 目 导 读

本项目从家庭网络的组建出发，全面梳理计算机网络的基本概念、分类、拓扑结构、局域网标准以及广域网协议。深入理解和应用计算机网络基础知识。

学习目标

◆ 知识目标

- 掌握计算机网络、网络体系结构基本概念。
- 熟悉网络分类与应用。
- 掌握局域网标准与扩展方法。
- 了解广域网协议。

◆ 技能目标

- 能够根据实际需求设计合理的网络拓扑结构，选择合适的网络设备和协议。
- 熟练进行网络故障诊断与排除，解决常见的网络问题。
- 能够根据业务需求选择合适的广域网接入方式，并进行相应的配置和管理。

◆ 素质目标

- 深入理解网络发展史，培养读者科技强国的历史使命感。
- 通过家庭网络组建，培养读者家庭责任感和网络安全意识。
- 学习网络分类与应用，强化读者网络文明和道德规范。

◆ 思政目标

- 加强读者在网络中保护个人隐私，明确网络行为的界限。
- 教育读者积极参与网络正能量传播，应承担起维护网络健康的责任。

任务1 计算机网络的概述

任务描述

计算机网络是需要深入学习的。其中涉及的知识更是日后学习进阶课程不可或缺的基石。但首先要明白，什么是网络？什么是互联网？以及了解相关的基本的概念。

任务分析

要完成此任务，需深入理解计算机网络的基本概念、发展历程、组成及体系结构，并掌握其分类与应用，为后续学习奠定坚实基础。

任务重点与实施

2.1.1 计算机网络的发展

计算机网络的发展大体上经历了三个阶段的演进。但这三个阶段在时间划分上并非截然分开而是有部分重叠的，这是因为网络的演进是逐渐的，而并非在某个日期发生了突变。

1. 第一阶段是从单个网络 ARPAnet 向互连网发展的过程

20 世纪 60 年代中期出现了大型主机，同时也出现了对大型主机资源远程共享的要求。以程控交换为特征的电信技术的发展则为这种远程通信需求提供了实现的手段。现代意义上的计算机网络是从 1969 年美国国防部高级研究计划局(DARPA)建成的 ARPAnet 实验网开始的。该网络当时只有 4 个节点，以电话线路作为主干通信网络，两年后，建成 15 个节点，进入工作阶段。此后，ARPAnet 的规模不断扩大。到了 20 世纪 70 年代后期，网络节点超过 60 个，主机 100 多台，地理范围跨越了美洲大陆，连通了美国东部和西部的许多大学和研究机构，而且通过通信卫星与夏威夷和欧洲地区的计算机网络相互连通。

2. 第二阶段是计算机网络标准化阶段

经过 20 世纪 60 ~70 年代前期的发展，人们对组网的技术、方法和理论的研究日趋成熟。为了促进网络产品的开发，各大计算机公司纷纷制定自己的网络技术标准。IBM 公司首先于 1974 年推出了系统网络体系结构(system network architecture，SNA)，为用户提供能够互连互通的成套通信产品；1975 年，DEC 公司宣布了自己的数字网络体系结构(digital network architecture，DNA)；1976 年，UNIVAC 宣布了公司的分布式通信体系结构(distributedcommuni cation architecture，DCA)，这些网络技术标准只是在一家公司范围内有效，遵从某种标准的、能够互连的网络通信产品，只是同一公司生产的同构型设备。1977 年，国际标准化组织(Internatbnol Organizaition for Standardization，ISO)的 TC97 信息处理系统技术委员会 SC16 分技术委员会开始着手制定开放系统互连参考模型(open system interconnection reference model，OSIRM)。作为国际标准，OSI 规定了可以互连的计算机系统之间的通信协议，遵从 OSI 协议的网络通信产品都是所谓的“开放系统”。

3. 第三阶段是计算机网络逐渐形成了多层次 ISP 结构的计算机网络

从 1993 年开始，由美国政府资助的 NSFNET 逐渐被若干个商用的计算机网络主干网替代，而政府机构不再负责计算机网络的运营。这样就出现了一个新的名词：计算机网络服务提供者(internet service provider，ISP)。在许多情况下，ISP 就是一个进行商业活动的公司，因此 ISP 又常译为计算机网络服务提供商。例如，中国电信、中国联通和中国移动等公司都是 ISP，如图 2-1 所示。

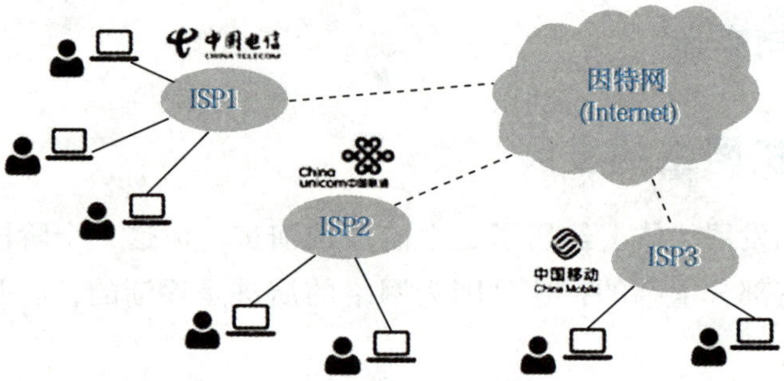

图 2-1　计算机网络服务提供商

2.1.2　计算机网络的概念与组成

计算机网络最简洁的定义：计算机网络就是一些互连的、自治的计算机系统的集合。

广义观点的定义：计算机网络是能实现远程信息处理的系统或能达到资源共享的系统。

资源共享观点的定义：计算机网络是以能够相互共享资源的方式互连起来的、自治的计算机系统的集合。

计算机网络的概念与组成

网络之间还可以通过路由器互连起来，这就构成了一个覆盖范围更大的计算机网络。这样的网络称为互联网(Internetwork 或 Internet)。因此互联网是“网络的网络”(network of networks)。网络把许多计算机连接在一起，而互连网则把许多网络通过路由器连接在一起。与网络相连的计算机常称为主机。网络和互联网络图示如图 2-2 所示。

网络互连并不仅仅是把计算机简单地在物理上连接起来，还需要在计算机上安装许多使计算机能够交换信息的软件才行。因此当谈到网络互连时，就默认表示在这些计算机上已经安装了适当的软件，因而在计算机之间可以通过网络交换信息。

现在使用手机上网已非常普遍。由于手机中有中央处理机 CPU，因此也可以把连接在计算机网络上的手机称为主机。实际上，手机已经不是个单一功能的设备，它既是电话机，也是集计算机、照相机、摄像机、电视机、导航仪等综合多种功能于一体的智能机器。

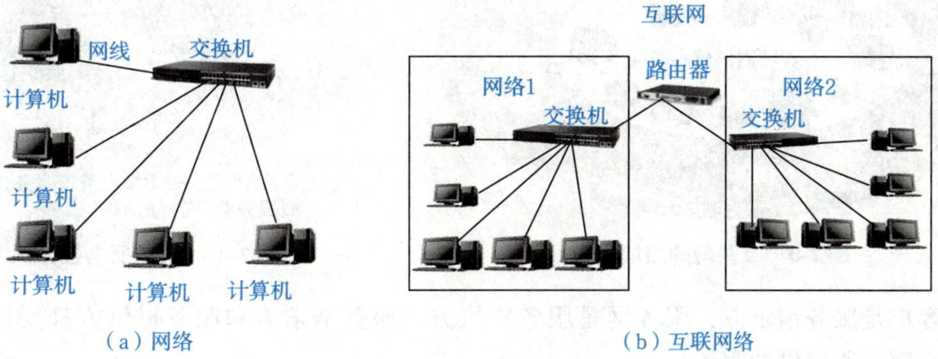

图 2-2　网络和互联网络图示

互联网的拓扑结构非常复杂，并且在地理位置上覆盖了全球，从工作方式上可以划分为以下两大块，如图 2-3 所示。

(1) 边缘部分：由所有连接在互联网上的主机组成。这部分是用户直接使用的，用来进行通信和资源共享。

(2) 核心部分：由大量网络和连接这些网络的路由器组成。这部分是为边缘部分提供服务的(连通性和交换)。

1. 互联网的边缘部分

处在互联网边缘的部分就是连接在互联网上的所有的主机。这些主机又称为端系统。小的端系统可以是一台普通个人电脑和具有上网功能的智能手机，甚至是一个很小的网络摄像头，而大的端系统则可以是一台非常昂贵的大型计算机。

端系统的拥有者可以是个人，也可以是单位，还可以是某个 ISP(互联网服务提供商)。边缘部分利用核心部分提供的服务，使众多主机之间能够互相通信并交换或共享信息。

“主机 A 和主机 B 进行通信”，实际上是指“运行在主机 A 上的某个程序与运行在主机 B 上的另一个程序进行通信”，即“主机 A 的某个进程和主机 B 上的另一个进程进行通信”——计算机之间通信。

在网络边缘的端系统之间的通信方式通常可以划分为两大类：客户-服务器方式(C/S)和对等方式(P2P 方式)。

(1)客户-服务器方式

客户-服务器方式是互联网中最常用的，也是传统的方式。客户(client)和服务器(server)都是指通信中所涉及的两个应用进程。客户-服务器方式所描述的是进程之间服务与被服务的关系，如图2-4所示。

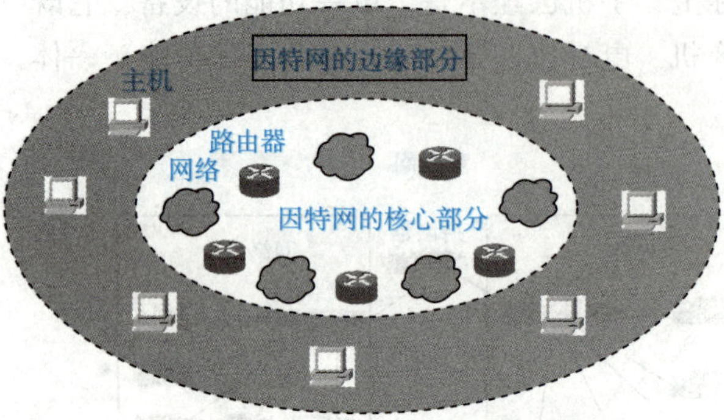

图2-3 互联网的组成

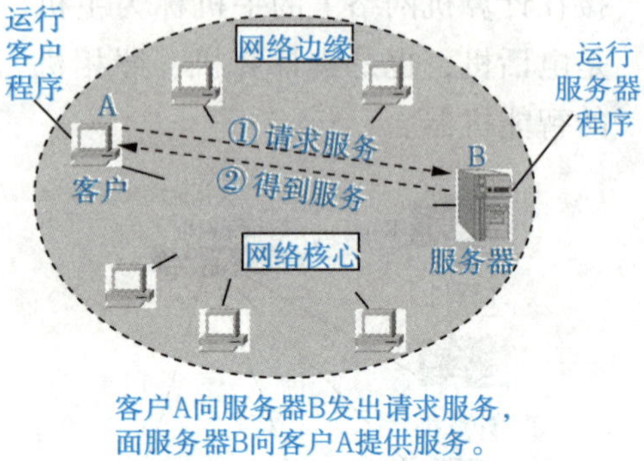

图2-4 客户-服务器方式

客户是服务请求方，服务网是服务提供方。服务请求方和服务提供方都要使用网络核心部分所提供的服务。

在实际应用中，客户程序和服务器程序通常还具有以下几个特点。

客户程序特点如下。

① 客户程序被用户调用后运行，在通信时主动向远端服务器发起通信(请求服务)。因此，客户程序必须知道服务器程序的地址。

② 客户程序不需要特殊的硬件和很复杂的操作系统。

服务器程序特点如下。

① 服务器程序是一种专门用来提供某种服务的程序，可同时处理多个远地或本地客户的请求。

② 服务器程序系统启动后即自动调用并一直不断地运行着，被动地等待并接受来自各地的客户的通信请求。因此，服务器不需要知道客户程序的地址。

③ 服务器程序一般需要有强大的硬件和高级操作系统支持。

(2)对等连接方式

对等连接(peer to peer，P2P)是指两台主机在进行通信时并不区分哪一个是服务请求方，哪一个是服务提供方。只要两台主机都运行了对等连接软件(P2P软件)，就可以进行平等的对等连接通信。这时，双方都可以下载对方已经存储在硬盘中的共享文档，如图2-5所示。

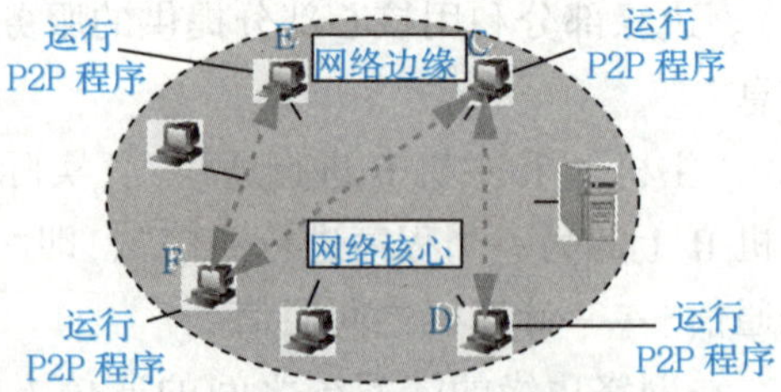

图2-5 对等连接方式

实际上，对等连接方式从本质上仍是使用客户-服务器方式，只是对等连接中的每一台主机既是客户又同时是服务器。对等连接工作方式可支持大量对等用户同时工作。

2. 互联网的核心部分

通过上面的介绍可以看出，终端之间不管是通过客户-服务器方式还是通过对等连接方式进行通信，都需要通过网络核心。网络核心部分可以说是互联网中最复杂的部分，因为网络中的核心部分要向网络边缘中的大量主机提供联通性，使边缘部分中的任何一台主机都能够与其他主机通信。

(1) 电路交换

若 N 部电话两两相连，则需要 $N(N-1)/2$ 对电线。而如果把每一部电话都连接到交换机上，交换机使用交换的方法，则电话用户彼此之间可以很方便地通信。

从通信资源的分配角度来看，交换就是按照某种方式动态地分配传输线路资源，如图 2-6 所示。在使用电路交换通话之前，必须先拨号请求建立连接。当被叫用户听到交换机送来的振铃音并摘机后，从主叫端到被叫端就建立了一条连接，也就是一条专用的物理通路。这条连接保证了双方通话时所需的通信资源，而这些资源在双方通信时不会被其他用户占用。此后主叫和被叫双方就能互相通电话。通话完毕挂机后，交换机释放刚才使用的这条专用物理通路。这种必须经过"建立连接(占用通信资源)→通话(一直占用通信资源)→释放连接(归还通信资源)"三个步骤的交换方式称为电路交换。

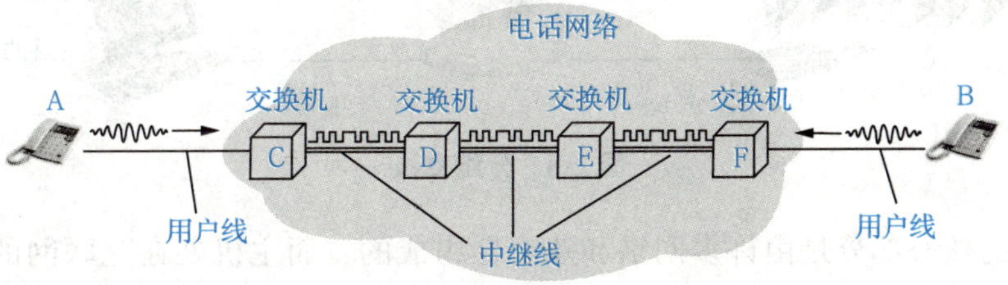

图 2-6 电路交换

电路交换的一个重要特点就是在通话的全部时间内，通话的两个用户始终占用端到端的通信资源。

(2) 报文交换

当使用电路交换来传送计算机数据时，其线路的传输效率往往很低。这是因为计算机数据是突发式地出现在传输线路上的，因此线路上真正用来传送数据的时间往往不到 10%，甚至不到 1%。已被用户占用的通信资源在绝大部分时间内都是空闲的，如图 2-7 所示。

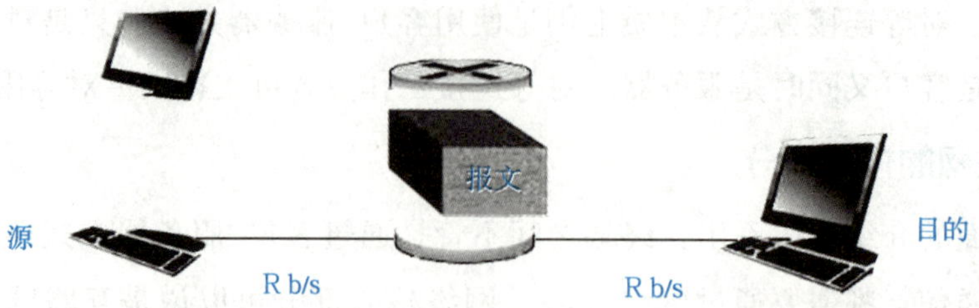

图 2-7 报文交换

整个报文先传送到相邻的节点，全部存储下来后查找转发表，转发到下一个节点，最终到达终点。

(3)分组交换

分组交换采用存储转发技术，如图 2-8 所示。通常把要发送的整块数据称为一个报文(message)。在发送报文之前，先把较长的报文划分为一个个更小的等长数据段。在每个数据段前面，加上一些由必要的控制信息组成的首部后，就构成了一个分组。分组又称为包，而分组的首部也可称为“包头”。分组是在互联网中传送的数据单元。分组中的首部是十分重要的，正是由于分组的首部包含了诸如目的地址和源地址等重要控制信息，每一个分组才能在互联网中独立地选择传输路径，并被正确地交付到分组传输的终点。

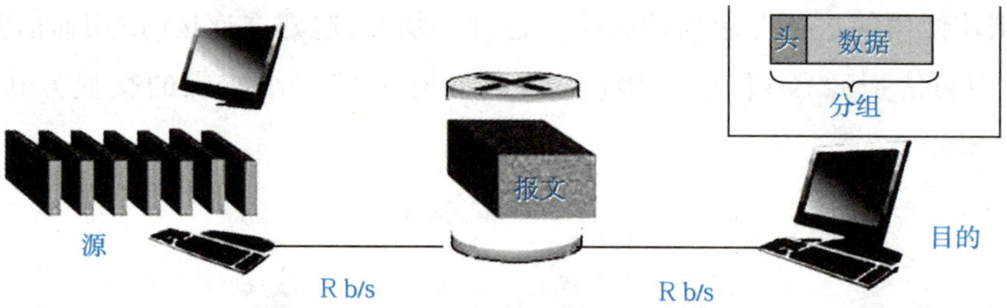

图 2-8 分组交换

互联网的核心部分是由许多网络和路由器组成的，而主机处在互联网的边缘部分。在互联网核心部分的路由器之间一般都是用高速链路相连接，而在网络边缘的主机接入到核心部分则通常以相对较低速率的链路相连接。

位于网络边缘的主机和位于网络核心部分的路由器都是计算机，但作用却不一样。主机是为用户进行信息处理的，并且可以和其他主机通过网络交换信息。路由器则是用来转发分组的，即进行分组交换的。路由器收到一个分组，先暂时存储一下，检查其首部，查找转发表，按照首部中的目的地址，找到合适的接口转发出去，把分组交给下一个路由器。这样一步一步地以存储转发的方式，把分组交付最终目的主机。各路由器之间必须经常交换彼此掌握的路由信息，以便创建和动态维护路由器中的转发表，使得转发表能够在整个网络拓扑发生变化时及时更新。

分组交换在传送数据之前不必先占用一条端到端的链路的通信资源。分组在哪段链路上传送才占用这段链路的通信资源。分组到达一个路由器后，先暂时存储下来，查找转发表，然后从一条合适的链路转发出去。分组在传输时就这样一段地断续占用通信资源，同时还省去了建立连接和释放连接的开销，因而数据的传输效率更高。

2.1.3　计算机网络的体系结构

计算机网络系统，一般采用层次模型。在层次模型中，往往将系统所要实现的复杂功能分化为若干个相对简单的细小功能，每一项分功能以相对独立的方式去实现。这样有助于将复杂的问题简化为若干个相对简单的问题，从而达到分而治之、各个击破的目的。

计算机网络的体系结构

1. 服务原语

相邻层之间通过一组服务原语(service primitive)建立相互作用，完成服务与被服务的过程。这些原语供用户和其他实体访问该服务。这些原语通知服务提供者采取某些行动或报告某个对等实体的活动。服务原语可被划分为四类，分别是请求(request)、指示(indication)、响应(response)、确认(confirm)。

2. 计算机网络的分层模型

将上述分层的思想或方法运用于计算机网络中，就产生了计算机网络的分层模型。在实施网络分层时要依据以下原则。

(1)根据功能进行抽象分层，每个层次所要实现的功能或服务均有明确的规定。

(2)每层功能的选择应有利于标准化。

(3)不同的系统分成相同的层次，对等层次具有相同功能。高层使用下层提供的服务时，下层服务的实现是不可见的。

(4)层的数目要适当。层次太少功能不明确，层次太多体系结构过于庞大。

图2-9为计算机网络分层模型的示意图，该模型将计算机网络中的每台机器抽象为若干层(layer)，每层实现一种相对独立的功能。分层模型涉及下面一些重要的术语。

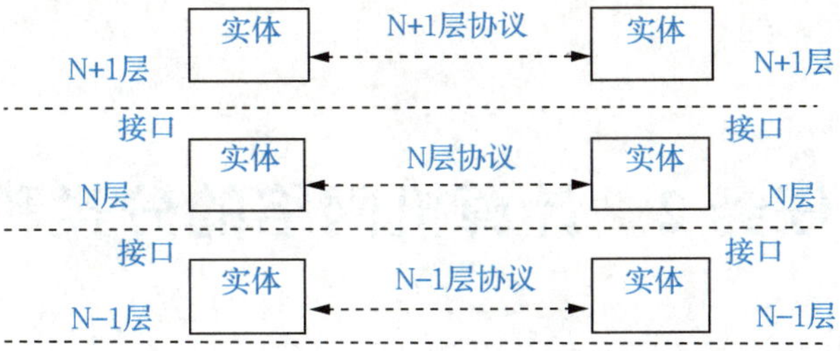

图2-9　网络分层模型的示意图

3. 实体与对等实体

每一层中，用于实现该层功能的活动元素称为实体(entity)，包括该层上实际存在的所有硬件与软件，如终端、电子邮件系统、应用程序、进程等。不同机器上位于同一层次、完成相同功能的实体称为对等 P2P 实体。

4. 协议

为了使两个对等实体之间能够有效地通信，对等实体需要就交换什么信息、如何交换信息等问题制定相应的规则或进行某种约定。这种对等实体之间交换数据或通信时所必须遵守的规则或标准的集合称为协议(protocol)。

5. 服务与接口

在网络分层结构模型中，每一层为相邻的上一层所提供的功能称为服务。N 层使用 $N-1$ 层所提供的服务，向 $N+1$ 层提供功能更强大的服务。

6. 服务类型

在计算机网络协议的层次结构中，层与层之间具有服务与被服务的单向依赖关系，下层向上层提供服务，而上层调用下层的服务。因此可称任意相邻两层的下层为服务提供者，上层为服务调用者。下层为上层提供的服务可分为两类：面向连接服务(connection oriented service)和无连接服务(connectionless service)。

任务评价

评价内容	评价标准	分值/分	自评	师评
计算机网络的发展	准确描述计算机网络的发展历程	15		
计算机网络的概念与组成	了解计算机网络的基本概念	5		
计算机网络的概念与组成	掌握不同网络的设备的接入方式	20		
计算机网络的概念与组成	讲解路由器和交换机等核心设备的功能和工作原理	20		
计算机网络的体系结构	了解计算机网络的体系结构	40		
总分		100		

任务 2　计算机网络的分类和应用

任务描述

本任务将深入探讨计算机网络的分类方法以及其在现实生活中的应用场景，以增强读者的实践认知和应用能力。

任务分析

要完成此任务，需掌握计算机网络的分类：按覆盖范围分为LAN、MAN、WAN、Internet；按拓扑结构分为总线型、星型等；按传输技术分为有线(双绞线、光纤)和无线(Wi-Fi、蓝牙)。这些分类有助于全面理解网络，为网络应用与管理奠定基础。

任务重点与实施

2.2.1 计算机网络的类别

计算机网络有多种类别，下面进行简单的介绍。

计算机网络的类别

1. 按照网络的作用范围进行分类

(1)广域网(wide area network，WAN)的作用范围通常为几十到几千公里，因而有时也称为远程网(long haul network)。广域网是互联网的核心部分，其任务是通过长距离(例如，跨越不同的国家)运送主机所发送的数据。连接广域网各结点交换机的链路一般都是高速链路，具有较大的通信容量。

(2)城域网(metropolitan area network，MAN)的作用范围一般是一个城市，可跨越几个街区甚至整个城市，其作用距离约为5～50 km。城域网可以为一个或几个单位所拥有，但也可以是一种公用设施，用来将多个局域网进行互连。目前很多城域网采用的是以太网技术，因此有时也常并入局域网的范围进行讨论。

(3)局域网(local area network，LAN)一般用微型计算机或工作站通过高速通信线路相连(速率通常在10 Mb/s以上)，但地理上则局限在较小的范围(如1 km左右)。在局域网发展的初期，一个学校或工厂往往只拥有一个局域网，但现在局域网已非常广泛地使用，学校或企业大多拥有许多个互连的局域网(这样的网络常称为校园网或企业网)。

(4)个人区域网(personal area network，PAN)就是在个人工作的地方把属于个人使用的电子设备(如便携式电脑等)用无线技术连接起来的网络，因此也常称为无线个人区域网，其范围很小，大约在10 m左右。

2. 按照网络的使用者进行分类

(1)公用网(public network)是指电信公司(国有或私有)出资建造的大型网络。“公用”的意思就是所有愿意按电信公司的规定交纳费用的人都可以使用这种网络。因此公用网也可称为公众网。

(2)专用网(private network)是某个部门为满足本单位的特殊业务工作的需要而建

造的网络。这种网络不向本单位以外的人提供服务。例如，军队、铁路、银行、电力等系统均有本系统的专用网。

2.2.2 计算机网络的应用

计算机网络的应用涉及社会生活的各个方面。当前对经济和文化生活影响最大的网络应用列举如下。

1. 办公自动化

办公自动化的主要功能是实现信息共享和公文流转。其功能包括领导办公、电子签名、公文处理、日程安排、会议管理、档案管理、财务报销、信访管理、信息发布和全文检索等模块，以解决各种类型的无纸化办公问题。

2. 电子数据交换

电子数据交换(electronic data interchange，EDI)是一种新型的电子贸易工具，是计算机、通信和现代管理技术相结合的产物，具有跟踪、确认、防篡改、防冒领功能，以及一系列安全保密功能，并具有法律效力。中国公用电子数据交换业务网(CHINAEDI)是面向社会各行业开放的公用 EDI 网络，其应用范围涉及电子报关、电子报税、银行托收、港口集装箱运输和铁路货运，以及制造业和商业订单的处理等。

3. 远程教育

远程教育是利用因特网技术，与教育资源相结合，在计算机网络上进行的教学方式。

4. 电子银行

电子银行是一种在线服务系统，以因特网为媒介，为客户提供银行账户信息查询、转账付款、在线支付和代理业务等自助金融服务。

5. 证券和期货交易

证券和期货市场通过计算机网络提供行情分析和预测、资金管理和投资计划等服务。还可以通过无线网络将各机构相连，利用手持通信设备输入交易信息，通过无线网络迅速传递到计算机、报价服务系统和交易大厅的显示板。管理员、经纪人和交易者也可以迅速利用手持通信设备直接进行交易，避免了由于时间延误所造成的损失。

6. 娱乐和在线游戏

随着宽带通信与视频演播的快速发展，网络在线游戏正在逐步成为因特网娱乐的重要组成部分，也是互联网最富群众性和最有潜力的赢利点。

任务评价

评价内容	评价标准	分值/分	自评	师评
计算机网络的类别	了解广域网	10		
	了解城域网	10		
	了解局域网	10		
	了解个人区域网	10		
	掌握公用网	10		
	掌握专用网	10		
计算机网络的应用	掌握计算机网络的应用场景	40		
总分		100		

任务3 拓扑结构

任务描述

本任务旨在深入了解计算机网络的四种基本拓扑结构——总线型、环型、星型和网状型。每种拓扑结构都有其独特的特点、优缺点及适用场景。

任务分析

要完成此任务，首先需要全面而深入地了解计算机网络的四种基本拓扑结构。这要求用户不仅掌握每种拓扑结构的基本概念和工作原理，还需要分析各自的优缺点、适用场景以及在实际网络部署中的潜在挑战。通过对比研究，能够更清晰地认识到不同拓扑结构在网络设计、实施和维护过程中所扮演的角色，从而在实际应用中做出更加合理和有效的选择。

任务重点与实施

2.3.1 总线拓扑结构

总线拓扑结构(图2-10)是一种多点广播介质，所有的站点都通过接口硬件连接到总线上。工作站发出的数据组织成帧，数据帧沿着总线向两端传播，到达末端的信号被终端匹配器吸收。数据帧中含有源地址和目标地址，每个工作站都监视总线上的信号，并复制发给自己的数据

拓扑结构

帧。由于总线是共享介质，多个站点同时发送数据时会发生冲突，因而需要一种分解冲突的介质访问控制协议。传统的轮询方式不适合分布式控制，总线网的研究者开发了一种分布式竞争发送的访问控制方法。

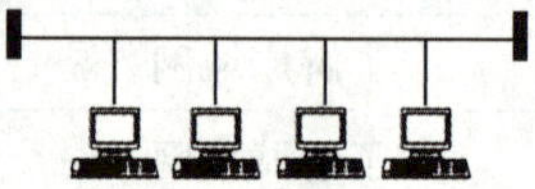

图 2-10　总线拓扑结构

适用于总线拓扑的传输介质主要是同轴电缆，分为基带同轴电缆和宽带同轴电缆，这两种传输介质的比较如表 2-1 所示。

对于总线这种多点介质，必须考虑信号平衡问题。任意一对设备之间传输的信号强度必须调整到一定的范围：一方面，发送器发出的信号不能太大，否则会产生有害的谐波，使得接收电路无法工作；另一方面，经过一定距离的传播衰减后，到达接收端的信号必须足够大，能驱动接收器电路，还要有一定的信噪比。如果总线上的任何一个设备都可以向其他设备发送数据，对于一个不太大的网络，譬如 200 个站点，则设备配对数是 39 800。因此，要同时考虑这么多对设备之间的信号平衡问题，从而设计出适用的发送器和接收器是不可能的。在制定网络标准时，考虑到这一问题的复杂性，所以把总线划分成一定长度的网段，并限制每个网段接入的站点数。

表 2-1　总线网的传输介质

传输介质	数据速率(Mb/s)	传输距离(km)	站　点　数
基带同轴电缆	10，50(限制距离和节点数)	<3	100
宽带同轴电缆	500 个信道，每个信道 20	<30	1 000

1. 基带系统

数字信号是一种电压脉冲，它从发送处沿着基带电缆向两端均匀传播，这种情况就像光波在以太介质中各向同性地均匀传播一样，所以总线网的发明者把这种网络称为以太网。以太网使用特性阻抗为 502 的同轴电缆，这种电缆具有较小的低频电噪声，在接头处产生的反射也较小。

一般来说，传输系统的数据速率与电缆长度、接头数量以及发送和接收电路的电气特性有关。当脉冲信号沿电缆传播时，会发生衰减和畸变，还会受到噪音和其他不利因素的影响。传播距离越长，这种影响越大，增加了出错的机会。如果数据速率较小，脉冲宽度就比较宽，比高速的窄脉冲更容易恢复，因而抗噪声特性更好。基带系统的设计需要在数据速率、传播距离、站点数量之间进行权衡。一般来说，数据速率越小，传输的距离越远；传输系统(收发器和电缆)的电气特性越好，可连接的站点数就越多。

2. 宽带系统

宽带系统是指采用频分多路技术传播模拟信号的系统。不同频率的信道可分别支持数据通信、TV 和 CD 质量的音频信号。模拟信号比数字脉冲受噪声和衰减的影响更小，可以传播更远的距离，甚至达到100 km。

宽带系统使用特性阻抗为752的CATV电缆。根据系统中数/模转换设备采用的调制技术的不同，1 b/s的数据速率可能需要1～4 Hz的带宽，而支持150 Mb/s的数据速率可能需要300 MHz的带宽。

由于宽带系统中需要模拟放大器，而这种放大器只能单方向工作，所以加在宽带电缆上的信号只能单方向传播，这种方向性决定了在同一条电缆上只能由“上游站”发送，“下游站”接收，相反方向的通信则必须采用特殊的技术。有两种技术可提供双向传输：一种是双缆配置，即用两根电缆分别提供两个方向不同的通路，如图2-11(a)所示；另一种是分裂配置，即把单根电缆的频带分裂为两个频率不同的子通道，分别传输两个方向相反的信号，如图2-11(b)所示。双缆配置可提供双倍的带宽，而分裂配置比双缆配置可节约大约15%的费用。

两种电路配置都需要“端头”来连接两个方向不同的通路。双缆配置中的端头是无源端头，朝向端头的通路称为“入径”，离开端头的通路称为“出径”。所有的站向入径上发送信号，经端头转接后发向出径，各个站从出径上接收数据。入径和出径上的信号使用相同的频率。

在分裂配置中使用有源端头，也叫频率变换端头。所有的站以频率f_1向端头发送数据，经端头转换后以频率f_2向总线上广播，目标站以f_2接收数据。

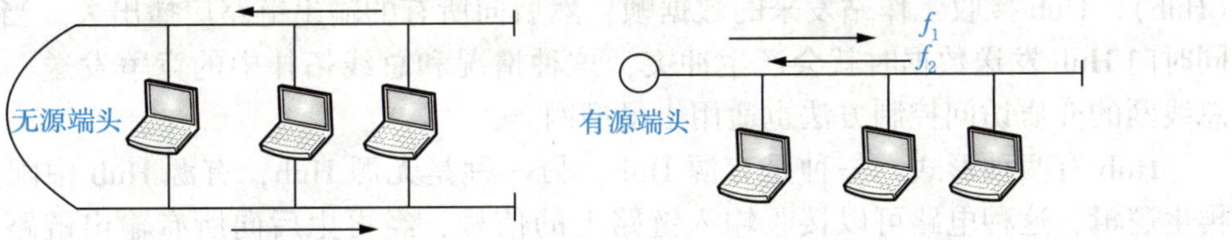

(a) 双缆配置　　(b) 分裂配置

图2-11　宽带系统的两种配置

2.3.2 环型拓扑结构

环型拓扑由一系列首尾相接的中继器组成，每个中继器连接一个工作站(图2-12)。中继器是一种简单的设备，它能从一端接收数据，然后在另一端发出数据。整个环路是单向传输的。

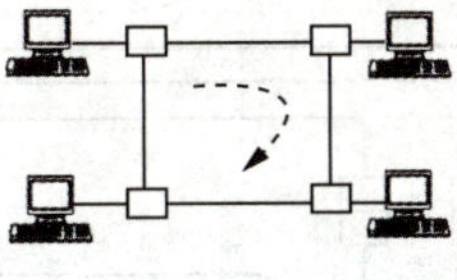

图2-12　环型拓扑结构

工作站发出的数据组织成帧。在数据帧的帧头部分含有源地址和目的地址字段，以及其他控制信息。数据帧在环上循环传播时被目标站复制，返回发送站后被回收。由于多个站共享环上的传输介质，所以需要某种访问逻辑来控制各个站的发送顺序。例如，用一种特殊的控制帧-令牌来代表发送的权利，令牌在网上循环流动，谁得到令牌就可以发送数据帧。

由于环网是一系列点对点链路串接起来的，所以可使用任何传输介质。最常用的介质是双绞线，因为价格较低。使用同轴电缆可得到较高的带宽，而光纤则能提供更大的数据速率。

2.3.3 星型拓扑结构

星型拓扑中有一个中心节点，所有站点都连接到中心节点上。电话系统就采用了这种拓扑结构，多终端联机通信系统也是星型结构的例子。中心节点在星型网络中起到控制和交换的作用，是网络中的关键设备。星型拓扑的网络布局如图 2-13 所示。

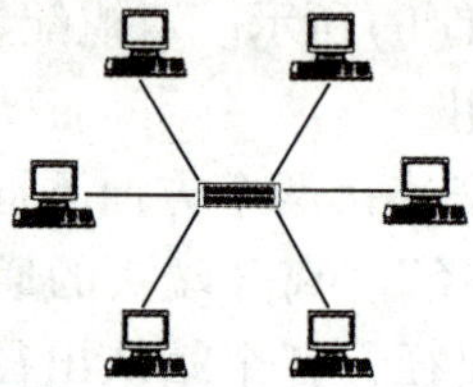

图 2-13 星型拓扑结构

用星型拓扑结构也可以构成分组广播式的局域网。在这种网络中，每个站都用两对专线连接到中心节点上，一对用于发送，一对用于接收。中心节点叫作集线器(Hub)，Hub 接收工作站发来的数据帧，然后向所有的输出链路广播出去。当有多个站同时向 Hub 发送数据时就会产生冲突，这种情况和总线拓扑中的竞争发送一样，因而总线网的介质访问控制方法也适用于星型网。

Hub 有两种形式，一种是有源 Hub，另一种是无源 Hub，有源 Hub 中配置了信号再生逻辑，这种电路可以接收输入链路上的信号，经再生后向所有输出链路发送。如果多个输出链路同时有信号输入，则向所有输出链路发送冲突信号。

无源 Hub 中没有信号再生电路，这种 Hub 只是把输入链路上的信号分配到所有的输出链路上。如果使用的介质是光纤，则可以把所有的输入光纤熔焊到玻璃柱的两端，如图 2-14 所示。当有光信号从输入端进来时就照亮了玻璃柱，从而也照亮了所有输出光纤，这样就起到了光信号的分配作用。任何有线传输介质都可以使用有源 Hub，也可以使用无源 Hub，为了达到较高的数据速率，必须限制工作站到中心节点的距离和连接的站点数。一般来说，无源 Hub 用于光纤或同轴电缆网络，有源 Hub 则用于无屏蔽双绞线网络。

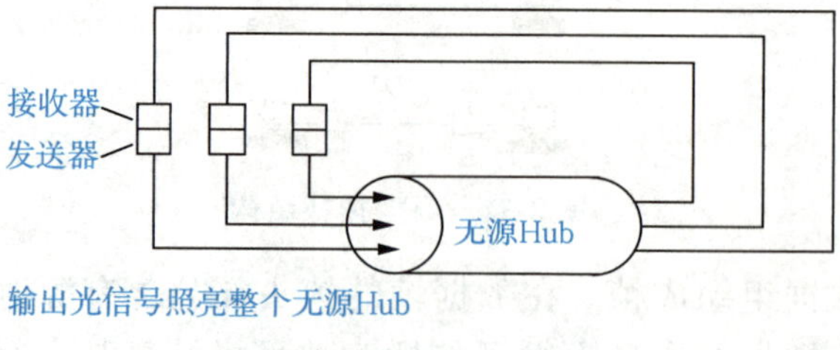

图 2-14 无源星型光纤网

2.3.4　网状拓扑结构

网状拓扑结构(图 2-15)主要指各节点通过传输线互联连接起来，并且每一个节点至少与其他两个节点相连网状拓扑结构具有较高的可靠性，但其结构复杂，实现起来费用较高，不易管理和维护，不常用于局域网。

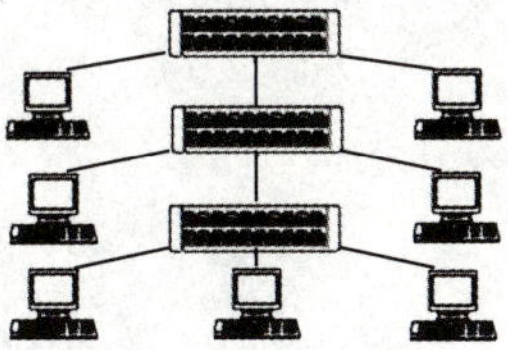

图 2-15　网状拓扑结构

将多个子网或多个网络连接起来构成网际拓扑结构。在一个子网中，集线器、中继器将多个设备连接起来，而桥接器、路由器及网关则将子网连接起来。根据组网硬件不同，主要有三种网际拓扑。

网状网：在一个大的区域内，用无线电通信链路连接一个大型网络时，网状网是最好的拓扑结构。通过路由器与路由器相连，可让网络选择一条最快的路径传送数据。

主干网：通过桥接器与路由器把不同的子网或 LAN 连接起来形成单个总线或环型拓扑结构，这种网通常采用光纤做主干线。

星状相连网：利用一些叫作超级集线器的设备将网络连接起来，由于星型结构的特点，网络中任一处的故障都容易被查找并修复。

任务评价

评价内容	评价标准	分值/分	自评	师评
总线拓扑结构	了解总线拓扑结构的定义	10		
	了解数据在单条共享通道上传输的机制	15		
环型拓扑结构	了解环型拓扑结构的定义	10		
	掌握数据沿环状路径逐站传输的方式	15		
星型拓扑结构	了解星型拓扑结构的定义	10		
	学习中心节点与各个站点之间的直接连接模式	15		
网状拓扑结构	了解网状拓扑结构的定义	10		
	掌握节点间任意连接的方式	15		
总分		100		

任务4 局域网的标准

任务描述

本任务旨在掌握总线拓扑、环形拓扑、星型拓扑及网状拓扑结构都是如何运作以及遵循的标准。

任务分析

要完成此任务，需要深入研究 IEEE 802 系列标准，特别是与总线拓扑(IEEE 802.3)、环形拓扑(IEEE 802.5)、令牌总线(IEEE 802.4)相关的标准，理解这些标准如何指导网络拓扑的设计与实现。

任务重点与实施

局域网出现之后，发展迅速且类型繁多。1980 年 2 月，美国电气和电子工程师学会(IEEE)成立 802 课题组，研究并制定了局域网标准 IEEE802，后来，国际标准化组织(ISO)经过讨论，建议将 802 标准定为局域网国际标准。

IEEE 802 为局域网制定了一系列的标准，主要有如下几种。

(1)IEEE 802.1 概述，局域网体系结构以及网络互联 IEEE 802.3 描述 CSMA/CD 总线式介质访问控制协议及相应物理层规范。

(2)IEEE 802.3 系列以太网标准以其技术先进、性能稳定、实时性强、成本较低等优势，成为目前应用最广泛的局域网技术。

(3)IEEE 802.4 描述令牌总线(token bus)式介质访问控制协议及相应物理层的规范。

(4)IEEE 802.5 描述令牌环(token ring)式介质访问控制协议及相应物理层的规范。

2.4.1 以太网：IEEE 802.3 标准

IEEE 802.3 规范中定义了载波侦听多路存取(carrier sense multiple access with collision detection，CSMA/CD)总线式介质访问控制协议及相应的物理层规范。

局域网的标准

CSMA/CD 是一种以争用的方法来决定对媒体访问权的协议，这种争用协议只适用于逻辑上属于总线拓扑结构的网络。在总线拓扑结构的网络中，每个站点都能独立地决定帧的发送，若两个或多个站点同时发送帧，就会产生冲突，导致所发送的帧出错。一个用户发送信息成功与否，在很大程度上取决于监测总线是否空闲的算法，以及当两个不同节点同时发送的分组发生冲突后所使用的中断传输的方法。总线争用技术可分为载波监听多路访问 CSMA 和具有冲突检测的载波监听多路访问 CSMA/CD 两大类。

IEEE 802.3 通常被称为以太网标准，以太网传输综合利用了总线和星型拓扑结构的优点。其在局域网中得到广泛的应用。近几年来，以太网技术不断得到改进，新的标准也不断涌现，从 IEEE 802.3 标准以太网，到 IEEE 802.3u 快速以太网(100 Mb/s)、IEEE 802.3z 和 IEEE 802.3ab 定义的千兆以太网(Gb/s)，目前最新的快速以太网可以以 10 Gb/s 的速度传输数据，IEEE 也有一个专门的工作组在制定万兆以太网标准。

以太网的媒体访问控制方法是带有冲突检测的 CSMA/CD，CSMA/CD 是对格式化了的数据帧进行传输和解码的算法(计算机逻辑)，CSMA/CD 总线的实现模型如图 2-16 所示。它对应于 OSIRM 的最低两层，从逻辑上可以将它划分为两大部分：一部分由逻辑链路控制(logical link control，LLC)子层和媒体访问控制(media access control，MAC)子层组成，实现 OSIRM 的数据链路层功能；另一部分实现物理层功能。把依赖于媒体的特性从物理层中分离出来的目的，是使得 LLC 子层和 MAC 子层能适应于各类不同的媒体。

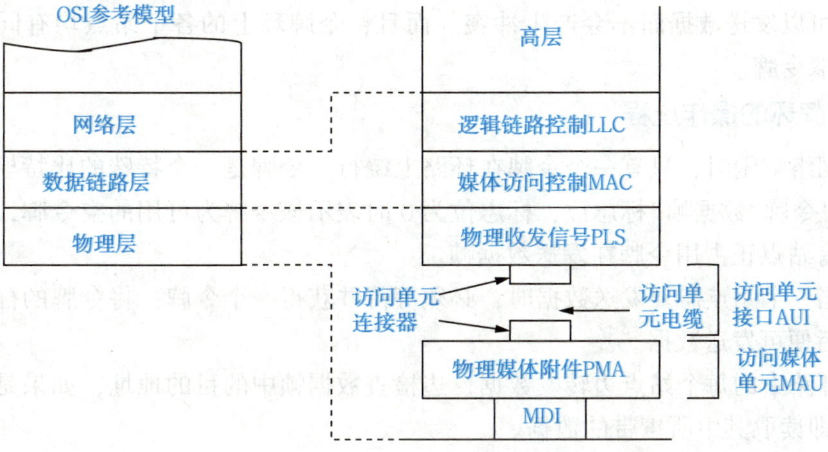

图 2-16　CSMA/CD 总线的实现模型

2.4.2　令牌环：IEEE 802.5 标准

令牌环网访问方法是 IBM 公司于 20 世纪 70 年代开发的，如今仍然是一种主要的 LAN 技术。在传统的令牌环网中，数据传输速度为 4 Mb/s 或 16 Mb/s，新型的快速令牌环网速度可达 100 Mb/s，目前令牌环网已经标准化。

1. 令牌环简介

令牌环在物理上是由一系列环接口和这些接口间的点-点链路构成的一个闭合环路，各站点通过环接口连接到网上，如图2-17所示。对媒体具有访问权的某个发送站点，通过环接口出径链路将数据帧串行发送到环上；其余各站点便从各自的环接口入径链路逐位接收数据帧，同时通过环接口出径链路再生、转发出去，使数据帧在环上从一个站点到下一个站点环行，所寻址的目的站点在数据帧经过时读取其中的信息；最后，数据帧绕环一周返回到发送站点，并由发送站点从环上撤除。

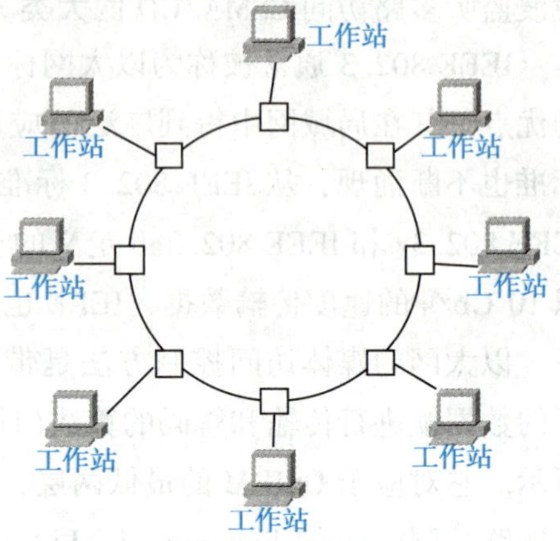

图2-17　令牌环结构

由点-点链路构成的环路虽然不是真正意义的广播媒体，但在环上运行的数据帧仍能被所有的站点接收，而且在任何时刻仅允许一个站点发送数据，因此同样存在发送权竞争的问题。为了解决发送权竞争问题，可以使用一个称为令牌(token)的特殊比特模式，使其沿着环路循环发送，规定只有获得令牌的站点才有权发送数据帧，在完成数据发送之后，需要立即释放令牌，以供其他站点使用。由于环路中只有一个令牌，因此任何时刻至多只有一个站点可以发送数据而不会产生冲突。而且，令牌环上的各个站点均有同等的机会公平地获取令牌。

2. 令牌环的操作过程

(1)网络空闲时，只有一个令牌在环路上绕行。令牌是一个特殊的比特模式，其中包含一位“令牌/数据帧”标志位，标志位为0时表示该令牌为可用的空令牌，标志位为1时表示有站点正占用令牌在发送数据帧。

(2)当一个站点需要发送数据时，必须等待并获得一个令牌，将令牌的标志位置改为1，随后便可发送数据。

(3)环路中的每个站点边转发数据，边检查数据帧中的目的地址，如果是本站点的地址，立即读取其中所携带的数据。

(4)数据帧环绕一周返回时，发送站将其从环路上撤销，同时根据返回的有关信息确定所传数据有无出错。若有错，则重发存储在缓冲区中的待确认帧；若无错，则释放缓冲区中的待确认帧。

(5)发送站点完成数据发送后，重新产生一个令牌传到下一个站点，以便使其他站点获得发送数据帧的许可权。

3. 令牌环的维护

令牌环的故障处理功能主要体现在对令牌和数据帧的维护上。令牌本身就是比特串，它在绕环传递的过程中也可能受干扰而出错，以至造成环路上无令牌循环；另外，当某站点发送数据帧后，由于故障而无法将所发的数据帧从网上撤销时，又会造成网上数据帧持续循环。令牌丢失和数据帧无法撤销，是环网上最严重的两种差错，可以通过在环路上指定一个站点作为主动令牌管理站来解决这些问题。

主动令牌管理站通过一种超时机制来检测令牌丢失的情况，该超时值比最长的帧为完全遍历环路所需的时间还要长一些。如果在超时值规定的时间内没有检测到令牌，管理站便认为令牌已经丢失，然后清除环路上的数据碎片并发出一个令牌。

为了检测到一个持续循环的数据帧，管理站在经过的每一个数据帧上，将数据帧的监控位设置为1，如果管理站检测到某个数据帧的监控位为1，便知道有某个站未能清除自己发出的数据帧，这时管理站将清除环路上的这些数据帧，并发出一个令牌。

2.4.3 令牌总线：IEEE 802.4 标准

载波监听多路访问/冲突检测（CSMA/CD）媒体访问控制利用总线争用方式控制数据传输，具有结构简单、在轻负载下延迟小等优点，但是随着负载的增加，冲突概率也会随之增加，从而导致其性能明显下降。利用令牌环媒体访问控制方式，具有重负载下利用率高、网络性能对距离不敏感以及具有公平访问等优点，但是环型网结构复杂，存在检错和可靠性等问题。令牌总线媒体访问控制综合了以上两种媒体访问控制的优点，IEEE 802.4 提出的就是令牌总线媒体访问控制方法的标准。令牌总线媒体访问控制方法将局域网物理总线的站点构成一个逻辑环，每一个站点都在一个有序序列中被指定一个逻辑位置，最后一个站点的后面跟随的是第一个站点。每个站点都知道在自己前面的前趋站和在自己后面的后继站的标识，如图2-18所示。

从图2-18可以看出，在物理结构上它是一个总线结构局域网，但是在逻辑结构上，却是一种环形结构的局域网。和令牌环一样，站点只有在取得令牌后，才能发送帧，而令牌在逻辑环上依次（A→D→B→C→A）循环传递。

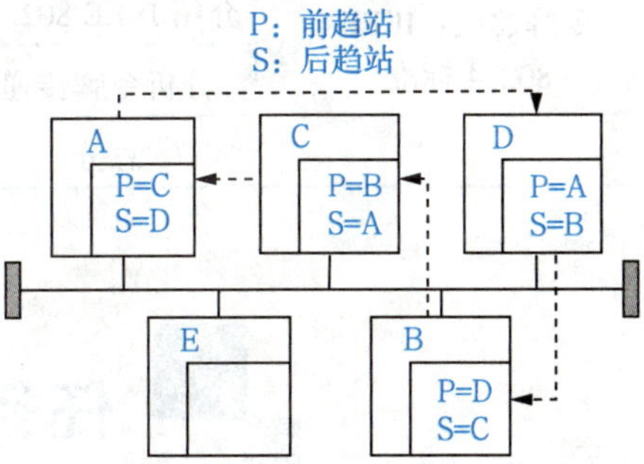

图2-18 令牌环总线网

正常运行时，站点做完该做的工作后或者时间终了时，会将令牌传递给逻辑序列中的下一个站点。从逻辑上看，站点按地址的递减顺序将令牌传送到下一个站点，但是从物理上看，带有目的地址的令牌帧被广播到总线上的所有站点，当目的站点识别出令牌帧符合自己的地址后，立即接收该令牌帧。需要注意的是，总线上站点的实际顺序与逻辑顺序并无对应关系。

令牌环总线网与CSMA/CD总线访问方式不同，只有收到令牌帧的站点才能将信息帧发送到总线上，令牌总线不会产生冲突。这也使得，令牌总线的信息帧长度只需根据要传送的信息长度来确定即可，没有最短帧的要求。对于CSMA/CD总线访问控制方法，为了使最远距离的站点也能检测到冲突，需要在实际的信息长度之后添加填充位，以满足最短帧长度的要求。

令牌环总线控制方法的另一个特点是站点间有公平的访问权。取得令牌的站点如果有报文需要发送可以立即发送，随后，该站点将令牌传递到下一个站点；取得令牌的站点如果没有报文需要发送，该站点立刻把令牌传递到下一站点。由于站点接收到令牌的过程是顺序依次进行的，因此所有的站点都有公平的访问权令牌总线控制的优越性，还体现在每个站点在传输数据之前必须等待的时间总量是确定的。在令牌总线控制中，每个站点传送发送帧的最大长度可以限制。当所有站点都有报文需要发送时，取得令牌和发送报文的最长等待时间，等于全部令牌和报文传送时间的总和；如果只有一个站点有报文要发送，最长等待时间为全部令牌传递时间的总和。对于应用于控制过程的局域网，这个等待访问时间是一个关键的参数。可以根据需求，确定网中的站点数和最大的报文长度，从而保证在限定的时间内，任意一个站点都可以取得令牌。

任务评价

评价内容	评价标准	分值	自评	师评
以太网：IEEE 802.3 标准	理解 CSMA/CD 协议的工作原理	20		
	掌握 CSMA/CD 总线的实现模型	20		
令牌环：IEEE 802.5 标准	阐述令牌环的工作原理与操作过程	20		
	理解令牌环的故障处理机制	20		
	掌握令牌环的特点	10		
令牌总线：IEEE 802.4 标准	介绍 IEEE 802.4 标准及令牌总线的工作原理	5		
	分析令牌传递算法与站点间的公平访问权	5		
总分		100		

任务 5　扩展局域网

任务描述

本任务旨在通过理论学习和实践操作，掌握局域网在物理层和数据链路层扩展的技术方法，理解虚拟局域网(VLAN)的概念及其实现方式，同时能够评估各种扩展技术的优缺点，并应用于实际网络环境中。

任务分析

要完成此任务，需要综合考虑物理层、数据链路层、网络接入以及 VLAN 技术等多个方面的因素，并制定出切实可行的实施方案。通过团队协作和精心规划，实现局域网的扩展和优化。

任务重点与实施

本任务先讨论在物理层对局域网扩展，然后讨论在数据链路层对局域网扩展。这种扩展的局域网在网络层看来仍然是一个网络。

2.5.1　在物理层扩展局域网

局域网上的主机之间的距离不能太远(例如，10BASE-T 局域网的两台主机之间的距离不超过 200 m)，否则主机发送的信号经过铜线的传输就会衰减到使 CSMA/CD 协议无法正常工作。在过去广泛使用粗缆或细缆局域网时，常使用工作在物理层的转发器来扩展局域网的地理覆盖范围。那时，两个网段可用一个转发器连接起来。IEEE 802.3 标准还规定，任意两个站之间最多可以经过三个电缆网段。但随着双绞线局域网成为局域网的主流类型，扩展局域网的覆盖范围已很少使用转发器了。

现在，扩展主机和集线器之间的距离的一种简单方法就是使用光纤(通常是一对光纤)和一对光纤调制解调器，如图 2-19 所示。

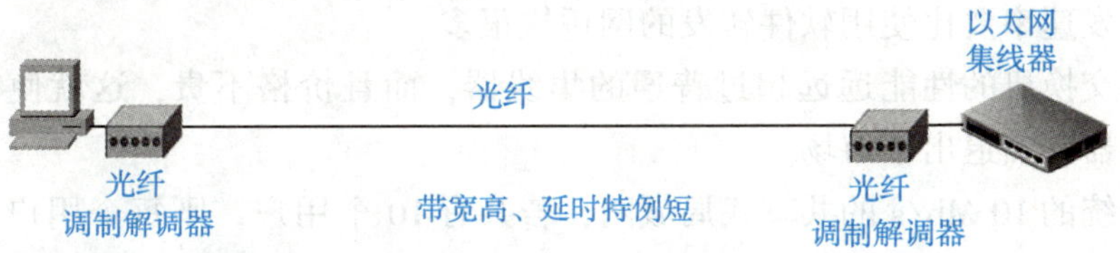

图 2-19　主机使用光纤和一对光纤调制解调器连接到集线器

光纤调制解调器的作用就是进行电信号和光信号的转换。由于光纤带来的时延很小，并且带宽很宽，因此使用这种方法可以很容易地使主机和几公里以外的集线器相连接。如果使用多个集线器，就可以连接成覆盖更大范围的多级星形结构的局域网。例如，一个学院的三个系各有一个 10BASE-T 局域网，如图 2-20(a)所示，可通过一个主干集线器把各系的局域网连接起来，成为一个更大的局域网，如图 2-20(b)所示。

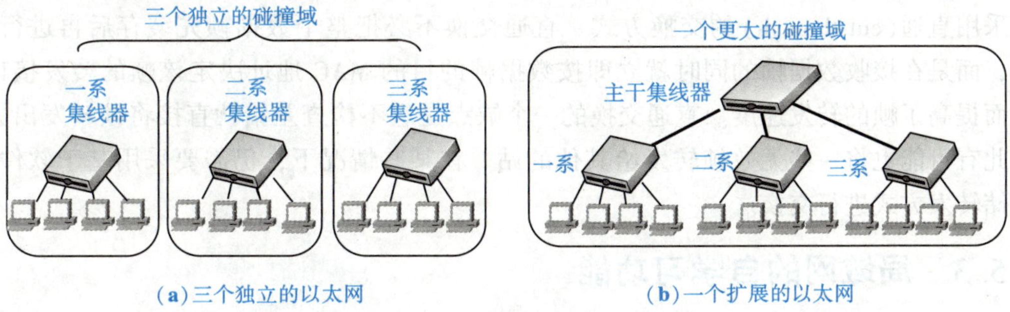

图 2-20　用多个集线器连成更大的以太网

2.5.2 数据链路层扩展局域网

扩展局域网更常用的方法是在数据链路层进行。最初人们使用的是网桥，网桥对收到的帧根据其 MAC 帧的目的地址进行转发和过滤。当网桥收到一个帧时，并不是向所有的接口转发此帧，而是根据此帧的 MAC 地址，查找网桥中的地址表，然后确定讲该帧转发到那个接口或把它丢弃(过滤)。

局域网交换机的每个接口都直接与一个单台主机或另一个局域网交换机相连，并且一般都工作在全双工状态。局域网交换机具有并行性，即能同时连同多对接口，使得多对主机能够同时通信(而网桥只能分析一次和转发一个帧)。相互通信的主机都是独占传播媒体，无碰撞的传播数据。

局域网交换机的接口还有存储器，能在输出端口繁忙时把到来的帧进行缓存。因此，如果连接在以太交换机上的两台主机，同时向另一台主机发送帧，那么当这台主机繁忙时，发送帧的这两台主机的接口会把收到的帧缓存一下，然后再发送出去。

局域网交换机是一种即插即用设备，其内部的帧交换表(地址表)是通过自学习算法主动地逐渐建立起来的。局域网交换机由于使用了专用的交换数据的芯片，用硬件转发，其转发速率要比使用软件转发的网桥快很多。

局域网交换机的性能远远超过普通的集线器，而且价格不贵，这就使得工作在物理层的集线器逐渐退出了市场。

对于传统的 10 Mb/s 的共享式局域网，若共有 10 个用户，则每个用户占有的平均带宽只有 1 Mb/s。若使用局域网交换机来连接这些主机，虽然在每个接口到主机的带宽还是 10 Mb/s，但由于一个用户在通信时是独占而不是和其他网络用户共享传输媒体的带宽，因此对于拥有 10 个接口的交换机的总容量则为 100 Mb/s。这正是交换机的最大优点。

局域网交换机一般都具有多种速率的接口，例如，可以具有 10 Mb/s、100 Mb/s 和 1 Gb/s 的接口的各种组合，这就大大方便了各种不同情况的用户。

虽然许多局域网交换机对收到的帧采用存储转发方式进行转发，但也有一些交换机采用直通(cut-through)的交换方式。直通交换不必把整个数据帧先缓存后再进行处理，而是在接收数据帧的同时就立即按数据帧的目的 MAC 地址决定该帧的转发接口，因而提高了帧的转发速度。直通交换的一个缺点是它不检查差错就直接将帧转发出去，因此有可能也将一些无效帧转发给其他的站。在某些情况下，仍需要采用基于软件的存储转发方式进行交换。

2.5.3 局域网的自学习功能

假定图 2-21 中的局域网交换机有 4 个接口，各连接一台计算机，MAC 地址分别为 A、B、C、D 在一开始，局域网交换表是空的。

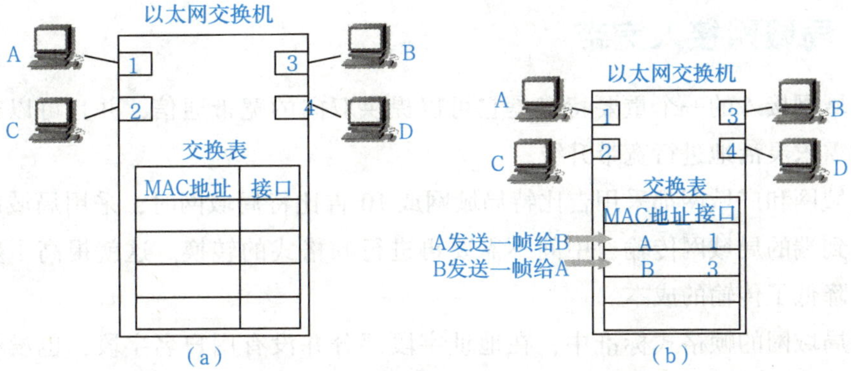

图 2-21 局域网交换机中的交换表

A 向 B 发送一帧，从接口 1 进入交换机，交换机收到帧以后，先检查交换表，没有查到应从哪个接口转发这个帧(MAC 中没有目的地址 B)。接着，交换机把这个帧的源地址 A 和接口 1 写入交换表中，并向接口 1 以外的所有接口广播这个帧。C 和 D 将丢弃这个帧，因为目的地址不对，而 B 收下，这就称为过滤。从写入交换表的项目(A，1)可以看出，以后不管从哪一个接口收到帧，只要其目的地址是 A，就把收到的帧从接口 1 转发出去。这样做的依据是：既然 A 发出的帧是从接口 1 进入交换机的，那么从交换机的接口 1 转发出的帧也应当可以到达 A。

假定接下来 B 通过 3 接口向 A 发送一帧数据。交换机检查交换表，发现交换表中的 MAC 地址有 A，表明要发送给 A 的帧(即目的地址是 A 的帧)应从接口 1 转发。于是就把这个帧传送到接口 1 转发给 A。显然，现在已经没必要再广播收到的帧。交换表这时新增的项目(B，3)表明今后如果有发给 B 的帧，应当从接口 3 转发出去。经过一段时间后，只要主机 C 和 D 也向其他主机发送帧，局域网交换机中的交换表就会把转发到 C 或 D 应当经过的接口号(2 或 4)写入交换表中。这样，交换表中的项目就齐全了。要转发给任何一台主机的帧，都能够很快地在交换表中找到相应的转发接口。

考虑到有时可能要在交换机的接口更换主机，或者主机要更换其网络适配器，这就需要更改交换表中的项目。为此，在交换表中每个项目都设有一定的有效时间。过期的项目就自动被删除。用这样的方法保证交换表中的数据都符合当前网络的实际状况。

总线局域网使用 CSMA/CD 协议，以半双工方式工作。但局域网交换机不使用共享总线，没有碰撞问题，因此不使用 CSMA/CD 协议，而是以全双工方式工作。既然连局域网的重要协议 CSMA/CD 都不使用了(相关的“争用期”也没有了)，为什么还叫作局域网呢？原因就是它的帧结构未改变，仍然采用局域网的帧结构。

2.5.4 局域网接入宽带

以局域网接入的一个重要特点是它可以提供双向的宽带通信，并且可以根据用户对宽带的需求灵活地进行宽带升级。

当城域网和广域网都采用吉比特局域网或10吉比特局域网时，采用局域网接入可以实现端到端的局域网传输，中间不需要再进行帧格式的转换。这就提高了数据的传输效率且降低了传输的成本。

然而局域网的帧格式标准中，在地址字段部分并没有用户名字段，也没有让用户键入密码来鉴别用户身份的过程。如果网络运营商要利用局域网接入互联网，就必须解决这个问题。

点对点协议(point to point protocd，PPP)中的PPP帧再封装到局域网中来传输。这就是1999年公布的以太网上的点不掉协议(point to point protocol over Ethernet，PPPoE)，意思是在局域网上运行PPP[RFC2516]。现在的光纤宽带接入FTTx都要采用PPPoE的方式进行接入。

例如，如果使用光纤到大楼FTTB的方案，就在每个大楼的楼口安装一个光网络单元(实际上就是一个局域网交换机)，然后根据用户所申请的带宽，用五类线(请注意，到这个地方，传输媒体已经变为铜线了)接到用户家中。如果大楼里上网的用户很多，那么还可以在每一个楼层再安装一个100 Mb/s的局域网交换机。各大楼的局域网交换机通过光缆汇接到光结点汇接点(光汇接点一般通过城域网连接到互联网的主干网)。

使用这种方式接入互联网时，在用户家中不再需要使用任何调制解调器。

用户把个人电脑通过五类网线连接到墙上的RJ-45插口中，然后在PPPoE弹出的窗口中键入在网络运营商处购买的用户名(就是一串数字)和密码，就可以进行宽带上网了。请注意，使用这种局域网宽带接入时，从用户家中的个人电脑到户外的第一个局域网交换机的带宽是能够得到保障的。因为这个带宽是用户独占的，没有和其他用户共享。但这个局域网交换机到上一级的交换机的带宽，是许多用户共享的。因此，如果过多的用户同时上网，则有可能使每一个用户实际上享受到的带宽减少。这时，网络运营商就应当及时进行扩容，以保证用户的利益不受损失。

当用户利用非对称数字用户线路(asymmetric digital subscriber line，ADSL)进行宽带上网时，在用户个人电脑到家中的ADSL调制解调器之间，也是使用RJ-45和五类线(即局域网使用的网线)进行连接的，并且也是使用PPPoE弹出的窗口进行拨号连接的。但是用户个人电脑发送的局域网帧到了家里的ADSL调制解调器后，就转换成为ADSL使用的PPP帧。需要注意的是，在用户家中墙上是通过电话使用的RJ-11插口，用普通的电话线传送PPP帧。这已经和局域网没有关系了。所以这种上网方式不能称为局域网上网，而是利用电话线宽带接入互联网。

2.5.5 虚拟局域网

利用以太网交换机可以很方便地实现虚拟局域网(virtual LAN，VLAN)。在IEEE 802.1Q标准中，对虚拟局域网VLAN是这样定义的。

虚拟局域网VLAN是由一些局域网网段构成的与物理位置无关的逻辑组。

这些网段具有某些共同的需求。每一个VLAN的帧都有一个明确的标识符，指明发送这个帧的工作站是属于哪一个VLAN。虚拟局域网只能在基于交换机的基础之上构造(网桥和交换机能够完成端口的通信屏蔽和控制，集线器是做不到这一点的)。

虚拟局域网其实只是局域网给用户提供的一种服务，并不是一种新型局域网。

1. 虚拟局域网的优点

网络设备的移动、添加和修改的管理开销减少；可以控制广播风暴(在一个单一的物理局域网中，不管是通过交换机还是路由器连接起来的，广播域是整个全网。如果有多个用户都发广播数据的话就会发生广播风暴。广播域只在小范围内有效，如果范围很大的话会导致网络瘫痪，因此无效)；可提高网络的安全性。

2. 虚拟局域网的划分方法

(1)基于端口的划分

① 单交换机端口：只适用于小规模网络。

② 多交换机端口：交换机之间有虚拟局域网交互协议，这样多个交换机之间才能互相了解哪一台交换机的哪个端口属于哪个虚拟局域网。

(2)基于网络层的划分

网络层协议有IP协议、IPX协议、AppleTalk协议。定义每一个协议为一个虚拟局域网。如果只有单一的IP协议时，可以按照IP地址或IP子网进行划分。

(3)基于IP组播的划分

IP组播的用户可以散播在互联网中的任何角落。只要加入这个组播中，即物理链路连通，就可以收到组播数据，而其他用户接收不到。它已经不单单是个局域网。

如图2-22所示，当B1向VLAN2发送广播时，B2和B3将会收到，A1～A4与C1～C3不会收到，避免了广播风暴。虚拟局域网内部可以通过MAC层的屏蔽进行通

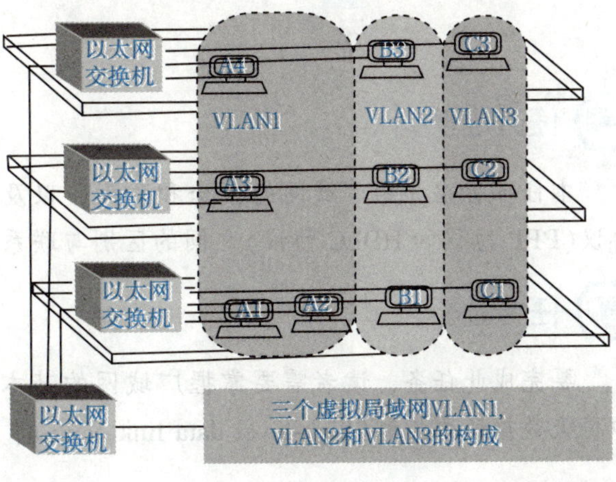

图2-22 VLAN示意图

信，但是虚拟局域网之间的通信则要通过 IP 路由才可以实现。

任务评价

评价内容	评价标准	分值/分	自评	师评
在物理层扩展局域网	理解光纤调制解调器的工作原理	5		
	掌握如何通过光纤和集线器扩展局域网覆盖范围	5		
数据链路层扩展局域网	了解网桥和交换机的工作原理及区别	10		
	掌握交换机如何通过自学习算法建立转发表，提高局域网带宽利用率	10		
局域网的自学习功能	熟悉局域网的自学习功能	15		
局域网接入宽带	掌握局域网接入宽带的技术细节，包括 PPPoE 和 FTTx 的应用	25		
虚拟局域网	深入理解虚拟局域网(VLAN)的概念、优点及划分方法	15		
	能够结合实际应用场景进行说明	15		
总分		100		

任务 6　广域网协议

任务描述

本任务旨在介绍广域网的概念和作用，以及最常用的两种广域网数据链路层控制协议(PPP 协议和 HDLC 协议)之间的区别与联系。

任务分析

要完成此任务，读者需要掌握广域网的基本概念、协议层次结构以及点对点协议和高级数据链路控制(high-level data link control，HDLC)协议的具体实现细节。

任务重点与实施

2.6.1　广域网协议概述

广域网不等于互联网，互联网可以连接不同类型的网络(既可以连接局域网，又可以连接广域网)，通常使用路由器来连接。图 2-23 为由相距较远的局域网通过路由器与广域网相连而成的一个覆盖范围很广的互联网。因此，局域网可以通过广域网与另一个相隔很远的局域网通信。

广域网协议

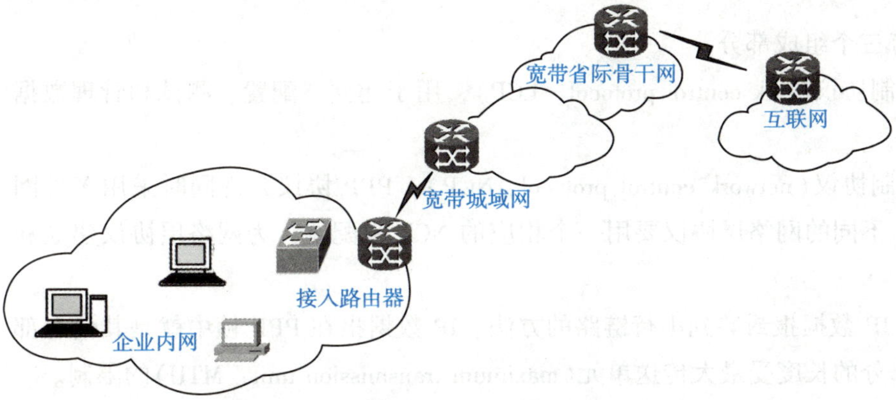

图 2-23　由局域网和广域网组成的互联网

广域网由一些结点交换机及连接这些交换机的链路组成。需要注意的是，结点交换机和路由器都用来转发分组，工作原理也类似。结点交换机的功能是将分组存储并转发。结点之间都是点到点连接，但为了提高网络的可靠性，一个结点交换机往往与多个结点交换机相连。从层次上考虑，广域网和局域网的区别很大，因为局域网使用的协议主要在数据链路层(还有少量在物理层)，而广域网使用的协议主要在网络层。如果网络中的两个结点要进行数据交换，那么结点除要给出数据外，还要给数据“包装”上一层控制信息，用于实现检错、纠错等功能。如果这层控制信息是数据链路层协议的控制信息，那么就称使用了数据链路层协议，如果这层控制信息是网络层的控制信息，那么就称使用了网络层协议。

广域网中的一个重要问题是路由选择和分组转发。路由选择协议负责搜索分组从某个结点到目的结点的最佳传输路由，以便构造路由表，然后从路由表再构造出转发分组的转发表。分组是通过转发表进行转发的。

PPP 协议和 HDLC 协议是目前最常用的两种广域网数据链路层控制协议。

2.6.2　PPP 协议

PPP 是使用串行线路通信的面向字节的协议，该协议应用在直接连接两个结点的链路上。设计的目的主要是用来通过拨号或专线方式建立点对点连接发送数据，使其成为各种主机、网桥和路由器之间简单连接的一种共同的解决方案。

PPP 协议是在 SLIP 协议的基础上发展而来的，它既可以在异步线路上传输，又可以在同步线路上使用；不仅用于调制解调器(modem)链路，也用于租用的路由器到路由器的线路。

背景：SLIP 主要完成数据报的传送，但没有寻址、数据检验、分组类型识别和数据压缩等功能，只能传送 IP 分组。如果上层不是 IP 协议，那么无法传输，并且此协议对一些高层应用也不支持，但实现比较简单。为了改进 SLIP 的缺点，制定了点对点协议(PPP)。

PPP 协议有三个组成部分。

(1)链路控制协议(link control protocol，LCP)，用于建立、配置、测试和管理数据链路。

(2)网络控制协议(network control protocol，NCP)，PPP 协议允许同时采用多种网络层协议，每个不同的网络层协议要用一个相应的 NCP 来配置，为网络层协议建立和配置逻辑连接。

(3)一个将 IP 数据报封装到串行链路的方法。IP 数据报在 PPP 帧中就是其信息部分，这个信息部分的长度受最大传送单元(maximum transmission unit，MTU)的限制。

PPP 帧的格式如图 2-24 所示，PPP 帧的前 3 个字段和最后 2 个字段与 HDLC 帧是一样的，标志字段(F)仍为 7E(0 111 110)，前后各占 1B，若它出现在信息字段中，就必须做字节填充，使用的控制转义字节是 7D(01 111 101)但在 PPP 中，地址字段(A)占 1B，规定为 0xFF，控制字段(C)占 1B，规定为 0x03，两者的内容始终是固定不变的。PPP 是面向字节的，因而所有 PPP 帧的长度都是整数位字节。

第 4 个字段是协议段，占 2B，在 HDLC 中没有该字段，它是说明信息段中运载的是什么种类的分组。以 bit0 开始的是诸如 IP、IPX 和 AppleTalk 这样的网络层协议；以 1 bit 开始的被用来协商其他协议，包括 LCP 及每个支持的网络层协议的一个不同的 NCP。

第 5 段信息段的长度是可变的，大于或等于 0 且小于或等于 1 500 B，为了实现透明传输，当信息段中出现和标志字段一样的比特组合时，必须采用一些措施来改进。

第 6 个字段是帧检验序列(frame check sequence，FCS)，占 2 B，即循环冗余码检验中的冗余码。检验区包括地址字段、控制字段、协议字段和信息字段。

图 2-25 为 PPP 链路建立、使用、撤销所经历的状态图。当线路处于静止状态时，不存在物理层连接。当线路检测到载波信号时，建立物理连接，线路变为建立状态。此时，LCP 开始选项商定，商定成功后就进入身份验证状态。双发身份验证通过后，进入网络状态。这时，采用 NCP 配置网络层，配置成功后，进入打开状态，然后就可进行数据传

输。当数据传输完成后，线路转为终止状态。载波停止后则回到静止状态。

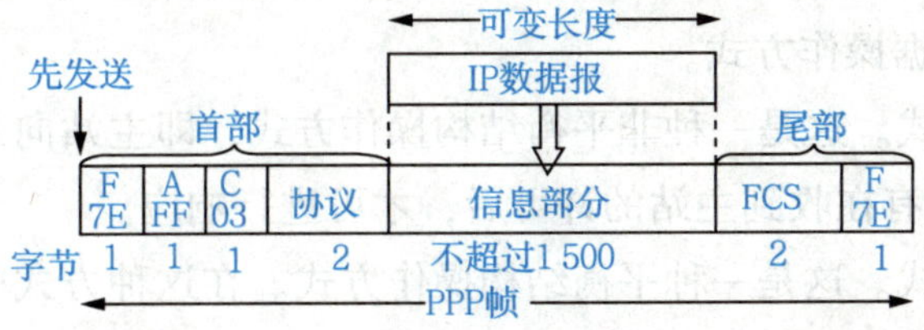

图 2-24 PPP 帧的格式

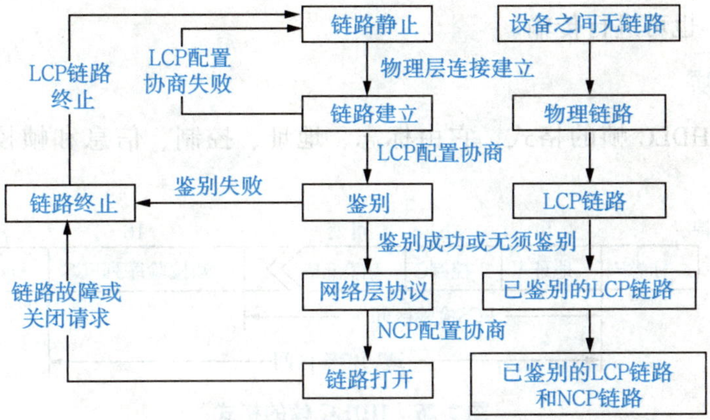

图 2-25 PPP 协议的状态图

2.6.3 HDLC 协议

高级数据链路控制协议是 ISO 制定的面向比特(记住 PPP 协议是面向字节的)的数据链路层协议。该协议不依赖于任何一种字符编码集；数据报文可透明传输，用于实现透明传输的“0 比特插入法”易于硬件实现；全双工通信，有较高的数据链路传输效率；所有帧采用 CRC 检验，对信息帧进行顺序编号，可防止漏收或重发，传输可靠性高；传输控制功能与处理功能分离，具有较大的灵活性。

HDLC 适用于链路的两种基本配置：非平衡配置和平衡配置。

(1)非平衡配置的特点是由一个主站控制整个链路的工作。

(2)平衡配置的特点是链路两端的两个站都是复合站，每个复合站都可以平等地发起数据传输，而不需要得到对方复合站的允许。

1. 站

HDLC 有三种站类型：主站、从站和复合站。主站负责控制链路的操作，主站发出的帧称为命令帧。从站受控于主站，按主站的命令进行操作，发出的帧称为响应帧。另外，有些站既具有主站的功能，又具有从站的功能，所以这类站称为复合站，它可以发出命令帧和响应帧。

2. 数据操作方式

HDLC 有三种数据操作方式。

(1)正常响应方式。这是一种非平衡结构操作方式，即主站向从站传输数据，从站响应传输，但从站只有在收到主站的许可后，才可进行响应。

(2)异步平衡方式。这是一种平衡结构操作方式。在这种方式中，每个复合站都可以进行对另一站的数据传输。

(3)异步响应方式。这是一种非平衡结构操作方式。在这种方式中，从站即使未受到主站的允许，也可进行传输。

3. HDLC 帧

图 2-26 为 HDLC 帧的格式，它由标志、地址、控制、信息和帧校验序列等字段构成。

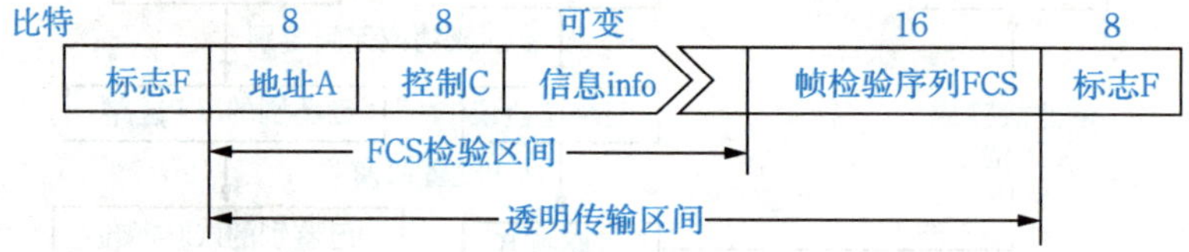

图 2-26　HDLC 帧的格式

标志字段 F，为 0 111 110。在接收端只要找到标志字段就可确定一个帧的位置。HDLC 协议采用比特填充的首尾标志法实现透明传输。在发送端，当一串比特流数据中有 5 个连续的 1 时，就立即在其后填入一个 0。接收帧时，先找到 F 字段以确定帧的边界，接着对比特流进行扫描。

每当发现 5 个连续的 1 时，就将其后的一个 0 删除，以还原成原来的比特流。

地址字段 A，共 8 位，在使用非平衡方式传送数据时，站地址字段总是写入从站的地址；在使用平衡方式传送数据时，站地址字段填入的是应答站的地址。

控制字段 C，共 8 位，是最复杂的字段。HDLC 的许多重要功能都靠控制字段来实现。根据其第 1 位或第 1、2 位的取值，可将 HDLC 帧划分为三类。

(1)信息帧(I)，第 1 位为 0，用来传输数据信息，或使用捎带技术对数据进行确认。

(2)监督帧(S)，第 1、2 位分别为 1、0，用于流量控制和差错控制，执行对信息帧的确认、请求重发和请求暂停发送等功能；

(3)无编号帧(U)，第 1、2 位均为 1，用于提供对链路的建立、拆除等多种控制功能。

任务评价

评价内容	评价标准	分值/分	自评	师评
协议概述	准确理解广域网的概念、作用及其在网络架构中的位置	10		
	清晰阐述广域网协议主要在网络层使用的特点	10		
	了解广域网与互联网的区别	10		
PPP 协议	准确描述 PPP 协议组成部分	10		
	熟练掌握 PPP 帧的格式、各字段含义及作用	20		
	深入理解 PPP 协议的状态转换过程	10		
HDLC 协议	准确描述 HDLC 协议的特点	10		
	熟练掌握 HDLC 协议的站类型、数据操作方式和帧格式	20		
总分		100		

项目小结

本项目主要介绍了计算机网络的基础知识。首先介绍了计算机网络概述、分类及应用；其次介绍了拓扑结构；再次介绍了局域网的标准和拓展方法；最后介绍了广域网协议。通过本项目的学习，读者能够巩固知识体系，提升专业技能，为未来学习工作打下坚实基础。

项目习题

一、选择题

1. 计算机网络的发展经历了几个阶段？(　　)

A. 一个阶段　　B. 两个阶段

C. 三个阶段　　D. 四个阶段

2. OSI 模型的第几层是数据链路层？(　　)

A. 第一层　　B. 第二层　　C. 第三层　　D. 第四层

3. 在网络互连中，用于连接不同网络的设备是(　　)。

A. 交换机　　B. 路由器

C. 网桥　　D. 调制解调器

4. 下列哪个协议是广域网常用的数据链路层控制协议？(　　)

A. TCP　　B. IP　　C. PPP　　D. HTTP

5. 以下哪个不是计算机网络的应用领域？(　　)

A. 办公自动化　　B. 远程教育　　C. 证券交易　　D. 农业自动化

二、填空题

1. 计算机网络最基本的定义是一些________的、________的计算机系统的集合。
2. 互联网的核心部分由________和________组成。
3. 在 PPP 协议中，用于建立、配置、测试和管理数据链路的协议是________。

三、简答题

1. 简述计算机网络的三个发展阶段。
2. 简述客户-服务器方式，并给出一个常见的应用实例。
3. 简述虚拟局域网以及主要优点。
4. 什么是分组交换？它与电路交换相比有什么优势？
5. 家庭网络组建时，选择以太网作为联网技术有哪些优势？

四、项目实战

家庭网络的组建

如果大家都住在同一栋楼里或距离很近(如在办公室里、办公室之间、大学的宿舍甚至是家庭之间)，有没有想过试着把这些单机连成网络呢？这种小规模局域网络的组建并不难。本题将思考如何在家庭环境搭建小型的局域网系统。小型或家庭办公室一般以下列方式连接 Internet：①对每台计算机使用独立的 Internet 连接；②使用住宅网关；③使用主机。

设计思路

1. 对每台计算机使用独立的 Internet 连接。
2. 使用住宅网关。

项目 3 需求分析与网络设计

项目导读

本项目旨在全面分析多媒体教学网络的需求，并据此进行网络规划与设计。首先深入调研用户需求，包括用户情况、业务性能需求和服务管理需求，确保网络设计贴合实际应用场景。随后依据网络规划与设计原则，构建稳定、高效的网络架构，确保网络服务的可靠性和安全性。本项目主要介绍需求分析与网络设计的相关知识。

学习目标

◆ 知识目标

- 掌握网络规划与设计的基本原则和方法。
- 深入了解网络安全的基本概念及防御技术。

◆ 技能目标

- 能够使用网络故障诊断和排除工具。
- 能够独立完成网络项目的需求分析与设计。

◆ 素质目标

- 培养读者脚踏实地、执着坚持的精神，主动提升自身技能。
- 培养读者组网时注重培养读者分析能力，及时调整，合理改进。
- 培养读者善于发现和弥补网络知识欠缺，有意识完善知识体系结构。
- 提高读者的创新能力，在实践中探索新方法。

◆ 思政目标

- 培养读者严谨的逻辑推理能力，善于运用科学方法分析问题。
- 教育读者深入了解用户需求，精准把握用户痛点，优化设计方案。

任务1 用户需求分析

任务描述

本任务旨在全面分析并明确用户需求，以支持后续的系统设计、开发与部署工作。任务涵盖了用户情况与业务需求的深入理解、用户性能需求的细致剖析，以及服务管理需求的全面规划。

任务分析

要完成此任务，首先需要深入调研用户群体，收集并整理用户反馈，确保需求分析的准确性和完整性。其次针对用户性能需求，将从接入速率、响应时间和并发用户数等多个维度进行详细分析，从网络管理、服务器管理、数据备份与容灾等方面出发，制定出一套完善的服务管理策略。

任务重点与实施

3.1.1 用户情况与业务需求分析

设计者在进行网络系统设计之前，需要对用户所需的业务需求进行调查、分析和确认，这个过程就是用户业务需求分析。一般情况下，设计者需要对用户的一般情况及业务功能需求等方面进行调研分析。这个过程是系统集成的首要环节，是系统设计的基础，后续的所有工作都是基于这个过程的。

用户需求分析

1. 用户一般情况分析

用户一般情况分析主要包括分析用户群体的组织结构、地理位置、用户组成、网络连接状况、后续发展情况、行业特点、现有可用资源、投资预算和新系统要求等方面。

(1)用户群体的组织结构决定了系统有哪些使用者及不同使用者拥有的等级。

(2)系统所在的地理位置调查主要用于确定网络规模、网络拓扑结构、综合布线系统设计与施工等工作。

(3)用户组成及数量决定了网络规模及系统软/硬件配置及权限设置。

(4)网络连接状况包括集团公司网络、分支公司网络、供应商网络、合作伙伴网络及 Internet 的连接。如果在某些方面有连接需求，在网络系统设计时一定要预留出口，同时相应地要增加一些软/硬件设施。

(5)后续发展情况是指网络规模和系统应用水平的发展两个方面。一般情况下会根据用户近三年的发展状况来估算未来五年的可能发展水平。目的是确定网络各关键点的扩展能力，避免系统的生命周期过短。

(6)行业特点调查是确定业主所在的行业是否需要一些特殊的应用需求。

(7)现有可用资源调查则充分考虑原有网络中的设备和资源是否可以继续使用，并且为新系统的网络设备选购和应用系统设计提供参考。

(8)投资预算要在系统设计之前确定，否则无法为各部分进行细化预算。

2. 业务需求分析

业务性能需求分析决定了整个系统所采用的技术和设备，主要包括以下几个方面。

(1)用户业务应用需求分析

用户业务应用需求分析主要指网络系统需要包含的各种应用功能。要详细地列出所有可能的应用，需要与各个部门具体负责网络应用的人员进行面对面的询问，做好记录。

(2)用户业务功能需求分析

用户业务功能需求分析主要侧重于网络本身的功能，通常针对企业网络管理员或网络系统项目负责人提出的需求进行分析。网络自身功能是指基本功能之外的那些比较特殊的功能，如是否配置网络管理系统、服务器管理系统、第三方数据备份系统、磁盘阵列系统、网络存储系统和服务器容错系统等。更多的网络功能需求还体现在具体的网络设备上，如硬件服务器系统可以选择的特殊功能配置主要包括磁盘阵列、内存阵列、内存镜像、处理器对称或并行扩展、服务器群集等；交换机可以选择的特殊功能主要包括第三层路由、VLAN、第四层 QoS、第七层应用协议支持；路由器可以选择的特殊功能主要包括第二层交换、网络隔离、流量控制、身份验证和数据加密等。

3.1.2 用户性能需求分析

在分析网络设计技术要求时，应该将客户所能接受的网络性能标准，包括吞吐量、精确度、效率、延迟和响应时间等筛选出来。分析客户的网络性能目标与分析现有网络紧密相连，分析现有网络将会有助于确定做哪些修改才能满足性能目标。

1. 接入速率需求分析

接入速率需求是最基本的需求，是由端口速率决定的。

在以太网终端用户中，接入速率通常按 10 Mb/s、100 Mb/s 和 1 000 Mb/s 三个档次划分。对于骨干层和核心层的端口速率，通常需要支持双绞线、光纤的吉比特每秒，甚至 10 Gb/s 的速率。实际的接入速率受许多因素影响，包括端口带宽、交换设备性能、服务器性能、传输介质、网络传输距离和网络应用等的影响。

在广域网方面，接入速率是由相应的接入方式和相应的网络接入环境决定的，用户一般没有太多选择，只能根据自己的实际接入速率需求，选择符合自己的接入网类型。目前主要包括各种宽带和专线接入方式，如 ADSL、Cable MODEM、光纤接入等。

2. 响应时间需求分析

用户的一次功能操作可能由几个客户请求和服务器响应组成，从客户发出请求到该客户收到最后一个响应，经过的时间就是整体的响应时间。响应时间是客户最关注的网络性能目标之一。一般情况下，客户不了解传输延迟和抖动，也不了解每秒多少分组或每秒多少兆字节的吞吐量，也并不关心位差错率，但是能感觉到响应时间的长短，并且会因为响应时间过长而无法接受。

网络和服务器的时延和应用时延都对整体响应时间有影响。

网络整体响应时间受到不同机制的影响。在广域网中，所选择的协议在很大程度上会影响数据在网络中传输的延迟时间。这些时间包括处理时延、排队时延、传送或连续传输时延。传输时延包的损坏和丢失会降低信息的传输质量或增加额外的时延，因为需要重新传输。对于地面传输企业网络，等待和传输时延是网络时延的主要问题。而对于卫星网络，传输时延和访问协议是主要问题。

影响服务器时延的因素主要包括服务器本身和应用设计两个方面。服务器本身的性能包括处理器速度、存储器和 I/O 性能、磁盘驱动器速度及其他设备的性能。应用设计主要包括服务器架构设计和算法设计。

3. 吞吐性能需求分析

吞吐量在理论上是指在没有帧丢失的情况下，设备能够接受的最大速率。通常，吞吐量是针对某个特定连接或会话的，但在某些情况下，还需要说明网络的总吞吐量。理想的吞吐量应该与容量相等，但是在实际网络中，这是达不到的。

容量取决于所使用的物理层技术。即使在网络出现通信峰值时，网络的容量也应该足够处理提供负载。理论上讲，吞吐量应该随着提供负载的增加而增加，最终达到网络全部容量的最大值。但是网络吞吐量与存取方法、网络负载及差错率等因素有关。

通过网络吞吐量测试，用户可以在一定程度上评估网络设备之间的实际传输速率及交换机、路由器等设备的转发能力。当然，网络的实际传输速率同网络设备的性能、链路的质量、终端设备的数量、网络应用系统等因素都有关系。这种测试也适用于广域网点到点之间的传输性能测试。吞吐量和报文转发率是评价路由器和防火墙等设备应用的主要指标，一般采用全双工传输包(full duplex throughput，FDT)来衡量，FDT 是指 64 B 数据包的全双工吞吐量，该指标既包括吞吐量指标也涵盖报文转发率指标。

随着 Internet 的日益普及，内部局域网用户访问 Internet 的需求在不断增加，一些企业也需要对外提供诸如 WWW 页面浏览、FTP 文件传输和 DNS 域名解析等服务，这些因素会导致网络流量的急剧增加。而路由器和防火墙作为内、外网之间的唯一数据通道，如果吞吐量太小，就会成为网络瓶颈，给整个网络的传输效率带来负面影响。

因此，路由器和防火墙的吞吐能力，有助于更好地评价其性能表现。这也是测量路由器和防火墙性能的重要指标。

吞吐量的大小主要由路由器、防火墙及程序算法的效率决定，尤其是程序算法不合理，会使路由器和防火墙系统进行大量运算，使通信性能大打折扣。

4. 可用性能需求分析

可用性是指网络可供用户使用的时间，通常是网络工程一个非常重要的指标。网络系统的可用性同样由许多因素共同决定，如网络设备自身的稳定性、网络系统软件和应用系统软件的稳定性、网络设备的吞吐能力(相当于接收/发送能力)和应用系统的可用性等方面。

(1)网络系统的稳定性

网络系统的稳定性主要是指设备在长期工作情况下的热稳定性和数据转发能力。

设备的热稳定性一般由品牌来保证，因为它关系到其中所用的元器件。在网络系统中，与稳定性有关的设备主要有网卡、交换机、路由器和防火墙等。在使用时最好把这些设备安装在通风条件比较好的机房中，能够经常感知到这些设备的温度情况。

在选择设备时一定选择吞吐能力适合网络规模、网络应用水平和发展水平的设备。例如，网卡的吞吐能力是由网卡芯片型号、接口带宽和接口类型等因素共同决定的；交换机的吞吐能力是由交换机芯片型号、相应接口带宽、背板带宽和接口类型等因素共同决定的；路由器的吞吐能力是由路由器处理器型号、接口带宽、路由表大小、支持的路由协议和接口等因素共同决定的。

(2)应用系统的可用性

软件的可用性测试和评估是一个过程，这个过程在产品的初样阶段就开始了。因为一个软件设计的过程是反复征求用户意见、进行可用性测试和评估的过程。设计阶段反复征求意见的过程是后续进行可用性测试的基础，但不能取代真正的可用性测试；没有设计阶段反复征求意见的过程，仅靠用户最后对产品的一两次评估，也不能全面反映出软件的可用性。

应用系统的可用性测试需要在用户的实际工作任务和操作环境下进行，可用性测试必须在用户进行实际操作后，根据其完成任务的情况，进行客观的分析和评估。

最具有权威性的可用性测试和评估不应该由专业技术人员完成，而应该由产品的用户完成。因为无论这些专业技术人员的水平有多高，也无论使用的方法和技术有多先进，最后起决定作用的还是用户对产品的满意程度。因此，对软件可用性的测试和评估主要由用户来完成。

5. 并发用户数需求分析

并发用户数是指系统运行期间同一时刻进行业务操作的用户数量，该数量取决于用户操作习惯、业务操作间隔和单笔交易的响应时间。并发用户数是整个用户性能需求的重要方面。通常是针对具体的服务器和应用系统，如域控制器、Web服务器、FTP

服务器、E-mail 服务器、数据库系统、MIS 管理系统、ERP 系统等。并发用户数支持量的多少决定了相应系统的可用性和扩展性。所支持的并发用户数多少是通过一些专门的工具软件进行测试的，测试过程模拟大量用户同时向某系统发出访问请求，并进行一些具体操作，以此来为相应系统加压。不同的应用系统所用的测试工具是不一样的。

并发性能测试的过程是一个负载测试和压力测试的过程。即逐渐增加负载，直到系统瓶颈或不能接收的性能点，通过综合分析交易执行指标和资源监控指标来确定系统并发性能的过程。负载测试(load testing)确定在各种工作负载下系统的性能，是一个分析软件应用程序和支撑架构，模拟真实环境的使用，从而来确定系统能够接收的性能的过程，其目的是测试当负载逐渐增加时系统组成部分的相应输出项，如通过量、响应时间、CPU 负载和内存使用等测试系统的性能。压力测试(stress testing)是通过确定一个系统的瓶颈或不能接收的性能点来获得系统能提供的最大服务级别的测试。

6. 可扩展性需求分析

可扩展性是指网络设计必须支持的增长幅度。对于许多网络工程来说，可扩展性是最基本的目标之一。较大规模的网络工程经常以很快的速度增添用户应用、新站点及与外部网络的连接，所以向客户提交的网络设计应该能够适应网络范围的快速扩张。

在分析客户的可扩展性目标时，一定要考虑网络技术固有的、阻碍可扩展性问题的存在。由于网络设计是个循环往复的过程，网络的可扩展性目标及其解决方案将会在网络设计过程的不同阶段多次涉及。

网络系统的可扩展性最终体现在网络拓扑结构、网络设备、硬件服务器的选型及网络应用系统的配置等方面。

(1)网络拓扑结构的可扩展性需求分析

在网络拓扑结构方面，所选择的拓扑结构要方便扩展，而且能满足用户网络规模发展需求。在网络拓扑结构中，网络扩展需求全面体现在网络拓扑结构的核心层(或称骨干层)、汇聚层和边缘层三层上。

一般的网络规模扩展主要是关键节点和终端节点的增加，如服务器、各层交换机和终端用户的增加。这就要求在拓扑结构中的核心层交换机上要留有一定量的冗余高速端口(具体量的确定可根据相应用户的发展速度而定)，用于各新增加的服务器、汇聚层交换机等关键节点的连接。通常增加的少数关键节点可直接在原结构中的核心交换机冗余的端口上连接；如果需要增加的关键节点比较多，则可以通过增加核心层交换机或汇聚层交换机集中连接。在汇聚层也应留有一定量的高速端口，以备新增加的边缘层交换机或终端用户的连接。增加少数的终端用户时也可以直接使用边缘层交换机上冗余端口连接；如果增加的终端用户比较多，则可使用汇聚层的高速冗余端口新增一个边缘交换机，集中连接这些新增的终端用户。

(2)交换机的可扩展性需求分析

交换机端口的冗余，可通过实际冗余和模块化扩展两种方式来实现。实际冗余是对于固定端口配置的交换机而言的，而模块化结构交换机端口的可扩展能力要远远好于固定端口配置的交换机，但价格也贵许多。具体原结构中各层所应保留冗余的端口数量，要视具体的网络规模和发展情况而定。

(3) WLAN 网络的可扩展性需求分析

与交换机类似的设备是 WLAN 网络中的无线接入点(AP)，它同样具有连接性能问题。目前，WLAN 设备的连接性能还较低，设备所支持的 WLAN 标准决定了设备的用户支持数。例如，IEEE 802.11g 接入点设备通常只支持 20 个用户同时连接，即使可以连接更多的用户，也没有太大意义，因为这样用户分得的带宽就会大大下降，不能满足用户的应用。在 WLAN 网络的可扩展性方面，要注意的是频道的分配，因为总的可用频道有限(15 个)，而在同一覆盖范围中可用的上涨幅度频道就更少(只有 3 个)，所以在网络系统设计之初，应尽可能预留一些频道给将来扩展使用，不要全部占用。

(4) 服务器系统的扩展性需求分析

网络设备的可扩展性需求的另一个重要方面就是硬件服务器的组件配置。国内外几大主要服务器厂商(如 IBM、HP、Sun、联想、浪潮和曙光等)都有类似的“按需扩展”理念，为客户提供灵活的扩展方案。一般的服务器价格非常高，如果因为扩展性不好，服务器设备在短时间内遭到淘汰，则是一种极大的投资浪费。

服务器的可扩展性主要体现在支持的 CPU 数、内存容量、I/O 接口数和服务器是否有群集能力等几个方面。

(5) 广域网系统的可扩展性需求分析

在广域网中同样存在可扩展性方面的需求，如 WAN 连接线路、WAN 连接方式及支持的用户数和业务类型等。一方面，体现在如路由器之类的网络边界设备的 WAN 端口数和所支持的 WAN 网络接口类型上；另一方面，体现在所选择的广域网连接方式所能提供的网络带宽是否可以满足用户数的不断增加，是否支持当前和未来可能需要的业务类型(如分组交换网、帧中继、DDN 专线等)。DDN 专线的传输速率通常在 2 Mb/s 以内，只适用于小型用户的普通电话类业务，不适用于大中型企业用户、实时的多媒体业务和大容量的数据传输。而 ATM 的传输速率可达 622 Mb/s，全面支持几乎所有接入网类型和业务，但成本较高，并且对以太网业务的支持不是很好。

(6) 应用系统的可扩展性需求分析

网络应用系统功能配置，一方面要全面满足当前及可预见的和未来一段时间内的应用需求；另一方面要能方便地进行功能扩展，可灵活地增减功能模块。

3.1.3　服务管理需求分析

企业的发展不仅需要稳定和持续发展的业务支撑，还需要出色的服务水平，加强服务的可视性、可控性、自动化也越来越成为众多知名企业追求的目标。企业将提供什么样的服务管理，也是网络工程设计需求分析阶段应该考虑的问题。

1. 网络管理需求分析

在比较大型的网络系统中，配置一个专业的网络管理系统是非常必要的。否则，一方面网络管理效率非常低；另一方面，有些网络故障可能仅凭管理员经验难以发现，最终可能会因一些未能及时发现和排除的故障，给企业带来巨大的损失。

要正确选择网络管理系统，既要考虑用户的投资可能，又要对各种主流管理系统有一个较全面的了解。

2. 服务器管理需求分析

服务器管理系统通常是针对具体的应用服务器开发的，用于对具体应用服务器功能进行全面的管理。

(1)扩展服务器管理系统

当业务规模较小，网络上只有一两台服务器时，管理工作相对来说比较简单。但对于中型以上的网络系统，可能会有许多不同类型的服务器，如有多个域控制器、多个 DNS、DHCP，Windows 服务器，还可能有各种应用服务器，如 Web 服务器、FTP 服务器、邮件服务器和数据服务器等。如果仅凭手工操作或管理经验来管理这么多服务器，就显得力不从心，甚至无法有效管理。这时就要依靠一些专业的服务器管理系统来自动或手工管理，提高管理效率和水平，如使用微软公司的系统管理服务器、惠普公司的 OpenView、IBM 公司的 Tivoli、CA 公司的 Unicenter 及 DELL 公司的 OpenManage 服务器管理系统，都可以降低管理不同服务器的难度。这些软件产品都可以对整个网络的服务器进行集中监控和管理，而且这些管理系统通常是购买服务器时附带提供的，不需单独购买。

(2)服务器的远程管理

随着网内服务器数量的增加，服务器的分布范围也日益分散，不再局限在一个房间里。管理员不可能在一个房间里完成对所有服务器的管理和维护工作，而需要进行远程管理。

Windows server 2023 内置的终端服务可对服务器进行完全的远程控制。服务器管理员可以通过 Internet 或局域网，接入服务器桌面进行管理。

一些第三方远程管理软件也可供选择。Radmin 是一种专供使用模拟调制解调器的低带宽 Windows 使用的远程控制程序；Tight VNC 是可以在 Windows 和 UNIX 上使用的免费软件。

3. 网络共享和访问控制需求分析

用户共享上网是必然的选择，不可能为每个用户配置一条 Internet 接入线路。目前可以选择共享上网的方式主要包括网关型共享、代理服务器型共享和路由器型共享三种。具体选择哪种共享方式，不仅要视企业现有的资源而定，还要根据企业对共享上网用户的访问控制要求而定。因为相同的共享上网方式所具有的访问控制能力并不相同。

网关型共享方式主要是采用硬件网关和软件网关两种方式。硬件网关共享方式性能好，但价格高，目前主要是采用软件网关共享方式。

代理服务器型共享方式基本上是软件服务器方式。

路由器型共享方式包括硬件路由器共享方式和软件路由器共享方式。软件路由器共享方式配置较复杂。而硬件路由器共享方式中，有一种专门为宽带共享而推出的廉价宽带路由器，性能非常不错，所以在路由器共享方式中，主要以硬件路由器共享方式为主。

几种共享上网方式的网络结构和主要特点各不相同。

(1)网关型共享方式

网关型共享方式是一种最基本、最简单的共享类型，工作于 OSI 参考模型的网络层和会话层。

它采用客户机/服务器(C/S)模式，所使用的服务就是网关(gateway)，需要对网关服务器和共享客户端两方面进行单独配置。但总体来说，网关型共享方式的服务器配置非常简单，只需把客户的默认网关设置成网关服务器 IP 地址即可。

(2)代理服务器型共享方式

代理服务器型共享方式是目前一种应用比较广泛的共享上网方式。采用的也是 C/S 工作模式，所用服务是代理(proxy)，它可以进行许多管理性质的用户权限配置，比网关型共享方式和路由器共享方式都具有更明显的优势。

代理服务器型共享方式相对于网关型共享方式来说，无论从功能上还是从网络配置上都要复杂得多。

在软件配置上与网关型共享方式基本类似，但不需要在客户端配置网关，代理服务器软件可以对各客户端用户进行 Internet 应用权限配置，而不是与所有共享用户权限一样。

这种共享上网方式也需要网络中的一台计算机作为代理服务器长期开启，也是一种纯软件方案。

代理服务器型共享方案主要适用于企事业员工共享上网，可防止员工进入其他网站浏览，或使用 QQ 聊天等 Internet 应用。

(3)路由器型共享方式

路由器型共享方式通常指的是利用宽带路由器共享上网。宽带路由器包括有线宽带路由器和无线宽带路由器两种，两种路由器的共享上网原理相同，但在具体的配置过程中有些不同。

路由器共享方式与前面介绍的两种共享方式完全不同。它不需要网络中的一台计算机作为服务器长期开启，而是各用户需要时直接上网，担当服务器角色的不再是某台计算机，而是宽带路由器。

这种共事方式对用户而言，无论采用的是专线方式还是虚拟拨号方式，都可以通过浏览器对路由器进行配置，由路由器来为网络计算机提供拨号或直接提供 Internet 连接服务。宽带路由器一般还带多个交换端口，提供动态主机配置协议(dynamic host configuration protocol，DHCP)服务、网络防火墙、虚拟专用网络(virtual private network，VPN)通信，有的还具备打印服务器等功能。

在网络拓扑结构上，路由器方案有一些特殊之处。一般宽带路由器都带有四个左右的交换端口，此类路由器除了提供路由功能外，还具备交换机的集线器功能。若共享用户数在端口数范围内，则无须另外购买交换机，可大大节省用户的网络投资。

(4)共享方式的选择

从以上各种共享方式的特点可以看出，代理服务器的访问控制能力最强，但配置最复杂；网关型(特指软网关)共享的性能最低，访问控制能力居中；路由器共享性能最好，共享也最方便，但访问控制能力最差。

4. 安全性需求分析

网络是为广大用户共享网上的资源而互连的，然而网络的开放性与共享性也导致了网络的安全性问题。网络容易受到外界有意或无意的攻击和破坏，但不管属于哪一类，都会使信息的安全性和保密性受到严重影响。因此，无论是使用专用网，还是 Internet 等公用网，都要注意保护本单位、本部门内部的信息资源不受外界因素的侵害。通常，人们希望网络能为用户提供众多的服务，同时又能提供相应的安全保密措施，而这些措施不应影响用户使用网络的方便性。目前，造成网络安全保密问题日益突出的主要原因有以下几点。

(1)网络的共享性

资源共享是建立计算机网络的基本目的之一，但这也给不法分子利用共享的资源进行破坏活动提供了机会。

(2)系统的复杂性

计算机网络是一个复杂的系统，系统的复杂性使得网络的安全管理更加困难。

(3)边界的不确定性

网络的可扩展性同时也隐含了网络边界的不确定性。一个宿主机可能是两个不同网络中的节点，因此，一个网络中的资源可被另一个网络中的用户访问。这样，一些未经授权的恶意用户会对网络安全构成严重威胁。

(4)路径的不确定性

从用户宿主机到另一个宿主机可能存在多条路径。假设节点 A1 的一个用户想发一份报文给节点 B3 上的一个用户，而这份报文在到达节点 B3 之前可能要经过节点 A2 或 B2，即节点 A1 能提供令人满意的安全保密措施，而节点 A2 或 B2 可能不提供，这样便会危害数据的安全。

面对越来越严重的危害计算机网络安全的问题，完全凭借法律手段来有效地防范计算机犯罪是十分困难的，应该深入地研究和发展有效的网络安全保密技术，以防止网络数据被非法窃取、篡改与毁坏，保证数据的保密性、原始性和完整性。

5. 数据备份和容灾需求分析

一直以来，提起数据安全，人们想到的就是网络安全、如何防止黑客攻击等方面。而对数据的完整性、可用性的重视不足。所谓数据安全，只在企业中简单做了数据备份，就认为数据安全得到很好的保证，企业的系统完全有保障。其实这些都是最简单的想法，数据备份并不等于数据容灾，有了备份不等于万事大吉。因为备份的数据还可能因其他因素造成数据损坏，如地震、火灾等，对于这些，企业应该在数据容灾方面提升应对数据抵抗潜在不安全因素的能力。

数据备份是容灾的基础，是指为防止系统出现操作失误或系统故障导致数据丢失，而将全部或部分数据集合从应用主机的硬盘或阵列复制到其他存储介质的过程。传统的数据备份主要采用内置或外置的磁带机进行冷备份。但是这种方式只能防止操作失误等人为故障，而且其恢复时间也很长。随着技术的不断发展、数据的海量增加，很多企业开始采用网络备份。网络备份一般通过专业的数据存储管理软件结合相应的硬件和存储设备来实现。

(1) 数据备份的意义

计算机里面重要的数据、档案或历史纪录，不论是对企业用户还是对个人用户，都是至关重要的，一旦不慎丢失，都会造成不可估量的损失，轻则辛苦积累起来的心血付之东流，严重的会影响企业的正常运作，给科研、生产造成巨大的损失。

为了保障生产、销售、开发的正常运行，企业用户应当采取先进、有效的措施，对数据进行备份，防患于未然。

(2) 数据被破坏的主要原因

数据备份可以解决数据被破坏的问题。由于造成数据被破坏的因素很多，必须有针对性地进行预防，尽可能在主观上避免这些不利因素的发生，做好数据的保护工作。

造成网络数据被破坏的原因主要有以下几个方面。

① 自然灾害。自然灾害如水灾、火灾、雷击和地震等，造成计算机系统的破坏，导致存储数据被破坏或丢失，这属于客观因素。

② 计算机设备故障。计算机设备故障主要包括存储介质的老化、失效等，属于客观原因。但这种因素可以做到提前预防，只要经常进行设备维护，就可以及时发现问题，避免灾难的发生。

③ 系统管理员及维护人员的误操作。人员误操作属于主观因素，虽然不可能完全避免，但可以尽量减少。

④ 病毒感染造成的数据破坏和网络上的“黑客”攻击。病毒感染和黑客攻击可以归属于客观因素，但还是可以做好预防的，完全有可能避免这类灾难的发生。

(3)有关数据备份的几种错误认识

① 把备份和复制等同起来。许多人简单地把备份单纯地看作更换磁带、为磁带编号等完全程式化的、单调的操作过程。其实不然，因为备份除了复制外，还包括更重要的内容，如备份管理和数据恢复。备份管理包括备份计划的制订、自动备份活动程序的编写、备份日志记录的管理等。备份管理是一个全面的概念，它不仅包含制度的制定和磁带的管理，还包含引进备份技术，如备份技术的选择、备份设备的选择、介质的选择乃至软件技术的选择等。

② 把双机热备份、磁盘阵列备份及磁盘镜像备份等硬件备份的内容和数据存储备份相提并论。事实上，所有的硬件备份都不能代替数据存储备份，硬件备份只是以一个系统或一个设备作牺牲来换取另一台系统或设备在短时间内的安全。若发生人为错误、自然灾害、电源故障和病毒侵袭等，其后果将不堪设想，可能会造成所有系统瘫痪、所有设备无法运行，由此引起的数据丢失也将无法恢复。而数据存储备份能提供万无一失的数据安全保护。

③ 把数据备份与服务器的容错技术混淆。数据备份是指从在线状态将数据分离存储到媒体的过程，这与服务器的容错技术有着本质区别。

从目的上讲，这些技术都是为了消除或减弱意外事件给系统数据带来的影响，但其侧重的方向不同，实现手段和产生的效果也不相同。容错的目的是保证系统的高可用性。也就是说，当意外发生时，系统所提供的服务和功能不会因此而中断。对数据而言，容错技术保护服务器系统的在线状态，不会因单点故障而引起停机，保证数据可以随时被访问。备份的目的是将整个系统的数据或状态保存下来，这种方式不仅可以挽回硬件设备损坏带来的损失，也可以挽回系统错误和人为恶意破坏造成的损失。

一般来说，数据备份技术并不保证系统的实时可用性，即一旦有意外事件发生，备份技术只保证数据可以恢复，但是恢复过程需要一定的时间，在此期间，系统是不可用的，而且系统恢复的程度也不能保证回到系统被破坏前的即时状态，通常会有一定的数据丢失损坏，除非是进行了不间断的在线备份。通常，在具有一定规模的系统中，备份技术、服务器容错技术互相不可替代，但又都是不可缺少的，共同保证着系统的正常运转和数据的完整。

任务评价

评价内容	评价标准	分值/分	自评	师评
用户情况与业务需求分析	是否全面了解用户基本情况	10		
	学会业务需求分析	10		

（续表）

评价内容	评价标准	分值/分	自评	师评
用户性能需求分析	影响实际的接入速率的因素	20		
	能够清晰地区分不同网络环境中响应时间的差异，并指出关键影响因素	20		
	阐述吞吐量的定义、影响因素以及测试方法	20		
服务管理需求分析	掌握网络工程设计需求分析阶段应该考虑的问题	10		
	掌握共享上网方式的网络结构和主要特点	10		
总分		100		

任务2　网络规划与设计

任务描述

本任务旨在介绍网络规划与设计的基本原则，了解网络设计与组建的全过程，以确保网络系统的高效、稳定、安全和可扩展性。

任务分析

要完成此任务，首先需要深入理解并掌握网络规划与设计的基本原则，包括采用先进且成熟的技术、遵循国际标准与开放性等。其次还需熟悉网络设计与组建的全过程，从需求分析、系统可行性分析、网络总体设计、网络详细设计，到设备配置、安装和调试，直至网络系统维护，每一步都需严谨细致，以确保网络系统的高效、稳定、安全和可扩展性。

任务重点与实施

3.2.1　网络规划与设计原则

网络规划与设计时，应着重考虑以下几个基本原则。

1. 采用先进、成熟的技术

在规划网络、选择网络技术和网络设备时，应重点考虑当今主流的网络技术和网络设备。只有这样才能保证建成的网络有良好的性能，从而有效地保护建网投资，保证网络设备之间、网络设备和计算机之间的互联，以及网络的尽快使用、可靠运行。

2. 遵循国际标准，坚持开放性原则

网络的建设应遵循国际标准，采用大多数厂家支持的标准协议及接口标准，从而为异种机、异种操作系统的网络互连提供极大的便利和可能。

3. 网络的可管理性

具有良好可管理性的网络，网管人员可借助先进的网管软件，方便地完成设备配置、状态监视、信息统计、流量分析、故障报警、诊断和排除等任务。

4. 系统的安全性

一般的计算机网络包括内部的业务网和外部网。对于内部网用户，可分别授予不同的访问权限，同时对不同的部门(或工作组)进行不同的访问权限设置。对于单位的外部网络，要考虑防范网络“黑客”和其他不法分子对内部业务网的破坏，防止病毒的传播。

5. 灵活性和可扩充性

网络的灵活性体现在连接方便，设置和管理简单、灵活，使用和维护方便。网络的可扩充性表现为随着用户对网络要求的改变而改变，如网络节点数量的增加、性能的提高以及增加网络新的功能等，能够在现有网络基础上很方便地升级。因此，对网络的主干设备应采用功能强、扩充性好的设备，因为这类设备具有如模块化结构、软件可升级、信息传输速度高、吞吐量大等功能。此外，可选择快速以太网、千兆以太网、FDDI、ATM 网络模块进行配置，很容易地体现灵活性和可扩充性原则。

6. 稳定性和可靠性

网络规划与设计时，最重要的一点就是需考虑网络系统运行的稳定性和可靠性，因网络系统的稳定性和可靠性是关系网络运行质量的重要因素之一。因此，在网络规划与设计时，对关键网络设备和重要服务器的选择应考虑是否具有良好的电源备份系统、链路备份系统，是否具有中心处理模块的备份，系统是否具有快速、良好的自愈能力等，而不应片面追求那些功能大而全但是不实用的产品。

7. 经济性

网络的规划不但要考虑既定功能的实现，还要考虑减少失误、杜绝浪费。不切实际地追求网络系统的先进性而忽视经济性是造成“路宽车少”、网络效用得不到充分发挥的主要原因之一。

3.2.2 网络设计与组建

良好的网络设计是组建计算机网络系统的前提，如何减少失误、保护投资，最大限度地发挥网络的效用是计算机网络设计与组建过程中需要重点考虑的问题。一般情

况下，网络设计与组建过程包括从立项、设计、采购、建设、调试到投入运行等几个方面，是一项复杂的技术性活动。

1. 需求分析

需求分析是要了解用户现在想要实现什么功能、未来需要什么功能，为网络的设计提供必要条件。

确定用户需求，首先应该调查清楚下列基本问题。以局域网建设为例，在确定用户需求时需考虑局域网建设机构的工作性质、业务范围和服务对象等。局域网建设机构目前的用户数量，目前准备入网的节点计算机数量，预计将来的发展会达到的规模。规划建设局域网的最终分布范围。局域网建设机构是否有建立专门部门(如网络中心、信息中心或数据中心)进行信息业务处理的需求。局域网是否有多媒体业务的需求。局域网是否考虑将机构的电信业务(电话、传真)与数据业务集成到计算机网络中统一处理。局域网建设机构对网络安全有哪些需求？对网络与信息的保密有哪些需求？要求的程度是什么？

确定用户对网络的需求越细致，对网络的设计越有利。需求分析阶段的成果是提出网络用户需求分析报告。

2. 系统可行性分析

系统可行性分析的目的是说明组建网络在技术、经济以及其他方面(如单位的技术力量)的可行性，以及评述为了合理地达到目标而可能选择的各种方案，并说明和论证最终选择的方案。

系统可行性分析阶段的成果是提出可行性分析报告。

3. 网络总体设计

网络总体设计就是根据网络规划中提出的各种技术规范和系统性能要求，结合对网络需求的分析要求，制订出一个总体计划和方案。

网络总体设计主要包括网络流量分析、估算和分配；网络拓扑结构设计；网络功能结构设计。

网络总体设计阶段的成果是确定一个具体的网络系统实施总体方案，包括网络的物理结构和逻辑关系结构等。

4. 网络详细设计

网络系统的详细设计实质上是对一个完整的计算机网络系统中的各子系统进行设计。

一个网络系统通常由很多部分组成，每个部分称为计算机网络系统的一个系统(或子系统)，对各子系统进行分别设计能确保网络系统设计的精度。对于一个局域网而言，网络的详细设计包括网络主干设计，子网设计，网络的传输介质和布线设计，网络安全和可靠性设计，接入因特网设计，网络管理设计，网络设备的硬件和网络操作系统的选择等。其中网络管理设计包括网络管理的范围、层次、要求以及网络控制的能力。

5. 设备配置、安装和调试

根据网络系统实施的方案，选择性能价格比高的设备，通过公开招标等方式和供应商签订供货合同，确定安装计划。

网络系统的安装和调试主要包括系统的结构化布线、系统安装、单机测试和互联调试等。在设备安装调试的同时开展用户培训工作。用户培训和系统维护是保证系统正常运行的重要因素。使用户尽可能地掌握系统的原理和使用技术，以及出现故障时的一般处理方法。

6. 网络系统维护

网络系统组建完成后，还存在着大量的网络维护工作，包括对系统功能的扩充和完善，各种应用软件的安装、维护和升级等。另外，在维护阶段，网络的日常管理也十分重要，如配置和变动管理、性能管理、日志管理和计费管理等。

任务评价

评价内容	评价标准	分值/分	自评	师评
网络规划与设计原则	了解并准确阐述网络规划与设计时应着重考虑的基本原则	20		
网络设计与组建	学会编写用户需求分析报告	40		
	制订总体计划和方案	40		
总分		100		

任务3　网络安全及网络故障

任务描述

本任务旨在全面探讨网络安全及网络故障的诊断与处理，涵盖网络安全的基本概念、常见的网络攻击技术、有效的网络防御策略，以及网络故障的诊断与排除方法。

任务分析

要完成此任务，需要深入理解网络安全的重要性，掌握识别与防范网络威胁的技能，同时学会运用工具和技术解决网络故障，确保网络环境的稳定与安全。

任务重点与实施

3.3.1 网络安全的基本概念

在计算机网络发展初期，计算机网络主要被高校的研究人员用于发送电子邮件，以及被公司的员工用于共享打印机。在这样的条件下，安全问题并没有得到足够的关注。但现在，成千上百万的普通市民利用网络来完成银行事务处理、购物和填写纳税单等活动，因此，网络安全逐渐成为一个巨大的潜在问题。在本任务中，将从几个角度来学习网络的安全问题，并指出大量的缺陷，以及讨论能使网络更加安全的算法和协议。

网络安全是指网络系统的硬件、软件及其系统中的数据受到保护，不受偶然的或者恶意的原因而遭到破坏、更改、泄露，系统连续可靠正常地运行，网络服务不中断。

网络安全从其本质上来讲主要就是网络上的信息安全，即要保障网络上信息的保密性、完整性、可用性、可控性和真实性。

计算机网络的安全性主要包括网络服务的可用性(availability)、网络信息的保密性(confidentiality)和网络信息的完整性(integrity)。随着网络应用的深入，网上各种数据会急剧增加，各种各样的安全问题开始困扰网络管理人员。数据安全和设备安全是网络安全保护的两个重要内容。

对数据和设备构成安全威胁的因素很多，有的来自企业外部，有的来自企业内部；有的是人为的，有的是自然因素造成的；有的是恶意的，有的是无意的。其中来自外部和内部人员的恶意攻击和入侵是企业网络面临的最大威胁，也是企业网络安全策略的最需要解决的问题。

从层次体系上，可以将网络安全分成四个层次上的安全：物理安全、逻辑安全、操作系统安全和联网安全。

1. 物理安全

物理安全主要包括五个方面：防盗、防火、防静电、防雷击和防电磁泄漏。

(1)防盗：像其他物体一样，计算机也是偷窃者的目标，如盗走软盘、主板等。

(2)防火：计算机机房发生火灾一般是由于电气原因、人为事故或外部火灾蔓延引起的。

(3)防静电：静电是由物体间的相互摩擦、接触而产生的，计算机显示器也会产生很强的静电。

(4)防雷击：利用引雷机理的传统避雷针防雷，不但增加雷击概率而且产生感应雷，而感应雷是电子信息设备被损坏的主要杀手，也是易燃易爆品被引燃起爆的主要原因。

(5)防电磁泄漏：电子计算机和其他电子设备一样，工作时要产生电磁发射。

2. 逻辑安全

计算机的逻辑安全需要用口令、文件许可等方法来实现。可以限制登录的次数或对试探操作加上时间限制；可以用软件保护存储在计算机文件中的信息；限制存取的另一种方式是通过硬件完成，在接收到存取要求后，先询问并校核口令，然后访问列于目录中的授权用户标志号。此外，有一些安全软件包也可以跟踪可疑的、未授权的存取企图，如多次登录或请求别人的文件。

3. 操作系统安全

操作系统是计算机中最基本、最重要的软件。同一计算机可以安装几种不同的操作系统。如果计算机系统可提供给许多人使用，操作系统必须能区分用户，以防止相互干扰。安全性较高、功能较强的操作系统可以为计算机的每一位用户分配账户。通常一个用户一个账户。操作系统不允许一个用户修改由另一个账户产生的数据。

4. 联网安全

联网的安全性通过以下两方面的安全服务来实现。

(1)访问控制服务：用来保护计算机和联网资源不被非授权使用。

(2)通信安全服务：用来认证数据机要性与完整性，以及各通信的可信赖性。

计算机网络的通信面临两大类威胁，即主动攻击和被动攻击，如图 3-1 所示。

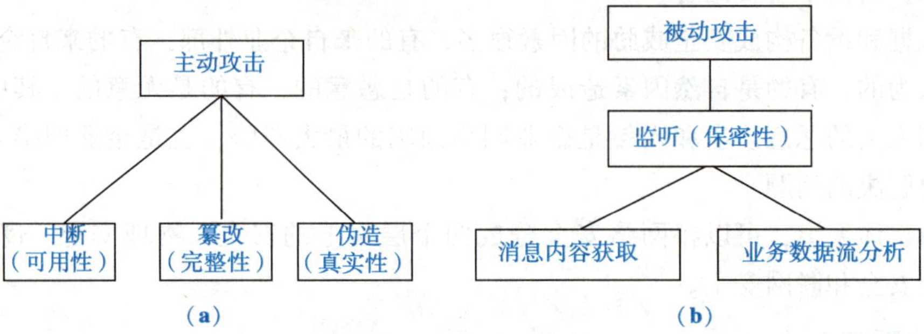

图 3-1 网络安全主要威胁

主动攻击是具有攻击破坏性的一种攻击行为，攻击者是在主动地做一些不利于用户或用户的公司系统的事情，会对用户造成直接的影响。

主动攻击按照攻击方法不同，可分为中断、篡改和伪造。中断是指截获由原站发送的数据，将有效数据中断，使目的站无法接收原站发送的数据；篡改是指将原站发送的目的站的数据进行篡改，从而影响目的站接收的信息；伪造是指在原站未发送数据的情况下，伪造数据发送到目的站，从而影响目的站。

被动攻击是一种在不影响正常数据通信的情况下，获取由原站发送到目的站的有效数据，通过监听到的有效数据，从而对网络造成间接影响，影响所传数据的保密性，泄露数据信息，如只是被动攻击，不会对其传输造成直接影响，不易监测。

被动攻击又分为两类，分别是被动的获取消息的内容和对业务数据流分析。

3.3.2 网络攻击技术

1. 攻击五部曲

一次成功的攻击，可以归纳成基本的五个步骤，但是根据实际情况可以随时调整。归纳起来就是“黑客攻击五部曲”。

(1)隐藏 IP

通常有两种方法实现 IP 的隐藏：第 1 种方法是首先入侵互联网上的一台计算机(俗称“肉鸡”)，利用这台计算机进行攻击，这样即使被发现了，也是“肉鸡”的 IP 地址；第 2 种方法是做多极跳板“Sock 代理”，这样在入侵的计算机上留下的是代理计算机的 IP 地址。例如，攻击 A 国的站点，一般选择离 A 国很远的 B 国计算机作为“肉鸡”或者“代理”，这样跨国度的攻击，一般很难被侦破。

(2)踩点扫描

踩点就是通过各种途径对所要攻击的目标进行多方面的了解(包括任何可得到的蛛丝马迹，但要确保信息的准确)，确定攻击的时间和地点。扫描的目的是利用各种工具在攻击目标的 IP 地址或地址段的主机上寻找漏洞。扫描分成两种策略：被动式策略和主动式策略。

(3)获得系统或管理员权限

获到管理员权限的目的是连接到远程计算机，对其进行控制，达到自己的攻击目的。

获得系统及管理员权限的方法有：通过系统漏洞获得系统权限，通过管理漏洞获得管理员权限，通过软件漏洞得到系统权限，通过监听获得敏感信息进一步获得相应权限，通过弱口令获得远程管理员的用户密码，通过穷举法获得远程管理员的用户密码，通过攻破与目标机有信任关系的另一台机器进而得到目标机的控制权，通过欺骗获得权限及其他有效的方法。

(4)种植后门

为了保持长期对胜利果实的访问权，在已经攻破的计算机上种植后门。

(5)在网络中隐身

一次成功入侵之后，一般在对方的计算机上已经存储了相关的登录日志，这样就容易被管理员发现。在入侵完毕后需要清除登录日志及其他相关的日志。

2. 漏洞扫描

漏洞扫描指使用漏洞扫描程序对目标系统进行信息查询，通过漏洞扫描，可以发现系统中存在的不安全的地方。针对各种服务的漏洞是一个庞大的数字，仅 2001 年，微软就针对自己的产品发布了上百个安全漏洞，而其中接近一半都是 11S 漏洞。这些庞大的漏洞全部由手工检测是非常困难的。

(1)漏洞扫描技术的原理。漏洞扫描主要通过以下两种方法来检查目标主机是否存在漏洞：在端口扫描后得知目标主机开启的端口以及端口上的网络服务，将这些相关信息与网络漏洞扫描系统提供的漏洞库进行匹配，查看是否有满足匹配条件的漏洞存在；通过模拟黑客的攻击手法，对目标主机系统进行攻击性的安全漏洞扫描，如测试弱势口令等。若模拟攻击成功，则表明目标主机系统存在安全漏洞。

(2)漏洞扫描技术的分类和实现方法。基于网络系统漏洞库，漏洞扫描大体包括：CG1 漏洞扫描、POP3 漏洞扫描、FTP 漏洞扫描、SSH 漏洞扫描、HTTP 漏洞扫描等，这些漏洞扫描基于漏洞库，将扫描结果与漏洞库相关数据匹配比较得到漏洞信息。漏洞扫描还包括没有相应漏洞库的各种扫描，比如 Unicode 遍历目录漏洞探测、FTP 弱势密码探测、Open-Relay 邮件转发漏洞探测等，这些扫描通过使用插件(功能模块技术)进行模拟攻击，测试出目标主机的漏洞信息。

3. 网络监听

计算机网络与电话电路不同，是共享通信通道。共享意味着计算机能够接收到发送给其他计算机的信息。

通常情况下，用户并不直接和网络底层打交道，一般用户不能直接把网卡设成混杂模式，只有超级用户才有这个权限。嗅探器通过将网卡设置成混杂模式，能够捕获网络上的数据包。

网络监听的目的是截获通信的内容，监听的手段是对协议进行分析。sniffer pro 就是一个完善的网络监听工具。

监听器 sniffer 的原理是：在局域网中与其他计算机进行数据交换时，数据包发往所有的连在一起的主机，也就是广播，在报头中包含目的机的正确地址。因此只有与数据包中目的地址一致的那台主机才会接收数据包，其他机器都会将数据包丢弃。但是，当主机工作在监听模式下时，无论接收到的数据包中目的地址是什么，主机都将其接收下来。然后对数据包进行分析，就得到了局域网中通信的数据。一台计算机可以监听同一网段所有的数据包，不能监听不同网段的计算机传输的信息。

网络监听的检测比较困难，运行网络监听的主机只是被动的接收数据，并没有主动行动，既不会与其他主机交换信息，也不能修改网上传输的信息包。这决定了网络监听检测是非常困难的。检测的解决办法是：运行监听软件的主机系统因为负荷过重，因此对外界的响应缓慢。对怀疑运行监听程序的主机，用正确的 IP 地址和错误的物理地址去 ping，如果运行了监听程序该主机会有响应。因为正常的机器不接收错误的物理地址，处于监听状态的主机会接收。

防止监听的手段是：建设交换网络、使用加密技术和使用一次性口令技术。除 sniffer pro 以外，还有一些常用的监听软件：嗅探经典 lris、密码监听工具 win sniffer，密码监听工具 pswmonitor 和非交换环境局域网的 fssniffer 等。

4. 网络入侵

(1) 社会工程学攻击

社会工程学是使用计谋和假情报去获得密码和其他敏感信息的科学。研究一个站点的策略，就是尽可能多地了解这个组织的个体。

(2) 物理攻击与防范

物理安全的目的是保护一些比较重要的设备不被接触。物理安全比较难防，因为攻击往往来自能够接触到物理设备的用户。

(3) 获取管理员密码

系统管理员登录系统以后，离开计算机时没有锁定计算机，或者直接以自己的账号登录，然后让别人使用，这是非常危险的，因为可以轻易获取管理员密码。

(4) 权限提升

有时管理员为了安全，给其他用户建立一个普通用户账号，认为这样就安全了。其实不然，用普通用户账号登录后，可以利用 getadmin. exe 等权限提升工具将自己加到管理员组或者新建一个具有管理员权限的用户。

(5) 暴力攻击

暴力攻击的一个具体例子是，一个黑客试图使用计算机和信息去破解一个密码。一个黑客需要破解一段单一的被用非对称密钥加密的信息，为了破解这种算法，需要求助于非常精密复杂的方法，使用 120 个工作站和两个超级计算机并利用从 3 个主要研究中心获得的信息，即使拥有这种配备，也将花掉 8 天的时间去破解加密算法。实际上，破解加密过程用 8 天已是非常短的时间了。针对一个安全系统进行暴力攻击需要大量的时间，需要极强的意志力和决心。

5. 拒绝服务攻击

分布式拒绝服务(distributed denial of service，DDoS)，是指攻击者利用已经侵入并控制的主机，对某一单机发起攻击，被攻击者控制着的计算机有可能是数百台机器。在悬殊的带宽力量对比下，被攻击的主机会很快失去反应，无法提供服务，从而达到攻击的目的。实践证明，这种攻击方式是非常有效的，而且难以抵挡。

(1) DDoS 的特点

分布式拒绝服务攻击的特点是先使用一些典型的黑客入侵手段控制一些高带宽的服务器，然后在这些服务器上安装攻击进程，集数十台，数百台甚至上千台机器的力量对单一攻击目标实施攻击。在悬殊的带宽力量对比下，被攻击的主机会很快因不堪重负而瘫痪。分布式拒绝服务攻击技术发展十分迅速，由于其隐蔽性和分布性很难被识别和防御，结构如图 3-2 所示。

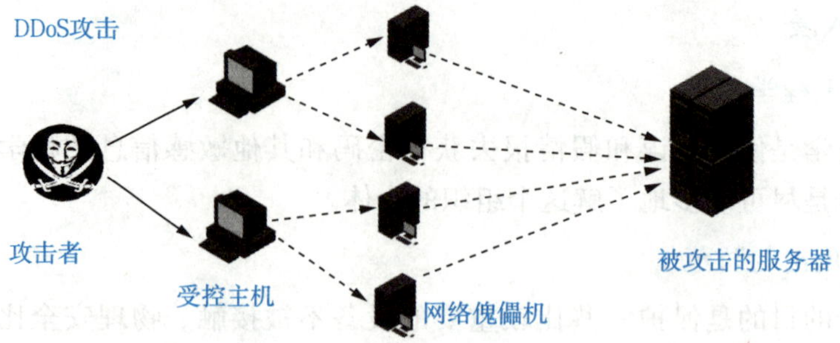

图 3-2 DDoS 攻击的结构

(2)攻击手段

每个主控端(handle/master)都是一台已被攻击者入侵并运行了特定程序的系统主机。每个主控端主机能够控制多个代理端/分布端(agent)，每个代理端也是一台已被入侵并运行某种特定程序的系统主机，是执行攻击的角色。多个代理端/分布端能够同时响应攻击命令并向被攻击目标主机发送拒绝服务攻击数据包。攻击过程实施的顺序为：攻击者——主控端分布端——目标主机。发动 DDoS 攻击分为两个阶段。

① 初始的大规模入侵阶段：在该阶段，攻击者使用自动工具扫描远程脆弱主机，并采用典型的黑客入侵手段得到这些主机的控制权，安装 DDoS 代理端/分布端。这些主机也是 DDoS 的受害者。目前还没有 DDoS 工具能够自发完成对代理端的入侵。

② 大规模 DDoS 攻击阶段：即通过主控端和对目标受害主机发起大规模拒绝服务攻击。

6. 木马

(1)木马概述

木马全称为特洛伊木马(trojan horse，Trojan)。在计算机安全中，特洛伊木马是指一种计算机程序，表面上或实际上具有某种有用的功能，而含有隐藏的可以控制用户计算机系统、危害系统安全的功能，可造成用户资料的泄漏、破坏或整个系统的崩溃。

(2)木马的组成与建立

木马一般由两部分组成：服务器端和客户端。木马的客户端与服务器端建立 TCP 连接的端口比较大(一般在 5 000 以上)。

要建立一个木马连接，首先必须满足两个条件：一是服务器端已经安装了木马程序；二是控制端、服务端都要在线。在此基础上，控制端通过木马端口与服务端建立连接。

(3)木马的工作原理

客户端/服务端之间采用 TCP/UDP 的通信方式，攻击者控制的是相应的客户端程序，服务器端程序是木马程序，木马程序被植入到毫不知情的用户的计算机中。以“里应外合”的工作方式工作，服务程序通过打开特定的端口并进行监听，这些端口好像

"后门"一样，所以，也有人把特洛伊木马叫做后门工具。攻击者所掌握的客户端程序向该端口发出请求(connect request)，木马便与其连接起来。攻击者可以使用控制器进入计算机，通过客户端程序命令达到控制服务器端的目的。

(4)木马攻击步骤

① 配置木马，一般来说，一个设计成熟的木马都有木马配置程序，从具体的配置内容看，主要是为了实现两个功能：木马伪装，信息反馈。

② 传播木马，配置好木马后，就要传播出去。木马的传播方式主要有：控制端通过 E-mail 将木马程序以附件的形式夹在邮件中发送出去，收信人只要打开附件就会感染木马；软件下载，一些非正规的网站以提供软件下载为名义，将木马捆绑在软件安装程序上，下载后，只要运行这些程序，木马就会自动安装；通过 qq 等通信软件进行传播；通过病毒的夹带把木马传播出去。

③ 启动木马，木马程序传播给对方后，接下来是启动木马。一种方式是被动地等待木马或捆绑木马的程序被主动运行，这是最简单的木马。大多数首先将自身复制到 Windows 的系统文件夹中(c:\Windows 或 c:\Windows\system32 目录下)，然后写入注册表启动组，非启动组中设置好木马的触发条件，这样木马的安装就完成了。一般系统重新启动时木马就可以启动，然后木马打开端口，等待连接。

④ 建立连接，一个木马连接的建立必须满足两个条件：一是服务器端已安装了木马程序；二是控制端、服务器端都要在线。在此基础上控制端可以通过木马端口与服务器端建立连接。控制端可以根据提前配置的服务器地址、定制端口来建立连接；或者是用扫描器，根据扫描结果中检测哪些计算机的某个端口开放，从而知道该计算机里某类木马的服务器端在运行，然后建立连接；或者根据服务器端主动发回来的信息知道服务器端的地址、端口，然后建立连接。

⑤ 远程控制，前面的步骤完成之后，就是最后的目的阶段，对服务器端进行远程控制，实现窃取密码、文件操作、修改注册表、锁住服务器端及系统操作等。

7. 恶意代码

代码是指计算机程序代码，可以被执行完成特定功能。任何事物都有正反两面，人类发明的所有工具既可造福也可作孽，这完全取决于使用工具的人。计算机程序也不例外，软件工程师们编写了大量的有用的软件的同时，黑客们在编写扰乱社会和他人的计算机程序，这些代码统称为恶意代码(malicious codes)。

(1)研究恶意代码的必要性

在 Internet 安全事件中，恶意代码造成的经济损失占有很大的比例。恶意代码主要包括计算机病毒(virus)、蠕虫(worm)、木马程序、后门程序(backdoor)、逻辑炸弹(logic bomb)等。与此同时，恶意代码成为信息战、网络战的重要手段。日益严重的恶意代码问题，不仅使企业及用户蒙受了巨大经济损失，而且使国家的安全面临着严重威胁。

(2)恶意代码长期存在的原因

① 系统漏洞层出不穷

AT&T 实验室的 S. Bellovin 曾经对美国 CERT 提供的安全报告进行过分析，分析结果表明，大约 50% 的计算机网络安全问题是由软件工程中产生的安全缺陷引起的，其中，很多问题的根源都来自于操作系统的安全脆弱性。

② 利益驱使

目前，网络购物、网络支付、网络银行和网上证券交易系统的已经普及，各种盗号木马甚至被挂在了金融、门户等网站上，“证券大盗”、“网银大盗”在互联网上疯狂作案，给用户造成了严重的经济损失。

如果下载网银木马，该木马会监视 IE 浏览器正在访问的网页，如果发现用户正在登录某银行的网上银行，就会弹出伪造的登录对话框，诱骗用户输入登录密码和支付密码，通过邮件将窃取的信息发送出去，威胁用户网上银行账号密码的安全。

(3)恶意代码的定义

20 世纪 90 年代末，恶意代码的定义随着计算机网络技术的发展逐渐丰富，grimes 将恶意代码定义为，经过存储介质和网络进行传播，从一台计算机系统到另外一台计算机系统，未经授权认证破坏计算机系统完整性的程序或代码。它包括计算机病毒(computer virus)、蠕虫(worms)、特洛伊木马(trojan horse)、逻辑炸弹(logic bombs)、病菌(bacteria)、用户级 rootkit、核心级 rootkit、脚本恶意代码(malicious scripts)和恶意 activex 控件等。由此定义，恶意代码两个显著的特点是：非授权性和破坏性。

(4)恶意代码攻击机制

恶意代码的行为表现各异，破坏程度千差万别，但基本作用机制大体相同，其整个作用过程分为六个部分。

① 侵入系统。侵入系统是恶意代码实现其恶意目的的必要条件。恶意代码入侵的途径很多，如：从互联网下载的程序本身就可能含有恶意代码；接收已经感染恶意代码的电子邮件；从光盘或 U 盘往系统上安装软件；黑客或者攻击者故意将恶意代码植入系统等。

② 维持或提升现有特权。恶意代码的传播与破坏必须盗用用户或者进程的合法权限才能完成。

③ 隐蔽策略。为了不让系统发现恶意代码已经侵入系统，恶意代码可能会改名、删除源文件或者修改系统的安全策略来隐藏自己。

④ 潜伏。恶意代码侵入系统后，等待一定的条件，并具有足够的权限时，就发作并进行破坏活动。

⑤ 破坏。恶意代码的本质具有破坏性，其目的是造成信息丢失、泄密，破坏系统完整性等。

⑥ 重复①至⑤对新的目标实施攻击过程。恶意代码的攻击模型如图 3-3 所示。

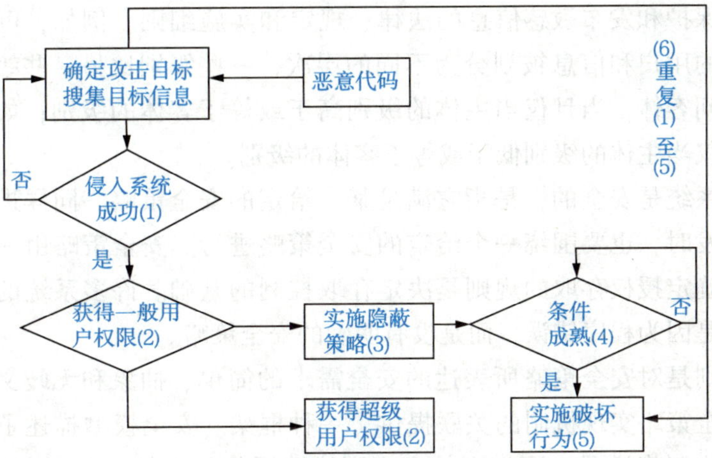

图 3-3 恶意代码的攻击模型

3.3.3 网络防御技术

1. 操作系统安全基础

目前服务器常用的操作系统有 Linux 和 Windows，这些操作系统都是符合 C2 以上安全级别的操作系统，但是都存在少漏洞，如果对这些漏洞不了解，不采取相应的安全措施，就会使操作系统完全暴露给入侵者。所有的应用都运行在操作系统上，稳固的操作系统是网络安全的基石。

安全操作系统涉及很多概念，如主体和客体、安全策略和安全模型、访问监控器和安全内核。

(1) 主体和客体

操作系统中的每一个实体组件都必须是主体或者是客体，或者既是主体又是客体。主体是一个主动的实体，它包括用户、用户组、进程等。系统中最基本的主体应该是用户(包括一般用户和系统管理员、系统安全员、系统审计员等特殊用户)，每个进入系统的用户必须是唯一标识的，并经过鉴别确定为真实的。系统中的所有事件要求，几乎全是由用户激发的。进程是系统中最活跃的实体，用户的所有事件要求都要通过进程的运行来处理。在这里，进程作为用户的客体，同时又是其访问对象的主体。

客体是一个被动的实体。在操作系统中，客体可以是按照一定格式存储在一定记录介质上的数据信息(通常以文件系统格式存储数据)，也可以是操作系统中的进程。操作系统中的进程(包括用户进程和系统进程)一般有着双重身份。当一个进程运行时，它必定为某一用户服务—直接或间接的处理该用户的事件要求。于是，该进程成为该用户的客体，或为另一进程的客体(这时另一进程则是该用户的客体)。

(2) 安全策略和安全模型

安全策略与安全模型是计算机安全理论中容易相互混淆的两个概念。安全策略是指有关管理、保护和发布敏感信息的法律、规定和实施细则。例如，可以将安全策略定为：系统中的用户和信息被划分为不同的层次，一些级别比另一些级别高；而且如果主体能读访问客体，当且仅当主体的级别高于或等于客体的级别；如果主体能写访问客体，当且仅当主体的级别低于或等于客体的级别。

一个操作系统是安全的，是指它满足某一给定的安全策略。同样进行安全操作系统的设计和开发时，也要围绕一个给定的安全策略进行。安全策略由一整套严密的规则组成，这些确定授权存取的规则是决定存取控制的基础。许多系统的安全控制防御失败，主要不是因为程序错误，而是没有明确的安全策略。

安全模型则是对安全策略所表达的安全需求的简单、抽象和无歧义的描述，它为安全策略和安全策略实现机制的关联提供了一种框架。安全模型描述了对某个安全策略需要用哪种机制来满足；而模型的实现则描述了如何把特定的机制应用于系统中，从而实现某一特定安全策略所需的安全保。

(3)访问监控器和安全内核

访问控制机制的理论基础是访问监控器(reference monitor)，由 J. P. Anderson 首次提出。访问监控器是一个抽象概念，表现的是一种思想。J. P. Anderson 把访问监控器的具体实现称为引用验证机制，是实现访问监控器思想的硬件和软件的组合，如图 3-4 所示。

安全策略所要求的存取判定以抽象存取访问控制数据库中的信息为依据，存取判定是安全策略的具体表现。访问控制数据库包含有关由主体存取的客体及其存取方式的信息。数据库是动态的，随着主体和客体的产生或删除及其权限的修改而改变。访问监控器的关键需求是控制从主体到客体的每一次存取，将重要的安全事件存入审计文件中。

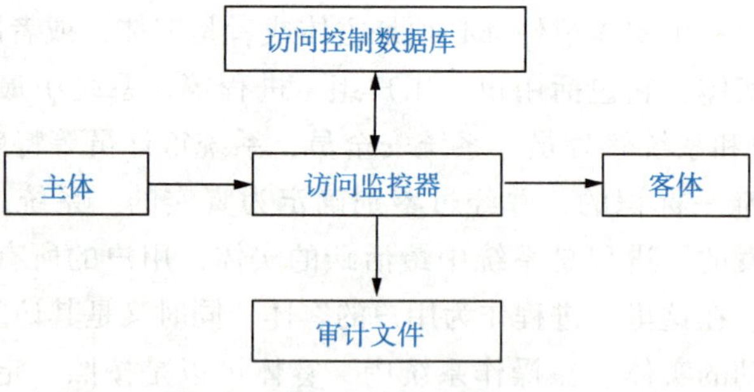

图 3-4　访问监控器的控制思想

2. 防火墙

网络防火墙简称防火墙，当然，既然打算由浅入深的来了解，就要先看看防火墙的概念了。防火墙是汽车中一个部件的名称。在汽车中，利用防火墙把乘客和引擎隔开，以便汽车引擎一旦着火，防火墙不但能保护乘客安全，而同时还能让司机继续控制引擎。在电脑术语中，所谓"防火墙"，是指一种将内部网和公众访问网(如 Internet)

分开的方法，它实际上是一种隔离技术。防火墙是在两个网络通讯时执行的一种访问控制尺度，它能允许你"同意"的人和数据进入你的网络，同时将你"不同意"的人和数据拒之门外，最大限度地阻止网络中的黑客来访问你的网络。换句话说，如果不通过防火墙，公司内部的人就无法访问 Internet，Internet 上的人也无法和公司内部的人进行通信。

(1)防火墙的功能

一个防火墙(作为阻塞点、控制点)能极大地提高一个内部网络的安全性，并通过过滤不安全的服务而降低风险。由于只有经过精心选择的应用协议才能通过防火墙，所以网络环境变得更安全。如防火墙可以禁止不安全的 NFS 协议进出受保护网络，这样外部的攻击者就不可能利用这些脆弱的协议来攻击内部网络。防火墙同时可以保护网络免受基于路由的攻击，如 IP 选项中的源路由攻击和 Internet 控制报文协议(internet control message protocol，ICMP)重定向中的重定向路径。防火墙应该可以拒绝所有以上类型攻击的报文并通知防火墙管理员。

(2)什么是防火墙

XP 系统相比于以往的 Windows 系统新增了许多的网络功能(Windows7 的防火墙一样很强大，可以很方便地定义过滤掉数据包)，如 Internet 连接防火墙(internet conection firewall，ICF)，它就是用一段"代码墙"把电脑和 Internet 分隔开，时刻检查出入防火墙的所有数据包，决定拦截或是放行哪些数据包。防火墙可以是一种硬件、固件或者软件，例如专用防火墙设备就是硬件形式的防火墙，包过滤路由器是嵌有防火墙固件的路由器，而代理服务器等软件就是软件形式的防火墙。

(3)ICF 工作原理

ICF 被视为状态防火墙，状态防火墙可监视通过其路径的所有通讯，并且检查所处理的每个消息的源和目标地址。为了防止来自连接公用端的未经请求的通信进入专用端，ICF 保留了所有源自 ICF 计算机的通讯表。在单独的计算机中，ICF 将跟踪源自该计算机的通信。与 ICS 一起使用时，ICF 将跟踪所有源自 ICF/ICS 计算机的通信和所有源自专用网络计算机的通信。所有 Internet 传入通信都会针对于该表中的各项进行比较。只有当表中有匹配项时(这说明通讯交换是从计算机或专用网络内部开始的)，才允许将传入 Internet 通信传送给网络中的计算机。

源自外部源 ICF 计算机的通讯(如 Internet)将被防火墙阻止，除非在"服务"选项卡上设置允许该通讯通过。ICF 不会向你发送活动通知，而是静态地阻止未经请求的通讯，防止像端口扫描这样的常见黑客袭击。

(4)防火墙的种类

① 网络层防火墙

网络层防火墙可视为一种 IP 封包过滤器，运作在底层的 TCP/IP 协议堆栈上。以枚举的方式，只允许符合特定规则的封包通过，其余的一概禁止穿越防火墙(病毒除外，防火墙不能防止病毒侵入)。这些规则通常可以经由管理员定义或修改，不过某些防火墙设备可能只能套用内置的规则。也可以以另一种较宽松的角度来制定防火墙规则，只要封包不符合任何一项“否定规则”就予以放行。操作系统及网络设备大多已内置防火墙功能。

较新的防火墙能利用封包的多样属性来进行过滤，例如，来源 IP 地址、来源端口号、目的 IP 地址或端口号、服务类型(如 HTTP 或是 FTP)；也能经由通信协议、TTL 值、来源的网域名称或网段等属性来进行过滤。

② 应用层防火墙

应用层防火墙是在 TCP/IP 堆栈的“应用层”上运作，使用浏览器时所产生的数据流或是使用 FTP 时的数据流都是属于这一层。应用层防火墙可以拦截进出某应用程序的所有封包，并且封锁其他的封包(通常是直接将封包丢弃)。理论上，这一类的防火墙可以完全阻绝外部的数据流进到受保护的机器里。

防火墙借由监测所有的封包并找出不符规则的内容，可以防范电脑蠕虫或是木马程序的快速蔓延。不过就实现而言，这个方法既烦且杂，所以大部分的防火墙都不会考虑以这种方法设计。

XML 防火墙是一种新型态的应用层防火墙。根据侧重不同，可分为包过滤型防火墙、应用层网关型防火墙、服务器型防火墙。

③ 数据库防火墙

数据库防火墙是一款基于数据库协议分析与控制技术的数据库安全防护系统。基于主动防御机制，实现数据库的访问行为控制、危险操作阻断、可疑行为审计。

数据库防火墙通过 SQL 协议分析，根据预定义的禁止和许可策略让合法的 SQL 操作通过，阻断非法违规操作，形成数据库的外围防御圈，实现 SQL 危险操作的主动预防、实时审计。

数据库防火墙面对来自于外部的入侵行为，提供 SQL 注入禁止和数据库虚拟补丁包功能。

3. 入侵检测

入侵检测系统(intrusion detection system，IDS)指的是一种硬件或者软件系统，该系统对系统资源的非授权使用能够做出及时的判断、记录和报警。入侵者可分为两类：外部入侵者和内部入侵者。外部入侵者一般指来自局域网外的非法用户和访问受限制资源的内部用户；内部入侵者指假扮或其他有权访问敏感数据的内部用户或者是能够关闭系统审计的内部用户，内部入侵者不仅难以发现而且更具有危险性。

入侵检测是一种增强系统安全的有效方法，能检测出系统中违背系统安全性规则或者威胁到系统安全的活动。检测时，通过对系统中用户行为或系统行为的可疑程度进行评估，并根据评价结果来鉴别系统中行为的正常性，从而帮助系统管理员进行安全管理或对系统所受到的攻击采取相应的对策。

目前入侵检测方法有三种分类依据：根据物理位置进行分类，根据建模方法进行分类和根据时间分析进行分类。常用的方法有三种：静态配置分析、异常性检测方法和基于行为的检测方法。

入侵检测系统的作用是实时地监控计算机系统的活动，发现可疑的攻击行为，以避免攻击的发生或减少攻击造成的危害。由此也划分了入侵检测的三个步骤：信息收集、数据分析和响应。

(1)信息收集

入侵检测的第一步就是信息收集，收集的内容包括整个计算机网络中系统、网络、数据及用户活动的状态和行为。

入侵检测在很大程度上依赖于收集信息的可靠性、正确性和完备性。因此，要确保采集、报告这些信息的软件工具的可靠性，这些软件本身应具有相当强的坚固性，能够防止被篡改而收集到错误的信息。否则，黑客对系统的修改可能使入侵检测系统功能失常但看起来却跟正常的系统一样。

(2)数据分析

数据分析是入侵检测系统的核心，它的效率高低直接决定了整个入侵检测系统的性能的高低。根据数据分析的不同方式可将入侵检测系统分为异常(anomaly)入侵检测与滥用(misuse)入侵检测两类。

(3)响应

数据分析发现入侵迹象后，入侵检测系统的下一步工作就是响应，而响应并不局限于对可疑的攻击者。目前的入侵检测系统一般采取下列响应。

① 将分析结果记录在日志文件中，并产生相应的报告。

② 触发警报，如在系统管理员的桌面上产生一个告警标志位，向系统管理员发送传呼或电子邮件等。

③ 修改入侵检测系统或目标系统，如终止进程、切断攻击者的网络连接或更改防火墙配置等。

3.3.4 网络故障诊断

1. 网络故障诊断

在排除网络中出现的故障时，使用非系统化的方法可能会浪费大量宝贵的时间及资源，事倍功半，使用系统化的方法往往更为有效。系统化的方法流程如下：定义特定的故障现象，根据特定现象推断出可能发生故障的所有潜在问题，直到故障现象不再出现为止。

图3-5为一般故障排除模型的处理流程。这一流程并不是解决网络故障时必须严格

遵守的步骤，只是为建立特定网络环境中故障排除的流程提供了基础。

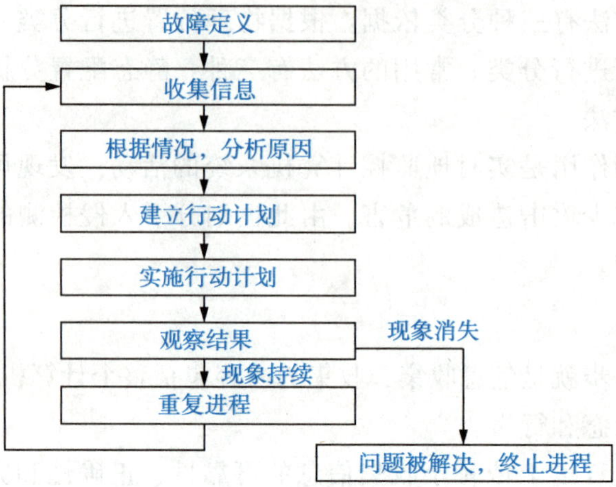

图 3-5　一般性故障问题的解决模型

(1)在分析网络故障时，要对网络故障有个清晰的描述，并根据故障的一系列现象以及潜在的症结来对其进行准确的定义。

如果要对网络故障做出准确的分析，首先应该了解故障表现出来的各种现象，其次确定可能会产生这些现象的故障根源或现象。例如，主机没有对客户端的服务请求做出响应(一种故障现象)，可能产生这一现象的原因主要包括主机配置错误、网络接口卡损坏或路由器配置不正确等。

(2)收集有助于确定故障症结的各种信息。向受故障影响的用户、网络管理员、经理及其他关键人员询问详细的情况，从网络管理系统、协议分析仪的跟踪记录、路由器诊断命令的输出信息以及软件发行注释信息等信息源中收集有用的信息。

(3)依据所收集到的各种信息考虑可能引发故障的症结。利用所收集到的这些信息可以排除一些可能引发故障的原因。例如，根据收集到的信息也许可以排除硬件出现问题的可能性，于是就可以把关注的焦点放在软件问题上。并且，应该充分地利用每一条有用的信息，尽可能地缩小目标范围，从而制定出高效的故障排除方法。

(4)根据剩余的潜在症结制定故障的排查计划。从最有可能的症结入手，每次只做一处改动。

之所以每次只做一处改动，是因为这样有助于确定针对固定故障的排除方法。如果同时做了两处或多处改动，也许能排除故障，但是难以确定到底是哪些改动消除了故障现象，而且对日后解决同样的故障也没有太大的帮助。

(5)实施制定好的故障排除计划，认真执行每一步骤，同时进行测试，查看相应的现象是否消失。

(6)当做出一处改动时，要注意收集相应操作的反馈信息。通常应该采用在步骤(2)中使用的方法(利用诊断工具并与相关人员密切配合)进行信息的收集工作。

(7)分析相应操作的结果，并确定故障是否已被排除。如果故障已被排除，那么整个流程到此结束。

(8)如果故障依然存在，就得针对剩余的潜在症结中最可能的一个制定相应的故障排除计划。回到步骤(4)，依旧每次只做一处改动，重复此过程，直到故障被排除为止。

如果能提前为网络故障做好准备工作，那么网络故障的排除也就变得比较容易了。对于各种网络环境来说，最为重要的是保证网络维护人员总能够获得有关网络当前情况的准确信息。只有利用完整、准确的信息才能够对网络的变动做出明智的决策，才能够尽快、尽可能简单地排除故障。因此，在网络故障的排除过程中，最为关键的是确保当前掌握的信息及资料是最新的。

对于每个已经解决的问题，一定要记录其故障现象以及相应的解决方案。这样，就可以建立一个问题/回答数据库，今后发生类似的情况时，公司里的其他人员也能参考这些案例，从而极大地降低对网络进行故障排除的时间，最小化对业务的负面影响。

2. 网络故障排除工具

排除网络故障的常用工具有多种，总的来说可以分为三类：设备或系统诊断命令、网络管理工具以及专用故障排除工具。

(1)设备或系统诊断命令

许多网络设备及系统本身提供了大量的集成命令来帮助监视并对网络进行故障排除。一些常用的诊断命令如下。

① show：可以用于监测系统的安装情况与网络的正常运行状况，也可以用于对故障区域的定位。

② debug：帮助分离协议和配置问题。

③ ping：用于检测网络上不同设备之间的连通性。

④ trace：可以用于确定数据包在从一个设备到另一个设备直至目的地的过程中所经过的路径。

(2)网络管理工具

一些厂商推出的网络管理工具(如 Cisco Works，HP OpenView 等)都含有监测以及故障排除功能，这有助于对网络互联环境的管理和故障的及时排除。

(3)专用故障排除工具

在许多情况下，专用故障排除工具可能比设备或系统中集成的命令更有效。例如，在网络通信负载繁重的环境中，运行需要占用大量处理器时间的 debug 命令将会对整个网络造成巨大的影响。然而，如果在“可疑”的网络上接入一台网络分析仪，就可以尽可能少地干扰网络的正常工作，并且很有可能在不打断网络正常工作的情况下获取到有用的信息。常用的一些典型的用于排除网络故障的专用工具有：欧姆表、数字万用表及电缆测试器、时域反射计与光时域反射计、断接盒、智能测试盘和位/数据块错误测试器、网络监测器。

3. 网络故障分层诊断

(1) 物理层及其诊断

物理层是OSI分层结构体系中最基础的一层，它建立在通信媒体的基础上，实现系统和通信媒体的物理接口，为数据链路实体之间进行透明传输，为建立、保持和拆除计算机和网络之间的物理连接提供服务。

物理层的故障主要表现在设备的物理连接方式是否恰当，连接电缆是否正确。确定路由器端口物理连接是否完好的最佳方法是使用 show interface 命令，检查每个端口的状态，解释屏幕输出信息，查看端口状态、协议建立状态和EIA状态。

(2) 数据链路层及其诊断

数据链路层的主要任务是使网络层无须了解物理层的特征而获得可靠的传输。数据链路层为通过链路层的数据进行打包和解包、差错检测和一定的校正能力，并协调共享介质。在数据链路层交换数据之前，协议关注的是形成帧和同步设备。查找和排除数据链路层的故障，需要查看路由器的配置，检查连接端口的共享同一数据链路层的封装情况。每对接口要和与其通信的其他设备有相同的封装。通过查看路由器的配置检查其封装，或者使用 show 命令查看相应接口的封装情况。

(3) 网络层及其诊断

网络层提供建立、保持和释放网络层连接的手段，包括路由选择、流量控制、传输确认、中断、差错及故障恢复等。排除网络层故障的基本方法是沿着从源到目标的路径查看路由器路由表，同时检查路由器接口的IP地址。如果路由没有在路由表中出现，应该通过检查来确定是否已经输入适当的静态路由、默认路由或者动态路由。然后手工配置一些丢失的路由，或者排除一些动态路由选择过程的故障，包括路由信息协议(routing information protocol，RIP)或者内部网关路由协议(interior gateway routing protocol，IGRP)出现的故障。例如，对于IGRP路由选择信息只在同一自治系统号(AS)的系统之间交换数据，查看路由器配置的自治系统号的匹配情况。

任务评价

评价内容	评价标准	分值/分	自评	师评
网络安全的基本概念	理解网络安全的基本概念	5		
	概述计算机网络安全性的核心要素	5		
	了解物理安全	5		
	了解逻辑安全	5		
	了解联网安全	5		
网络攻击技术	列举网络攻击技术的手段	10		

（续表）

评价内容	评价标准	分值/分	自评	师评
网络防御技术	理解操作系统安全基础概念和作用	10		
	理解防火墙概念和作用	10		
	了解防火墙的种类	10		
	理解入侵检测概念和作用	10		
网络故障诊断	掌握一般故障排除的处理流程	15		
	了解排除网络故障的常用工具	10		
总分		100		

项目小结

本项目主要介绍了需求分析与网络设计。首先介绍了用户需求分析的相关知识；其次介绍了网络规划与设计的方法；最后介绍了网络安全及网络故障。通过本项目的学习，读者能够明确用户需求，结合设计原则，构建稳定安全网络；掌握网络攻防及故障诊断技术，确保系统可靠，为未来网络建设提供坚实基础。

项目习题

一、选择题

1. 用户需求分析中，以下哪项不是用户一般情况分析的内容？（　　）

A. 组织结构　　B. 地理位置

C. 网络拓扑结构　　D. 投资预算

2. 在网络性能需求分析中，以下哪个指标与网络的数据处理能力相关？（　　）

A. 响应时间　　B. 吞吐量　　C. 并发用户数　　D. 可用性

3. 网络安全的三个基本要素是什么？（多选）（　　）

A. 保密性　　B. 完整性　　C. 可用性　　D. 效率

4. 以下哪项不是网络故障诊断的步骤？（　　）

A. 收集信息　　B. 制定计划　　C. 立即实施　　D. 分析结果

5. 多媒体教室网络中，以下哪个系统不是用来进行教学内容的实时播录？（　　）

A. 网视宝　　B. 中控系统

C. 音响和监视系统　　D. 电视节目播放系统

二、填空题

1. 网络系统的________性是保证网络运行质量的重要因素之一。

2. 数据备份是容灾的________，它通过将数据复制到其他存储介质来防止数据丢失。

3. 网络攻击五部曲中，第一步是________IP，以隐藏攻击者的身份。

三、简答题

1. 简述用户业务需求分析的重要性及其在系统集成中的作用。

2. 简述网络的可扩展性，并举例说明其在网络设计中的重要性。

3. 简述网络故障排除的一般流程，并解释为什么系统化的方法比非系统化的方法更有效。

4. 什么是社会工程学攻击？它为什么难以防范？

5. 简述多媒体教室网络的结构特点，并解释为什么选择这种结构。

四、项目实战

组建多媒体教学网络

假设学校已经拥有校园网，各个教室已经和校园网连通，用计算机实现与校园网的融合(网卡)，校园网的所有资源都可以引进到每一个教室；采用投影机等大屏幕显示设备和结构灵活、功能多样的教学(会议)视频展台，不仅需要满足计算机多媒体教学和实物资料的演示，还要能够演示幻灯片、胶片、负片、生物切片、各种类型的图片、各类理、化、生实验过程和现象，配备有关AV设备，还可以演示视音频媒体；教室内的设备接入有线电视电缆，既可以收看有线电视节目，还可以接受远程教育卫星节目；除了在整体设计时需要考虑方案的先进性，还要考虑到学校的资金承受能力。

设计思路

根据以上的分析和用户需求，可以将计算机多功能网络教室分成以下七个部分。

1. 媒体教学系统。
2. 大屏幕投影系统、集中控制系统。
3. 数字化讲台系统。
4. 网络实时播录系统。
5. 音响和监视系统。
6. 中控系统。
7. 电视节目播放系统。

项目 4　线缆与接口

项 目 导 读

本项目旨在深入探索线缆与接口技术。首先学习电线电缆和光缆的命名规则，为线缆的识别和应用打下基础。其次聚焦跳线的使用、交换机端口类型以及路由器模块和接口卡的选择与配置。本项目不仅注重技术能力的培养，更强调团队协作和网络安全意识。

学习目标

◆ 知识目标

- 掌握电线电缆和光缆的命名规则。
- 熟练使用双绞线和光纤跳线。
- 理解交换机端口类型及功能。
- 熟悉路由器模块、接口卡的功能。

◆ 技能目标

- 能够完成局域网的组建任务。
- 能够根据路由器接口类型及应用场景，为网络配置提供基础支持。

◆ 素质目标

- 培养读者对线缆与接口技术的责任感，确保网络安全稳定。
- 培养读者网络安全意识，确保局域网合法合规运行。
- 引导读者树立网络文明意识，倡导健康文明上网。

◆ 思政目标

- 教育读者树立质量意识和责任意识，确保其质量和可靠性。
- 培养读者敬业精神和职业道德，努力为科技进步和社会发展贡献力量。

任务1　线缆命名规则

任务描述

本任务将详细介绍电线电缆和光缆的命名规则，包括型号规格的构成、结构特征的表示以及不同材料和结构的编码。通过这些知识，用户可以更加专业地进行线缆产品的选型和应用，确保工程的顺利进行和长期稳定运行。

任务分析

要完成此任务，首先需要深入理解并掌握电线电缆和光缆的详细命名规则。这包括电线电缆型号规格的构成、结构特征的表示方法，以及不同材料和结构的编码方式。其次需对光缆的形式、加强构件、结构特征、护套和外护层等各个组成部分的命名符号含义有清晰的认识。通过细致分析线缆命名中的每一个符号所代表的具体意义，如绝缘层、内护套、铠装形式、光纤类别及数量等，能够准确解读线缆的完整命名，并据此选择适合的线缆产品。

任务重点与实施

4.1.1　电线电缆的命名

电线电缆的完整命名通常较为复杂，所以人们有时用一个简单的名称(通常是一个类别的名称)结合型号规格来代替完整的名称，如“低压电缆”代表0.6/1 kV级的所有塑料绝缘类电力电缆。电线电缆的型谱较为完善，可以说，只要写出电线电缆的标准型号规格，就能明确具体的产品。

电线电缆产品的名称中包括以下内容。

(1)产品应用场合或大小类名称。

(2)产品结构材料或形式。

(3)产品的重要特征或附加特征。

产品结构描述按从内到外的原则：导体→绝缘层→内护层→外护层→铠装形式。有时为了强调重要特征或附加特征，将特征写到前面或相应的结构描述前。

线缆命名规则如图4-1所示，其命名符号含义如表4-1所示。

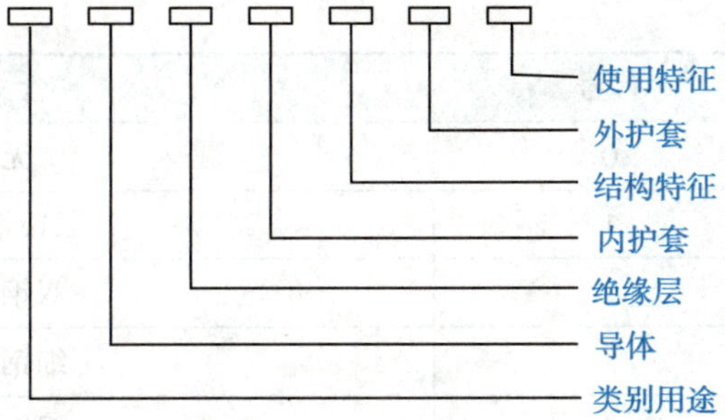

图4-1 线缆命名规则

表4-1 线缆命名符号含义

	代号	含义
类别用途	ZR	阻燃
	NH	耐火
	BC	低烟低卤
	E	低烟无卤
	K	控制电缆类
	DJ	电子计算机
	N	农用直埋
	JK	架空电缆类
	B	布电线
导体	T	铜导体
	L	铝导体
	G	钢芯
	R	铜软线
绝缘层	V	聚氯乙烯
	YJ	交联聚乙烯
	Y	聚乙烯
	X	天然丁苯胶混合物绝缘
	G	硅橡胶混合物绝缘
	YY	乙烯-乙酸乙烯橡皮混合物绝缘
内护套	V	聚氯乙烯护套
	Y	聚乙烯护卡
	F	氯丁胶混合物护套

(续表)

	代号	含义
结构特征	0	无
	1	联锁钢带
	2	双钢带
	3	细钢丝
	4	粗钢丝
外护套	0	无
	1	纤维外套
	2	聚氯乙烯外套
	3	聚乙烯外套
使用特征		如电压等级等

例如：线缆为 YJV22/ZR-IKV，3×2.5，其中 YJV22/ZR 称为型号，常写作 ZRYJV22。

(1)ZR：表示燃烧特性，又分 A、B、C 三级，如 ZB。

(2)YJ：绝缘层材质为交联聚乙烯。

(3)V：内护套材质为聚氯乙烯。

(4)22：前一个数字表示为钢带铠装，后一个数字表示外护套材质为聚氯乙烯，两个 2 并在一起表示“护套在钢带外”。

(5)1 kV：表示额定电压等级为 1 kV.

(6)3×2.5：表示线缆规格，3 表示芯数，即电缆由三根绝缘线芯绞合而成。多根细丝绞合，包上绝缘，才算“1 芯”；2.5 表示导体的“标称截面”，标称截面是一个概数系列，实际截面可能是 2.48。

4.1.2 光缆的命名

光缆的命名

光缆型号由形式和规格两部分组成，如图 4-2 所示。

1. 光缆形式

光缆形式由五部分构成，如图 4-3 所示。

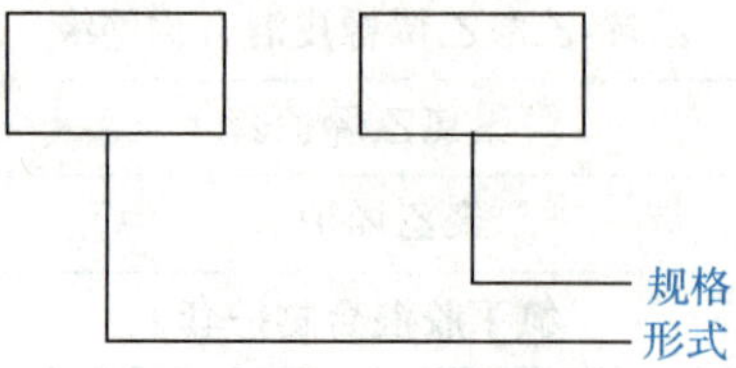

图 4-2 光缆型号构成

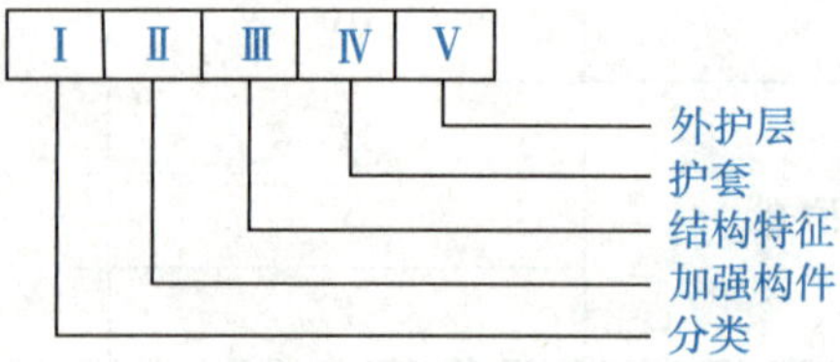

图 4-3 光缆形式组成

(1)光缆分类。

GY——通信用室(野)外光缆。

GJ——通信用室(局)内光缆。

GM——通信用移动式光缆。

GS——通信用设备内光缆。

GH——通信用海底光缆。

GT——通信用特种光缆。

(2)加强构件。加强构件指护套内或嵌入护套中用于增强光缆抗拉力的构件。

(无型号)——金属加强构件。

F——非金属加强构件。

(3)结构特征。结构特征表示缆芯的主要类型和光缆的派生结构。当光缆形式有几个特征结构需要注明时，可用组合代号表示，其组合代号用下列相应的各代号按自上而下的顺序排列。

D——光纤带结构。

(无符号)——松套层绞式结构。

J——光纤紧套被覆结构。

(无符号)——层绞结构。

G——骨架槽结构。

X——缆中心管(被覆)结构。

T——油膏填充式结构。

(无符号)——干式阻水结构。

R——充气式结构。

C——自承式结构。

B——扁平形状。

E——椭圆形状。

Z——阻燃。

C8——8 字形自承式结构。

(4)护套。

Y——聚乙烯护套。

v——聚氯乙烯护套。

U——聚氨酯护套。

A——铝-聚乙烯粘结护套(简称 A 护套)。

S——钢-聚乙烯粘结护套(简称 S 护套)。

W——夹带平行钢丝钢-聚乙烯粘结护套(简称 W 护套)。

L——铝护套。

G——护套。

Q——铅护套。

(5)外护层：当有外护层时，它可包括垫层、铠装层和外被层的某些部外和全部，其代号用两组数字表示(垫层不需要表示)，第一组表示铠装层，它可以是一位或两位数字，如表4-2所示；第二组表示外被层或外套，它是一位数字，如表4-3所示。

表4-2　光缆铠装层代号含义

代号	铠装层
0	无铠装层
2	绕包双钢带
3	单细圆钢丝
33	双细圆钢丝
4	单粗圆钢丝
44	双粗圆钢丝
5	皱纹钢带

表4-3　光缆外被层或外套代号含义

代号	外被层或外套
1	纤维外被
2	聚氯乙烯套
3	聚乙烯套
4	聚乙烯套加覆尼龙套
5	聚乙烯保护管

2. 光缆规格

光缆规格由光纤和导电芯线的有关规格组成，如图4-4所示。

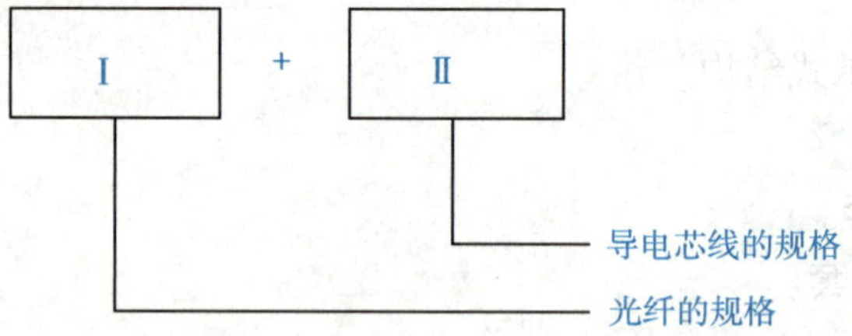

图4-4　光缆规格组成

光纤的规格由光纤数和光纤类别组成。如果同一根光缆中含有两种或两种以上规格的光纤，中间应用“+”号连接。

光纤数指光缆中同类别光纤的实际有效数目；光纤类别应采用光纤产品的分类代号表示，即用A表示多模光纤、B表示单模光纤，再以数字和小写字母表示不同类型的光纤，如表 4-4 和表 4-5 所示。

导电芯线规格的构成为：数量×线对×线径。例如，2×1×0.9 表示 2 根线径为 0.9 mm 的铜导线单线；3×2×0.9 表示 3 根线径为 0.9 mm 的铜导线线对。

表 4-4 多模光纤代号与参数

分类代号	特性	纤芯直径(μm)	包层直径(μm)	材料
A1a	渐变折射率	50	125	二氧化硅
A1b	渐变折射率	62.5	125	二氧化硅
A1c	渐变折射率	85	125	二氧化硅
A1d	渐变折射率	100	140	二氧化硅
A2a	突变折射率	100	140	二氧化硅
A2b	突变折射率	200	240	二氧化硅
A2c	突变折射率	200	280	二氧化硅
A3a	突变折射率	200	300	二氧化硅芯塑料包层
A3b	突变折射率	200	380	二氧化硅芯塑料包层
A3c	突变折射率	200	230	二氧化硅芯塑料包层
A4a	突变折射率	980～990	1 000	塑料
A4b	突变折射率	730～740	750	塑料
A4c	突变折射率	480～490	500	塑料

注：“A1a” 可简化为“A1”。

表 4-5 单模光纤代号与参数

分类代号	名称	材料
B1.1	非色散位移型	二氧化硅
B1.2	截止波长位移型	
B2	色散位移型	
B3	色散平坦型	
B4	非零色散位移型	

注：“B1.1” 可简化为“B1”。

例如，金属加强构件、松套层绞填充式、铝-聚乙烯粘结护套、皱纹钢带铠装、聚乙烯护层的通信用室外光缆，包含 12 根 50/125 μm 二氧化硅系渐变型多模光纤和 5 根用于远供电及监测的铜线径为 0.9 mm 的 4 线，光缆型号应表示为：GYTA53 12A1+5×4×0.9。

任务评价

评价内容	评价标准	分值/分	自评	师评
电线电缆的命名	理解并掌握电线电缆的详细命名规则	10		
	准确解读电线电缆各符号含义	40		
光缆的命名	了解光缆的命名规则	10		
	准确解读光缆各符号含义	40		
总分		100		

任务 2　跳线与使用

任务描述

本任务要求掌握网络设备间及与计算机、终端设备的跳线连接技术。需了解双绞线及光纤跳线的类型、性能和应用，以及光纤连接器的特性。根据网络需求选择合适的跳线和连接器，确保网络连接的稳定性和高效性。

任务分析

要完成此任务，需深入理解双绞线与光纤跳线的特性、标准及应用场景。掌握光纤连接器的不同类型及其适用环境。根据网络速率和端口类型，精确选择跳线和连接器，确保网络连接的高效与稳定。

任务重点与实施

4.2.1　双绞线跳线

双绞线跳线用于连接双绞线端口。双绞线跳线比较简单，两端均为统一的标准 RJ-45 端口，如图 4-5 所示。

100 Mb/s 端口之间的连接，可以使用超五类非屏蔽双绞线制作的跳线；若欲连接的是 1 000 Mb/s 端口，就应当使用专业的六类非屏蔽双绞线跳线，以避免由于跳线的电磁性能不达标，而导致网络通信质量的下降。

只需将跳线两端的水晶头分别插入网络设备的 RJ-45 端口，即可将其连接在一起。图 4-6 为将跳线的一端连接至交换机的 1 000Base-T 端口，图 4-7 为将跳线的另一端连接至 GBIC 的 RJ-45 端口。

图 4-5　双绞线跳线

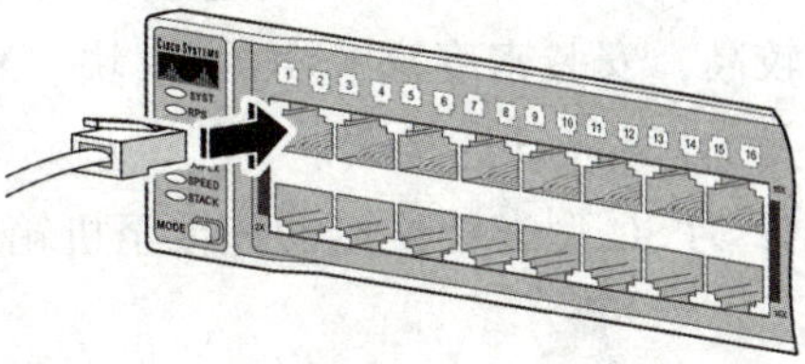

图 4-6　连接至 1 000Base-T 端口

4. 2. 2　光纤跳线

光纤跳线的作用与双绞线跳线类似，也是用于连接网络设备和计算机，实现彼此之间的相互通信。光纤跳线中间是 3 ~5 m 左右的光纤，其两端是光纤连接器(图 4-8)，分别连接两端设备的光纤端口。由于光纤端口的种类比较多，因此只有选择与之相适应的连接器，才能实现匹配与连接。

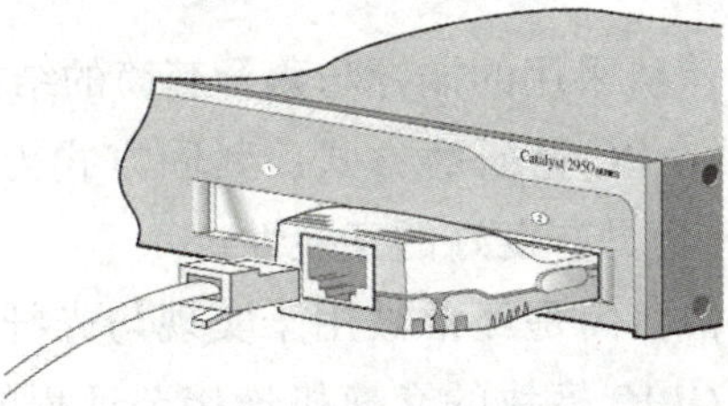

图 4-7　连接至 GBIC 插槽

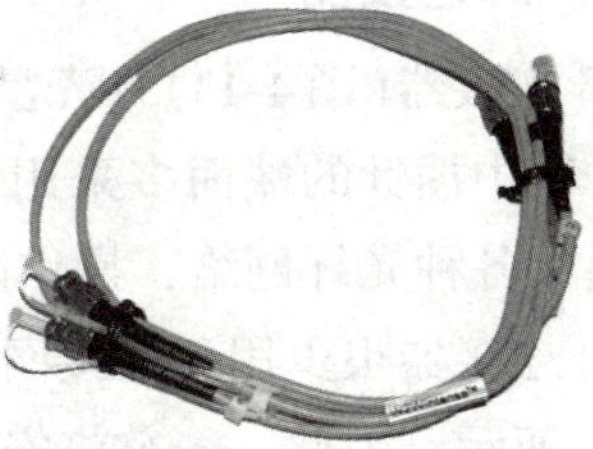

图 4-8　光纤跳线

1. LC 型光纤连接器

LC 型光纤连接器(图 4-9)采用操作方便的模块化插孔(RJ)闩锁机理制成，采用的插针和套筒的尺寸为 1. 25 mm，由于占用的空间很小，因此可以有效地提高光纤端口的密度。

SFP 模块、SFP+模块、XFP 模块和 QSFP 模块均采用 LC 型光纤连接器。

图 4-10 为已经插入光纤跳线的 SFP 模块。当然，若欲实现设备之间的正常连接，必须使用一对光纤连接才行。

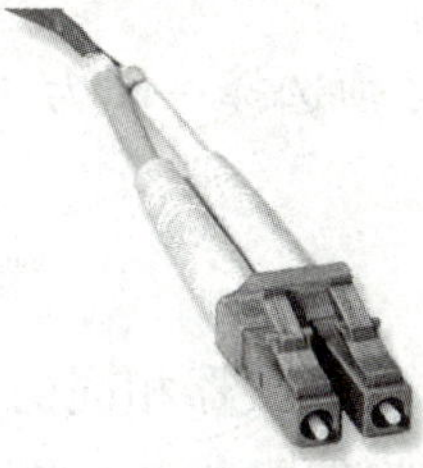

图 4-9　LC 型光纤连接器

图 4-10　LC 型光纤连接器插入 SFP 模块

2. SC 型光纤连接器

SC 型光纤连接器(图 4-11)外壳呈矩形，采用插针与耦合套筒结构。紧固方式是采用插拔销闩式，无需旋转。该类连接器价格低廉，插拔操作方便，介入损耗波动小，抗压强度较高，安装密度高。GBIC 模块、X2 模块、XENPAK 模块和 100Base-FX 端口使用的都是 SC 型光纤连接器。

图 4-12 为 SC 型光纤连接器连接至机箱式交换机中的 GBIC 模块。

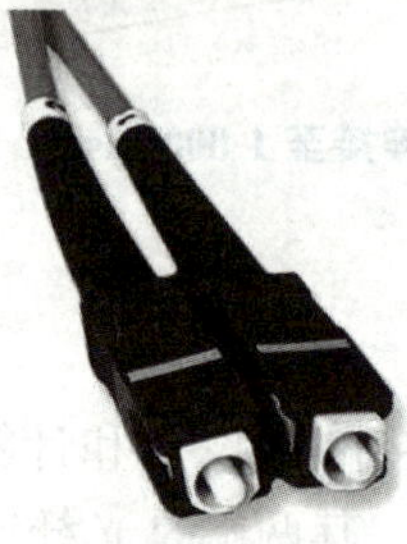

图 4-11　SC 型光纤连接器

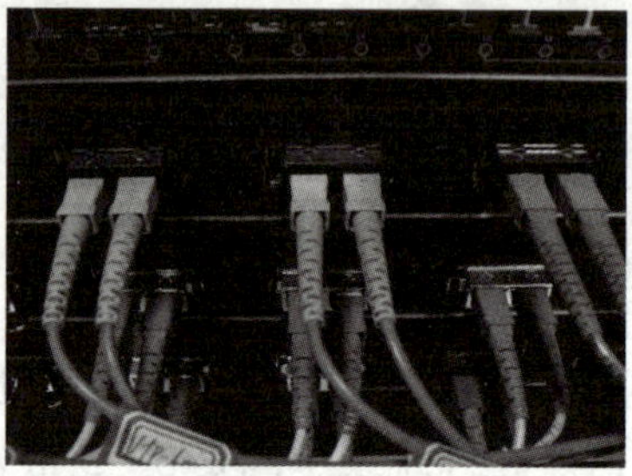

图 4-12　SC 型光纤连接器插入 GBIC 模块

3. ST 型光纤连接器

ST 型光纤连接器(图 4-13)外壳呈圆形，所采用的插针与藕合套筒的结构尺寸与 FC 型完全相同，其中插针的端面多采用 PC 或 APC 型研磨方式；紧固方式为螺丝扣。此类连接器适用于各种光纤网络，操作简便，且具有良好的互换性。

ST 型光纤连接器很少用于连接网络设备，而是经常被用于实现与光纤配线架的连接，如图 4-14 所示。因此，若欲将安装有 GBIC 模块的交换机连接至远程的网络骨干，就必须选择一端为 ST 型光纤连接器，另一端为 SC 型光纤连接器的光纤跳线。

图 4-13　ST 型光纤连接器

图 4-14　ST 型光纤连接器与光纤配成架的连接

同样，若欲实现 GBIC 模块与 SFP 模块的连接，就必须选择一端为 SC 型光纤连接器，另一端为 LC 型光纤连接器的光纤跳线。

4. MT-RJ 型光纤连接器

MT-RJ 型光纤连接器(图 4-15)带有与 RJ-45 型 LAN 电连接器相同的闩锁机构，通过安装于小型套管两侧的导向销对准光纤，为便与光纤收发机相连，连接器端面光纤为双芯(间隔 0.75 mm)排列设计，是主要用于数据传输的高密度光连接器。

FC 型光纤连接器(图 4-16)最早是由日本 NTT 研制的。FC 是 Ferrule Connector 的缩写，表明其外部加强方式是采用金属套，紧固方式为螺丝扣。

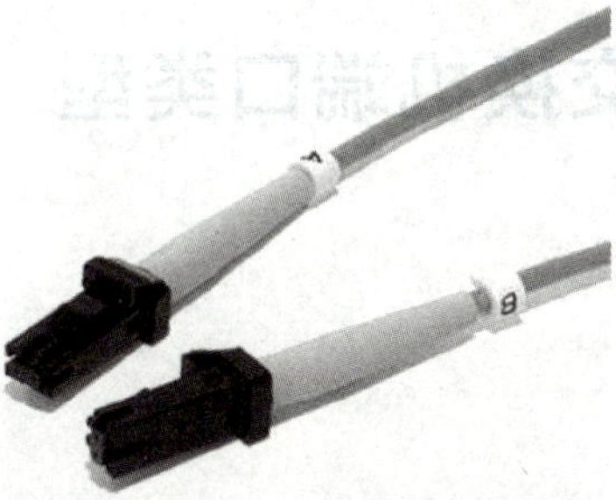

图 4-15　MT-RJ 型光纤连接器

图 4-16　FC 型光纤连接器

4.2.3　光纤跳线与光纤端口

光纤跳线分为单模光纤和多模光纤。交换机光纤端口、跳线都必须与综合布线时使用的光纤类型相一致，也就是说，如果综合布线时使用的是多模光纤，那么交换机的光纤端口就必须执行 1 000Base-SX 标准或 10 GBase-SR 标准、10 GBase-LX4 标准、10 GBase-LRM 标准，也必须使用多模光纤跳线；如果综合布线时使用的是单模光纤，那么交换机的光纤端口就必须执行 1 000Base-LX/LH 标准或 10 GBase-LR 标准，10 GBase-ER 标准、10 GBase-ZR 标准，也必须使用单模光纤跳线。

需要注意的是，多模光纤有两种类型，即 62.5/125 μm 和 50/125 μm。虽然交换机的光纤端口完全相同，而且两者也都执行 1 000Base-SX 标准或 10 GBase-SR 标准、10 GBase-LX4 标准、10 GBase-LRM 标准，但光纤跳线的芯径必须与光缆的芯径完全相同，否则将导致连通性故障。

另外，相互连接的光纤端口的类型必须完全相同，或者均为多模光纤端口，或者均为单模光纤端口。一端是多模光纤端口，而另一端是单模光纤端口，将无法连接在一起。

任务评价

评价内容	评价标准	分值/分	自评	师评
双绞线跳线	了解双绞线跳线的应用场景	10		
	掌握双绞线跳线的连接方法	10		
光纤跳线	深入了解不同光纤连接器(LC、SC、ST、MT-RJ 等)的特点和适用场景	60		
光纤跳线与光纤端口	掌握光纤跳线与光纤端口的匹配规则	20		
总分		100		

任务3　交换机端口类型

任务描述

交换机的功能就是用于连接其他网络设备(如交换机、路由器、网络防火墙等)，以及网络终端设备(如计算机、网络打印机、IP 电话机、网络摄像头等)，从而实现相互之间的通信，构建局域网络。因此，交换机必须都拥有大量的端口。由于网络环境和网络需求非常复杂，所以交换机也就不得不拥有多种类型的端口。大致可以将交换机端口分为四种类型，即光纤端口、双绞线端口、插槽和复用端口。

任务分析

要完成此任务，需要深入理解双绞线与光纤跳线的特性、标准及应用场景。掌握光纤连接器的不同类型及其适用环境。根据网络速率和端口类型，精确选择跳线和连接器，确保网络连接的高效与稳定。

任务重点与实施

4.3.1　光纤端口

光纤在局域网络中拥有无可比拟的优势。第一，光纤的有效传输距离最远，几百米甚至几十千米都没有问题，因此被广泛应用于楼宇之间、楼层之间的连接。第二，光纤的抗电磁干扰能力强，无论多么恶劣和复杂的环境，都丝毫不受影响。第三，传输速率高，1 Gb/s 甚至 10 Gb/s 都可以轻松实现，最适宜高速设备之间的连接。图 4-17 为 100Base-FX 光纤端口，可以实现 100 Mb/s 的远程连接，适用于 62.5 μm/125 μm 或 50 μm/125 μm 多模光纤。

图 4-18 为 1 000Base-SX 光纤端口，可以实现 1 000 Mb/s 的高速远程连接，并可用于实现 Gigabit EtherChannel，适用于 62.5 μm/125 μm 或 50 μm/125 μm 多模光纤。

图 4-17　100Base-FX 光纤端口

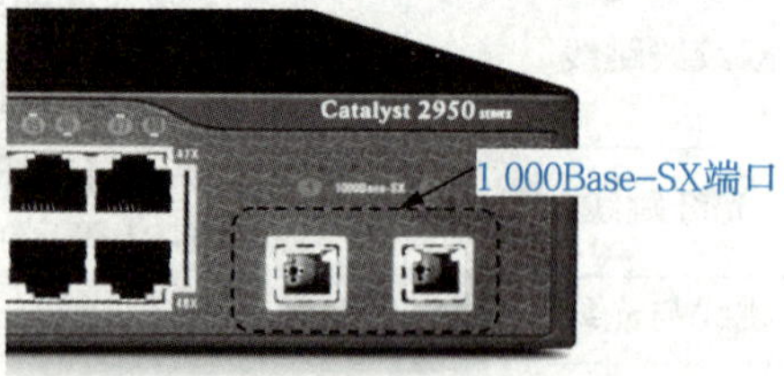

图 4-18　1 000Base-SX 光纤端口

4.3.2 双绞线端口

双绞线端口是应用最多也是最廉价的端口类型。双绞线网络的优点有四个：一是价格低廉，这也正是其被广泛采用的原因之一；二是连接简单，将跳线两端的水晶头插入 RJ-45 端口，即可完成设备之间的连接；三是传输速率高，可以轻松实现 1 000 Mb/s 的高速连接；四是自适应，可以智能判断对端设备的传输速率和工作模块，自动进行协商，建立所能达到的最高的传输速率。缺点有两个，一是传输距离较短，100 Mb/s 和 1 000 Mb/s 网络只能传输 100 m。不过，对于一般的网络连接而言，这样的距离也已经足够了。二是抗干扰能力差，要求外界环境不能有太多的电磁干扰。

图 4-19 为 10/100 Mb/s 自适应(100Base-TX)双绞线端口，用于实现与普通计算机和网络终端的连接。该类端口要求使用五类以上的非屏蔽双绞线连接。

图 4-20 为 10/100/1 000 Mb/s 自适应(1 000Base-T)双绞线端口，用于实现与其他交换机(尤其是汇聚层交换机)的级联，也可用于连接小型网络中的服务器。该类端口要求使用超五类或六类非屏蔽双绞线连接。

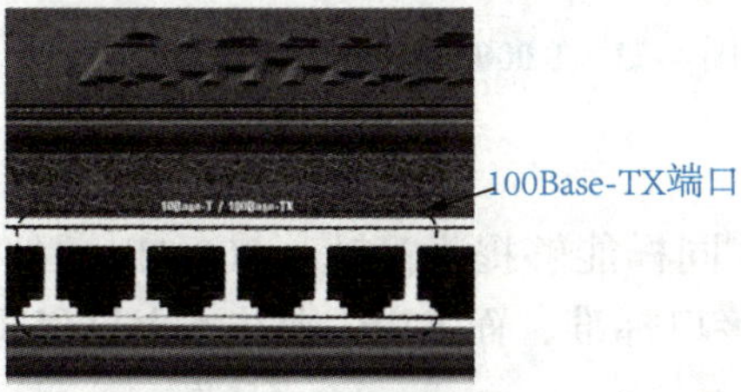

图 4-19 双绞线端口

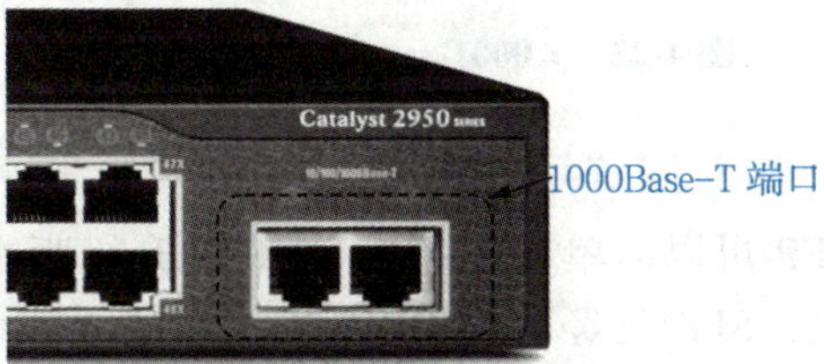

图 4-20 1000Base-T 端口

4.3.3 1GE 模块与插槽

1GE 模块与插槽的类型主要包括两种，即千兆以太网接口转换器(gigabit interface converter，GBIC)和小型可插拔(small form-factor pluggable，SFP)。

1. GBIC 模块与插槽

GBIC 是一个通用的、低成本的千兆位以太网连接标准，用于提供交换机与其他设备之间的高速(1 000 Mb/s)连接。借助不同的 GBIC 模块，既可建立高密度端口的叠堆，又可实现与服务器，或者远程网络的高速连接，因此具有非常大的灵活性。图 4-21 为 GBIC 插槽。

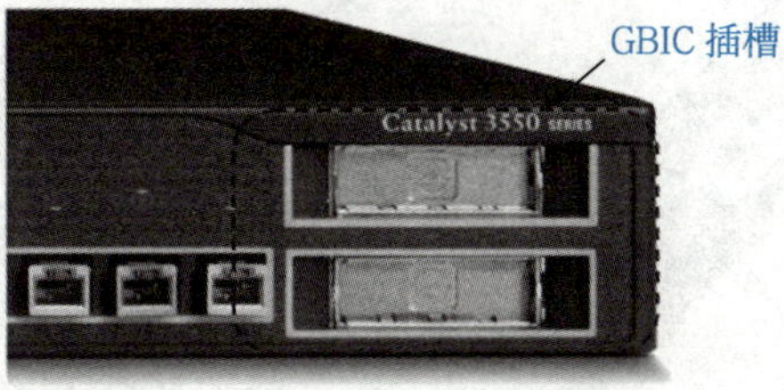

图 4-21 GBIC 插槽

GBIC 模块分为四种，一是 1 000Base-T GBIC 模块(图 4-22)，适用于超五类或六类双绞线，最长传输距离为 100 m；二是 1 000Base-SX GBIC 模块(图 4-23)，适用于多模多纤，最长传输距离为 500 m；三是 1 000Base-LX/LHGBIC 模块，适用于单模光纤，最长传输距离为 10 km；四是 1 000Base-ZX GBIC，适用于长波单模光纤，最长传输距离为 70 ~ 100 km。由此可见，只需更换 GBIC 模块，交换机就可以适用于各种传输介质和网络环境，为用户提供高速连接和应用。

图 4-22　1 000Base-T GBIC 模块

图 4-23　1 000Base-SX GBIC 模块

2. SFP 模块与插槽

SFP 可以简单地理解为 GBIC 的升级版本，同样能够提供高达 1 000 Mb/s 的连接。事实上，SFP 已经取代 GBIC 成为新的千兆位接口标准，而 GBIC 则基本上已经退出了市场。

SFP 插槽(图 4-24)所占用的位置比 GBIC 模块减少一半，因此可以在面积相同的面板上设置多一倍的端口数量。由于 SFP 模块在功能上与 GBIC 基本一致，只是体积“mini”(微型)化，因此也被称为小型化(mini-GBIC)。

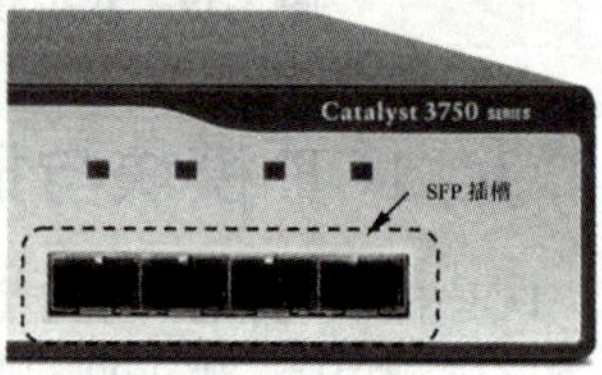

图 4-24　SFP 插槽

SFP 模块的类型与 GBIC 非常相似，也可分别应用于双绞线(图 4-25)、多模光纤和单模光纤(图 4-26)，从而使网络连接变得更加灵活，适应更为复杂的网络环境。SFP 的类型也与 GBIC 一样，主要分为 1 000 Base-T、1 000Base-SX、1 000Base-LH/LX 和 1 000Base-ZX 等四种类型。

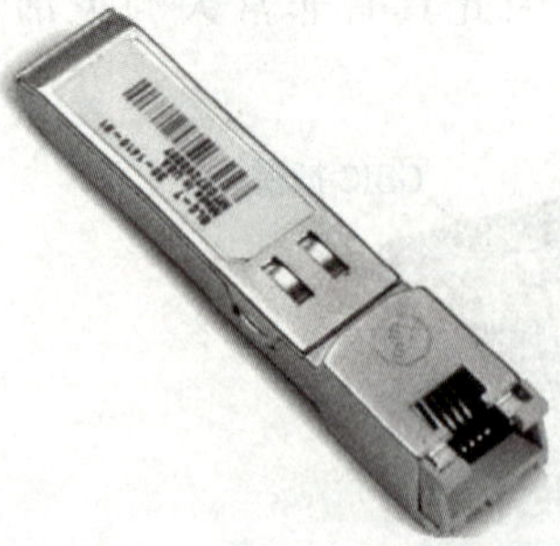

图 4-25　1 000Base-T SFP 模块

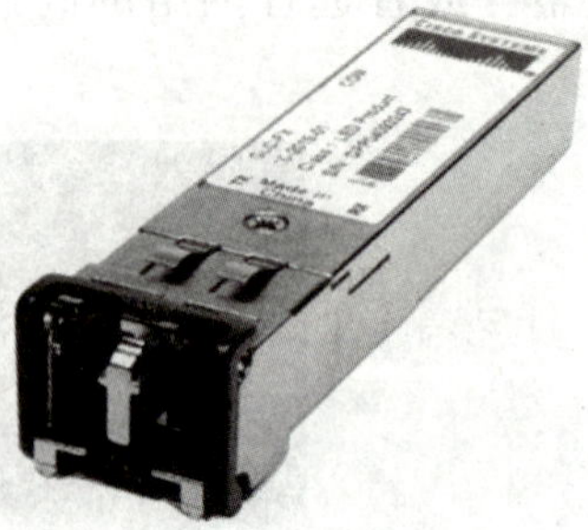

图 4-26　1 000Base-SX SFP 模块

4. 3. 4　10GE 模块与插槽

10 Gb/s 端口是当今速度最快、价格最昂贵的端口之一，因此，10 Gb/s 端口通常用于实现重点业务的汇聚层交换机与核心层交换机之间的连接。10 Gb/s 端口通常借助于不同标准的插槽和模块实现，主要包括 XENPAK、X2、XFP 和 SFP+四种。

1. XENPAK

XENPAK 是面向万兆位以太网的第一代模块。根据 XENPAK 多方协议提议，收发器模块采用了 XAUI 接口。其中 1 310 nm 串行收发器，传输距离可达 10 km，使用了直接调制激光器技术，不再需要传统的调制器、冷却器或复杂的光复用器。这种模块具有良好的抗 EMI 和散热性能，每个线路卡最多可实现八个端口的高密度配置，其面板热插拔特性使四种物理层介质设备收发器都能实现即插即用。图 4-27 为提供两个 XENPAK 插槽的 Catalyst 6500 系列管理引擎模块；图 4-28 为 XENPAK 光纤模块。

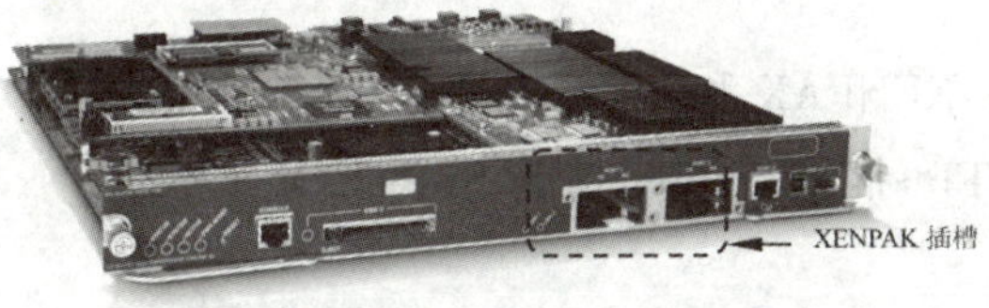

图 4-27　XENPAK 插槽

图 4-28　XENPAK 光纤模块

2. X2

X2 和 XPAK 是 XENPAK 模块的直接改进版，体积缩小了 40%，光接口、电接口都与原来保持一致。X2 模块目前应用最普遍，Cisco Catalyst 3560-E、Catalyst 3750-E 和 Catalyst 4900 系列，以及 Catalyst 4500-E 和 Catalyst 6500-E 系列中，X2 插槽都被大量应用。图 4-29 为 X2 插槽；图 4-30 为 X2 万兆位光纤模块。

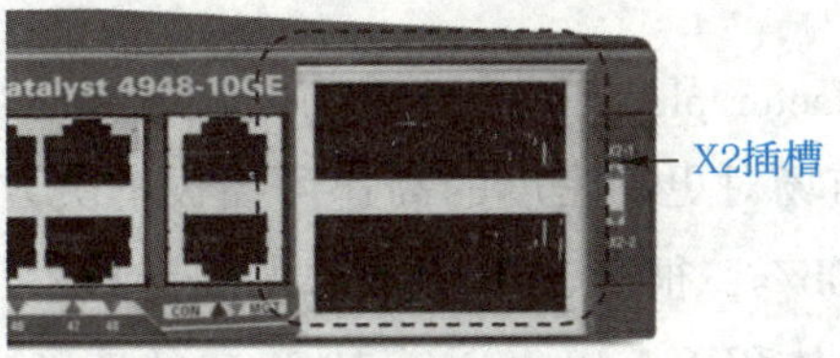

图 4-29　X2 插槽

图 4-30　X2 万兆位光纤模块

3. XFP

XFP 支持局域网 PHY 和广域网 PHY，具有可插拔、尺寸更加小巧、价格更有竞争力等特点。因此，大多数最新的设计全都采用 XFP 模块，这是因为它物理尺寸的小型化可以达到很高的端口密度。可以预见，使用 XFP 模块的产品很快会成为市场新宠。XFP 更多地被应用于路由器模块。图 4-31 为 XFP 万兆位模块和插槽。

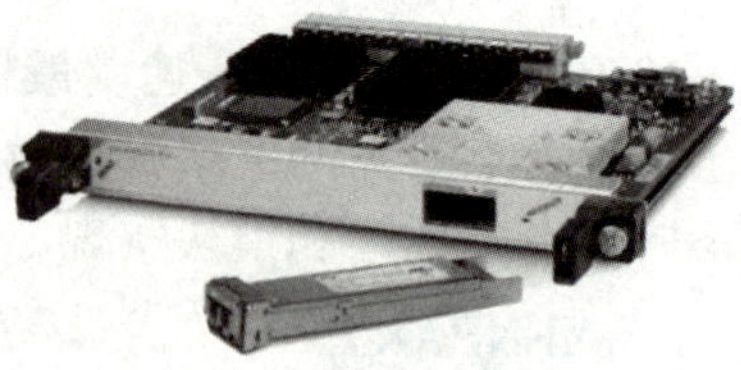

图 4-31　XFP 插槽和模块

4. SFP+

SFP+是用于 10 Gb/s 以太网的可插拔模块尺寸规格，最多可提供 11.1 Gb/s 的速率。

SFP+得名于 SFP，并与 SFP 模块采用同样的物理尺寸，因此能够与旧的 SFP 模块在同样的插槽中工作。SFP+模块比 XFP 更小，由此也把每个线卡的密度从 XFP 的 16 个提高到至少 24 个。

SFP+模块可用于替代目前的 XFP、XENPAK 和 X2 等万兆位模块。

图 4-32 为 Catalyst 2960-S 提供的 SFP+插槽，图 4-33 为 SFP+模块。

图 4-32　SFP+插槽

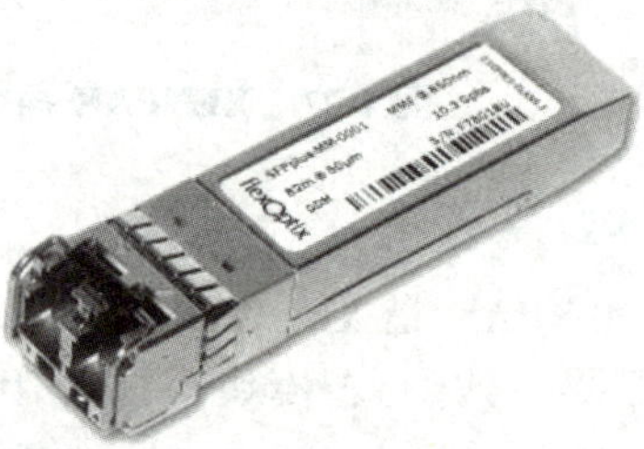

图 4-33　SFP+模块

4.3.5　40GE 模块与插槽

四通道小型可插拔(quad small form-factor pluggable，QSFP)是用于 40 Gb/s 以太网的最新可插拔模块尺寸规格，用于满足市场对更高密度的高速可插拔解决方案的需求。4 通道的可插拔接口传输速率达到了 40 Gb/s，很多 XFP 中成熟的关键技术都应用于该产品设计中。QSFP 可在 XFP 相同的端口体积下，以每通道 10Gb/s 的速度支持四个通道的数据传输，所以 QSFP 的密度可以达到 XFP 产品的 4 倍，SFP+产品的 3 倍。具有 4 通道且密度比 CX4 高的 QSFP 接口已经被 InfiniBand 标准所采用。

图 4-34 为 Cisco 48p 1/10G-T and 4p 40G QSFP+ Nexus 9000 线卡提供的 QSFP 插槽，图 4-35 为 QSFP 模块。

图 4-34　QSFP 插槽

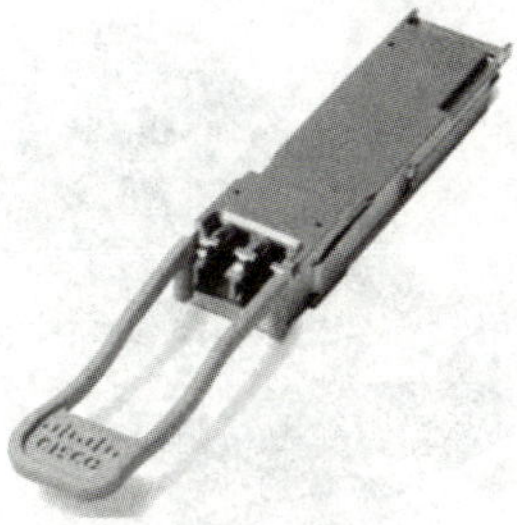

图 4-35　QSFP 模块

4.3.6　复用端口

有些级联端口虽然是独立的、端口类型不同的两个端口，但这两个端口中只能使用其中的一个，不能同时用于连接设备。这类端口称之为复用端口，设计的目的是为了提高网络设备的可用性。

图 4-36 为 100Base-FX 与 1 000Base-X SFP 复用端口。由于光纤链路的两端必须采用相同的传输速率和工作模式，因此该复用端口可用于连接 100 Mb/s 或 1 000 Mb/s 光纤网络。

图 4-37 为 1 000Base-T 与 1 000Base-X SFP 复用端口。当采用双绞线与其他交换机或高端计算机设备短程连接时，直接使用 1 000Base-T 端口就行了。若欲实现与汇聚层交换机、甚至核心层交换机的远程连接时，则插入相应的 SFP 模块即可。

图 4-36　100Base-FX 与 1 000Base-X SFP 复用端口

图 4-37　1 000Base-T 与 1 000Base-X SFP 共用端口

4.3.7　10GE 转换模块

1. TwinGig

TwinGig 模块用于 Cisco Catalyst 3560-E/3750-E 系列交换机。借助 Cisco TwinGig 转换模块(图 4-38)，可以将 10 Gb Ethernet 插槽转换成 2 个 SFP 插槽，实现双 1 000 Mb/s 端口连接。

图 4-39 为借助 Cisco TwinGig 转换模块，将 2 个 SFP 模块连接至 1 个 10 Gb/s 插槽。

图 4-38 TwinGig 转换模块

图 4-39 TwinGig 转换模块连接

2. OneX

OneX 转换模块是一个可热插拔的 10 Gb Ethernet X2 插槽模块，用于实现 10 Gb X2 接口与单 10 Gb SFP+接口的转换，支持 Catalyst 3750/4500/4900/6500 等多个交换机平台。图 4-40 为 OneX 转换模块，图 4-41 为 OneX 转换模块连接方式。

图 4-40 OneX 转换模块

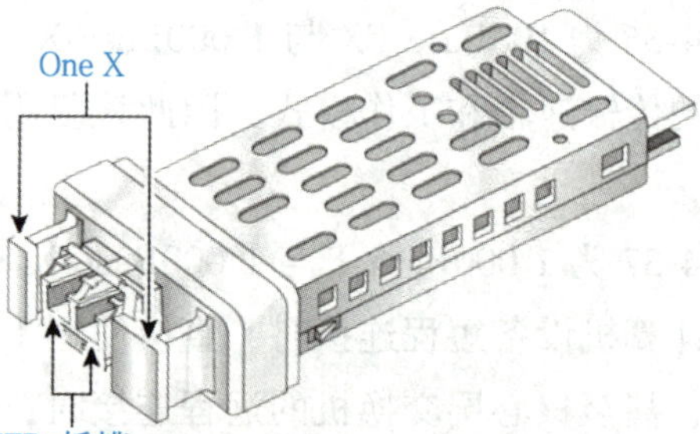

图 4-41 OneX 转换模块连接

任务评价

评价内容	评价标准	分值/分	自评	师评
光纤与双绞线端口	准确描述光纤端口和双绞线端口的优点	10		
	了解光纤端口和双绞线端口的适用场景	10		
1GE、10GE 和 40GE 模块与插槽	了解 1GE 模块与插槽的定义和适用场景	20		
	详细阐述 10GE 模块与插槽的技术规格、性能优势	20		
	了解并介绍 40GE 模块与插槽	20		
复用端口	理解复用端口的概念	10		
10GE 转换模块	了解 10GE 转换模块的功能	10		
总分		100		

任务4 路由器模块和接口卡

任务描述

由于路由器大多为模块化配置，因此，除少量由机箱直接提供的固定端口外，其他大多数类型的端口(尤其是广域网端口)都是由路由器扩展模块提供的。因此，在应用中要根据网络连接和网络链路的实际需求选择相应的模块，以便提供所需接口。

任务分析

要完成此任务，首先需要深入了解路由器模块化配置的基本原理及其在网络建设中的重要性，仔细分析用户的网络需求，包括连接类型、带宽要求、安全策略等，以便准确选择适合的 SPE、SM/SM-X、WIC/HWIC/EHWIC、PVDM 系列、AIM/ISM、NM/NME 以及 VIC/VWIC/EVM 等模块和接口卡。此外，还需要考虑模块之间的兼容性、可扩展性以及未来升级的可能性，确保所选配置能够满足当前需求并适应未来网络发展的需求。

任务重点与实施

4.4.1 SPE

业务性能引擎(services performance engine，SPE)是模块化主板，可使用未来开发的更高性能的引擎升级。自 Cisco 3900 系列路由器开始，可以实现现场可更换业务性能引擎，并随网络和分支机构需求的发展而扩展路由器性能。图 4-42 为 Cisco 业务性能引擎。

图 4-42 Cisco 业务性能引擎

4.4.2 SM/SM-X

服务模块(service module, SM)始于 Cisco 2800/3800 系列提供，每个服务模块插槽均提供高数据吞吐功能，到路由处理器的聚合吞吐量可达 4 Gb/s 聚合，通过 MGF 到其他模块插槽的聚合吞吐量可达 2 Gb/s。

增强型服务模块(enhanced services module, SM-X)始于 Cisco 4400 系列提供，每个服务模块插槽可以向路由处理器和其他模块插槽提供高达 10 Gb/s 的高速数据吞吐能力。

SM/SM-X 插槽高度灵活，除支持半宽服务模块外，还支持双宽度服务模块(SM-Ds)，即需要两个 SM 插槽的服务模块，为较高密度模块提供灵活性。服务模块插槽可提供相对于网络模块插槽两倍的电源功能，从而允许具有较高可扩展性和较佳性能模块的灵活性。

SM-X 可利用服务模块插槽中支持网络接口模块的承载卡，增加端口密度。

SM/SM-X 插槽支持在线插拔(online insertion and removal, OIR)，在需要新增或更换模块时，不必停机，从而可以有效地减少宕机时间。

另外，SM/SM-X 插槽可用来替换用于语音/传真的网络模块插槽和扩展模块插槽。适配器模块支持与现有网络模块、增强的网络模块(network module enhanced, NME)，以及新型语音扩展插槽(extension module for voice/fax, EVM)的后向兼容性。图 4-43 为增强型以太网交换 SM 模块(enhanced etherswitch service module)。

图 4-43 增强型以太网交换 SM 模块

4.4.3 WIC/HWIC/EHWIC

广域网接口卡(wan interface cards, WIC)插槽用于安装广域网接口模块，以提供各种类型的广域网接口。图 4-44 为 WIC 模块和插槽。

图 4-44 WIC 模块和插槽

高速广域网接口卡(high-speed wan interface cards, HWIC)是 WIC 的升级和增强版本。HWIC 提供了高于当前 WIC 的速度和端口密度。HWIC 插槽可支持基于思科产品的馈线电源和 PoE 的模块。HWIC 有两种形式，即占一个插槽的单宽接口卡和占两个插槽的双宽接口卡。

通过拆除两个 HWIC 插槽间的中央导轨，可以将其整合为一个大型插槽（HWIC-D）。HWIC 提供嵌入式硬件加密加速，支持语音和视频的数字信号处理器（digital signal processor，DSP）插槽，可选防火墙、入侵预防、呼叫处理、语音信箱，以及应用程序服务。HWIC 插槽中支持 WIC、VWIC 和 VIC。图 4-45 为 Cisco HWIC 模块和插槽。

增强型高速广域网接口卡（enhanced high-speed wan interface cards，EHWIC）插槽用于替换高速广域网接口卡插槽，可本地支持 HWIC、广域网接口卡、语音接口卡（voice interface card，VIC），以及语音/广域网接口卡（voice / wan interface card，VWIC）。图 4-46 为 Cisco EHWIC 4ESGP 模块，提供四个 1 000Base-T 接口。

图 4-45 Cisco HWIC 模块和插槽

图 4-46 Cisco EHWIC 4ESGP 模块

网络接口模块（network interface modules，NIM）不断发展增强型高速广域网接口卡，增加端口密度和模块功能。每个 NIM 插槽向路由处理器和其他模块插槽提供高达 2 Gb/s 的高数据吞吐功能。NIM 支持 OIR，可减少新模块和替换模块所需的停机时间。专业 NIM 支持固态驱动器（SSD）和硬盘驱动器（HDD）。

4.4.4 PVDM/PVDM2/PVDM3/PVDM4s

分组语音数据模块（packet voice DSP module，PVDM）是分组语音数字信号处理器（digital signal processor，DSP）处理模块，用于向系统提供数字信号处理资源。一般情况下，将模拟语音经采样转成原始的数字信号后，需要专用的 DSP 来将按照一定的编码来进行处理。一个 PVDM 模块由一个或多个 DSP 构成，可以执行压缩、语音活动检测、抖动管理和回声消除等功能。图 4-47 为 PVDM 模块与其适用的路由器。

图 4-47 PVDM 模块与路由器

PVDM2 和 PVDM3 是 PVDM 的升级产品，并且能够向后兼容。PVDM3 插槽本地支持 PVDM3 模块，为多媒体语音和视频提供更高密度支持。每个 PVDM3 插槽均通过 MGF 经由 2 Gb/s 聚合链路连接回系统架构。PVDM2 模块的投资保护通过适配器模块支持。PVDM 插槽的电源可通过扩展（类似于 Cisco EnergyWise 框架）管理，因此，可降低网络基础设施的能耗。未来软件版本中将提供全面的 EnergyWise 支持。

集成服务(integrated services card, ISC)卡插槽支持新的高密度分组语音数字信号处理器模块(high-density packet voice digital signal processor modules, PVDM4s),用于提供大密度类型丰富的语音服务。每个 ISC 插槽都通过一个 2 Gb/s 链路连接至系统构架。可在 ISC 插槽上托管未来的模块,从而改善系统功能和性能。

4.4.5 AIM/ISM

高级集成模块(AIM)是可插入到 Cisco 1800、Cisco 2800、Cisco 3800、Cisco 2600 和 Cisco 3700 系列路由器的内部 AIM 插槽的高级集成模块。AIM 插槽提供了一种不必降低思科平台的 LAN 或 WAN 密度,即可集成更多功能并将处理器密集型功能从主 CPU 卸载的方式,不必再占用一个外部模块化插槽。图 4-48 为 Cisco AIM 模块。

内部业务模块(internal services module, ISM)用于替换原有的 AIM 插槽,单个 ISM 插槽提供集成不需要接口端口的智能服务模块的灵活性。图 4-49 为 ISM 模块。

图 4-48　Cisco AIM 模块

图 4-49　ISM 模块

ISM 插槽具有以下特点。

(1)每个 ISM 插槽均提供高数据吞吐量功能。高达 4 Gb/s 聚合到路由处理器,高达 2 Gb/s 通过多千兆网络架构(multi gigabit fabric, MGF)聚合到其他模块插槽。

(2)ISM 插槽中不支持现有 AIM 模块。

(3)ISM 插槽的电源可通过扩展(类似于 Cisco EnergyWise 框架)管理。因此,在部署时可以降低网络基础设施的能耗。

4.4.6 NM/NME

网络模块(network module, NM)用于安装网络模块,提供网络接口。图 4-50 为 Cisco NM 模块与插槽。

增强网络模块(NME)始于 Cisco 2800/3800 系列路由器的网络模块插槽,提供了比 NM 更高的性能和密度。NME 插槽连接到一条更快的 PCI 总线,以实现更高吞吐量和性能。NME 插槽也可为模块提供更高功率,以增加服务模块和模块上的密度。虽然可以在 NME 插槽中使用当前的网络模块和 WIC,但是不能使用全部的 NME 特性。

NME有三种形式，即单宽(增强网络模块，NME)、超宽(增强扩展网络模块，NME-X)和超双宽(高密度扩展模块，NME-XD)，让用户可灵活地安装适合本地需求的特定密度的模块。两个紧邻的NME插槽可结合起来，容纳一个双宽网络模块，或双宽增强扩展网络模块(NME-XD)。图4-51为单宽NME模块。

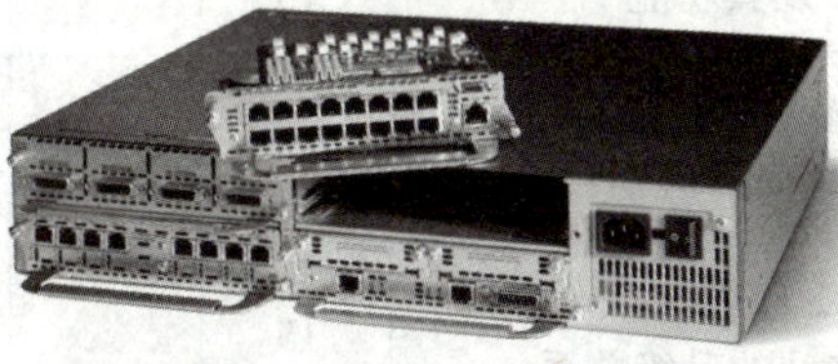

图4-50　Cisco NM模块

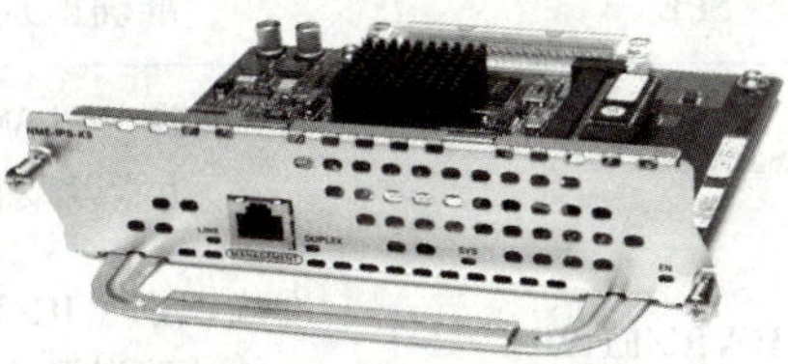

图4-51　单宽NME模块

4.4.7　VIC/VWIC/EVM

语音接口卡(VIC)用于提供语音和传真接口。图4-52为Cisco VIC模块。

语音/广域网接口卡(VWIC)既可仅用于数据，也可以用于渠道化(丢弃与插入)的语音/数据综合应用，来连接专用分组交换网或者公共电话网，WIC与VWIC是用户广域网连接的主要选择。图4-53为Cisco VWIC模块。

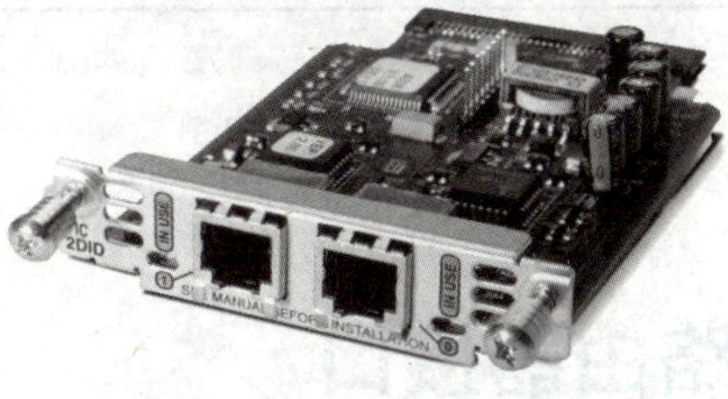

图4-52　Cisco VIC模块

图4-53　Cisco VWIC模块

新型语音扩展插槽(EVM)可以提高时分多路复用接口的密度。需要注意的是，只有EVM模块可在EVM插槽中使用。网络模块和NME不能用于此插槽，否则，可能将损坏该模块或路由器。此外，NME插槽中不支持EVM模块。图4-54为EVM模块。

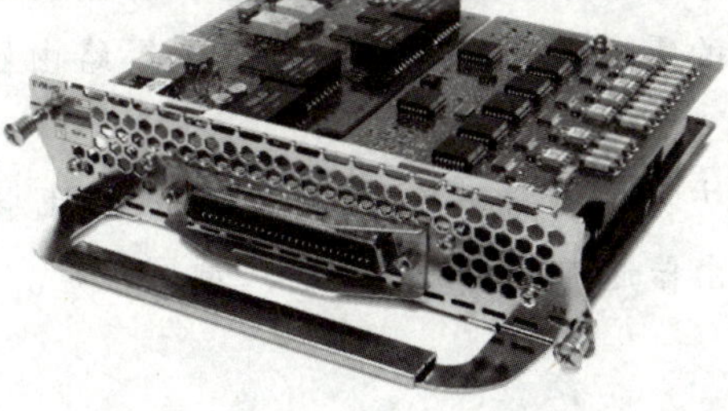

图4-54　EVM模块

任务评价

评价内容	评价标准	分值/分	自评	师评
SPE	准确识别 SPE 及其功能	15		
SM/SM-X	准确识别 SM/SM-X 并理解其功能以及它们之间的区别	15		
WIC/HWIC/EHWIC	准确识别 WIC/HWIC/EHWIC 并理解其功能以及它们之间的升级关系	15		
PVDM/PVDM2/PVDM3/PVDM4s	准确识别并理解 PVDM 系列模块性能特点和兼容性关系	20		
AIM/ISM	准确识别 AIM 和 ISM 以及它们之间的区别	15		
NM/NME	认识 NM/NME	10		
VIC/VWIC/EVM	认识 VIC/VWIC/EVM	10		
总分		100		

任务 5　路由器接口

任务描述

本任务旨在深入理解并掌握路由器接口的类型、功能及应用场景，确保网络工程师能够根据不同网络环境的需求，选择合适的接口配置路由器，以实现高效、稳定的网络通信。

局域网接入广域网的方式有多种，如 DDN 接入、ADSL 接入、光纤接入等，为了满足用户的这种需求，路由器通常需要配备多种广域网接口。

任务分析

要完成此任务，首先需要全面了解各种路由器接口的基本特性、传输速率、兼容性及适用场景。

任务重点与实施

4.5.1　10Base-T/100Base-TX/1 000Base-T 接口

RJ-45 以太网接口是最为常见、且使用最多的接口类型，主要用于为路由器与局域网的连接提供廉价接口。如果必须通过光纤才能连接至远程网络或因特网服务提供商(ISP)，则需要借助于收发转发器才能实现彼此之间的连接。根据接口的速率不同，可以将接口分为 10Base-T、100Base-TX 和 1 000Base-T 三类。每种接口的标识各不相同，其中，10Base-T 接口通常标识为“ETHERNET”(图 4-55)。

100Base-TX 接口通常标识为“Fast Ethernet”或“FE”(图 4-56)。

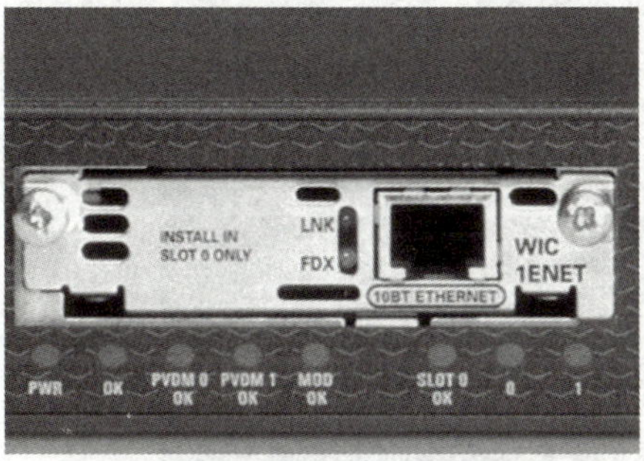

图 4-55　10Base-T 接口

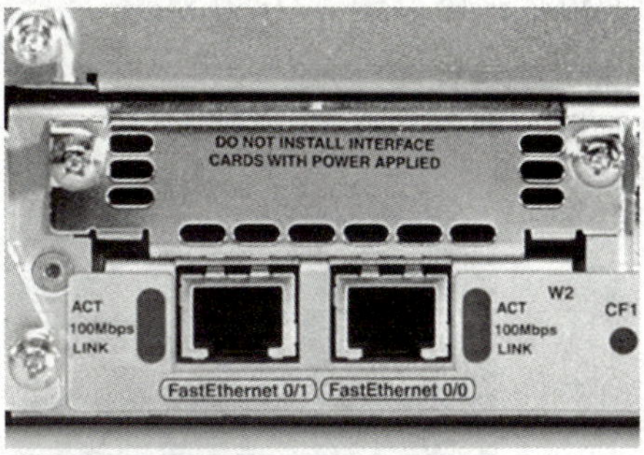

图 4-56　10/100Base-TX 接口

1 000Base-T 接口通常标识为“GE”(图 4-57)。

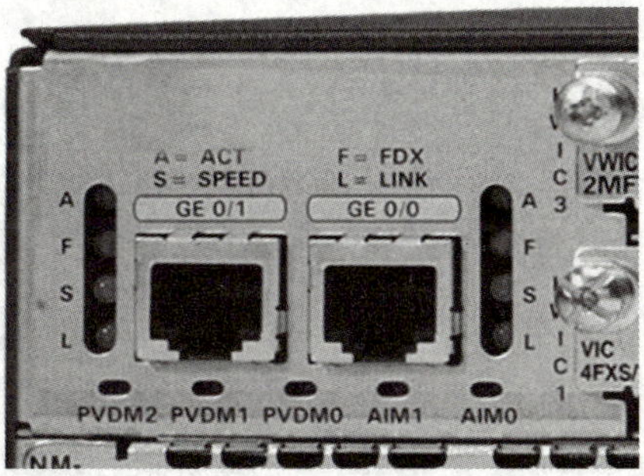

图 4-57　1 000Base-T 接口

4.5.2　GBIC/SFP 插槽

路由器模块往往会提供 GBIC 或 SFP 插槽，用于适应不同的传输介质，借助相应的 GBIC/SFP 模块，可以实现千兆位网络连接。图 4-58 为 GBIC 插槽。

图 4-59 为 SFP 插槽。SFP 是一种新型接口，被广泛应用于各类新款路由器模块。

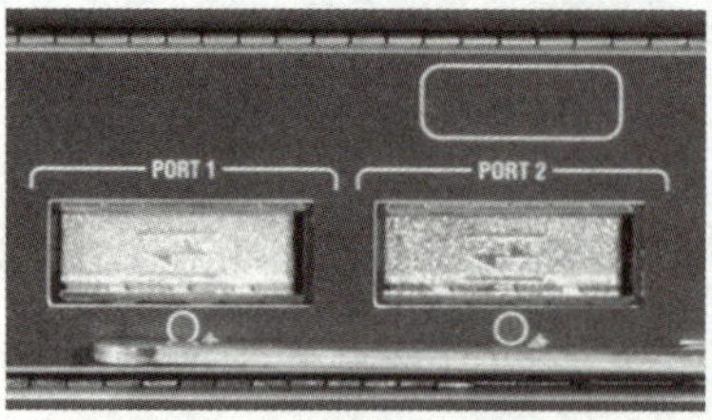

图 4-58　GBIC 插槽

图 4-59　SFP 插槽

4.5.3　SC/LC 接口

SC 接口除了用于实现传统的快速以太网和千兆位以太网连接外，还被广泛应用于FDDI 和 ATM 链路。图 4-60 为 SC 光纤接口。

图 4-61 为 LC 光纤接口。与 SFP 插槽一样，LC 也是新型光纤接口，被广泛应用于各类新款路由器模块。

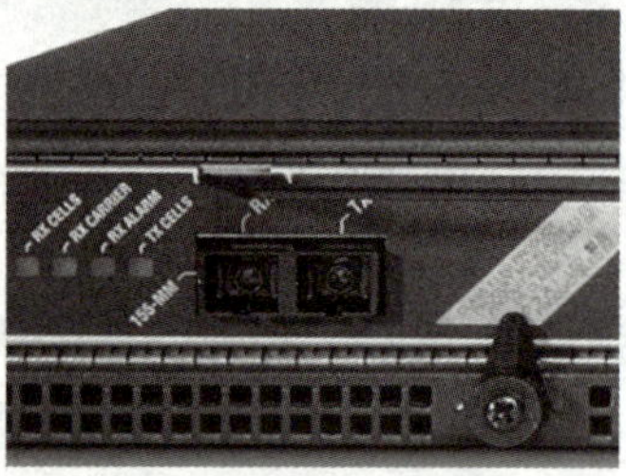

图 4-60　SC 光纤接口

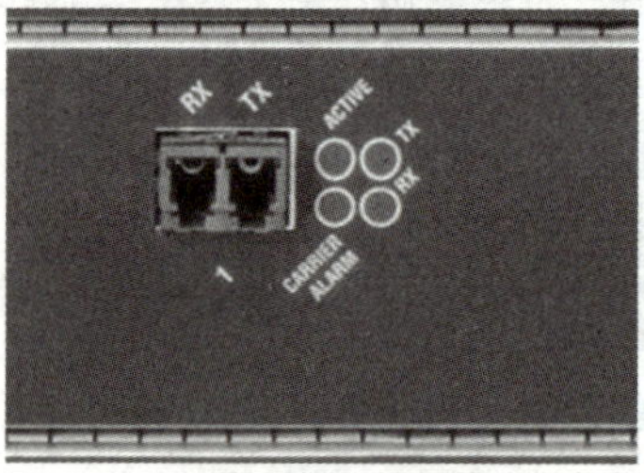

图 4-61　LC 光纤接口

4.5.4　T1/E1 接口

T1/E1 用于实现远程网络连接，传输介质可以是同轴电缆、双绞线或光纤。T1/E1 表示该连接具有高质量的通话和数据传送界面。其中，T1 是美国标准，为 1.544 Mb/s，E1 是欧洲标准，为 2.048 Mb/s。我国专线标准一般执行欧洲标准 E1，并根据用户的需要再进行信道分配(以 64 K为单位)。例如，PPP 的 DDN 线路及帧中继线路等都可以使用 E1 线路。E1T1 接口通常标识为“T1/E1”或“CTLR T1/E1”，如图 4-62 所示。

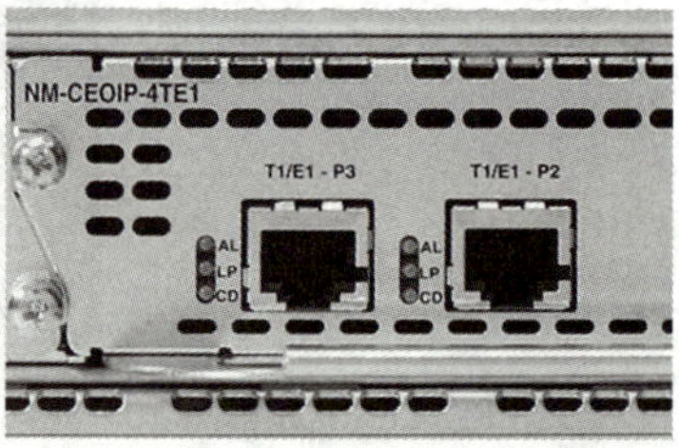

图 4-62　T1/E1 接口

一条 T1/E1 可以同时有多个并发信道，每个信道都是一个独立的连接。

T1 提供 23 个 B 信道和一个 D 信道，即 23B+D，1.544 Mb/s。

E1 提供 30 个 B 信道和一个 D 信道，即 30B+D，2.048 Mb/s。

E1 接口有两种配置情况。

(1)作为信道化(channelized)E1 接口使用。接口在物理上分为 31 个时隙，可以任意地将全部时隙分成若干组，每组时隙捆绑以后作为一个接口使用，其逻辑特性与同步串口相同，支持 PPP、帧中继、LAPB 和 X. 25 等链路层协议。

(2)作为非信道化(unchannelized)El 接口使用。接口在物理上作为一个 2 Mb/s 速率的 G703 同步串口，支持 PPP、帧中继、LAPB 和 X. 25 等链路层协议。

4. 5. 5　智能串行接口

为在更小的空间内支持更高的端口密度，Cisco 开发了智能串行(smart serial)接口。智能串行接口可借助高速数据链路控制(HDLC)、点对点协议(PPP)或帧中继(frame relay)，或更早的同步数据链路控制(synchronous data link control，SDLC)和 X. 25 等链路，为局域网提供串行广域网连接。智能串行接口可以兼容异步/同步(asynchronous/synchronous，A/S)串行接口，能够借助不同的电缆为路由器提供 EIA/TIA-232、EIA/TIA-449、V. 35、X. 21、DTE/DCE、EIA-530 或 EIA-530A 串行接口，实现与远程路由器的连接。

图 4-63 为 4 端口串行 HWIC 卡(HWIC-4T)，拥有 4 个高速串行接口，同时支持异步和同步连接。

图 4-64 为 2 端口串行 HWIC 卡(HWIC-2SER)，拥有 2 个高速串行接口，只支持同步连接。

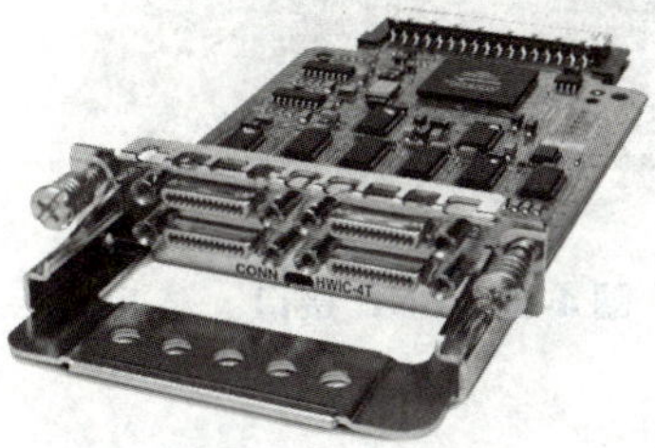

图 4-63　HWIC-4T

图 4-64　HWIC-2SER

4. 5. 6　异步/同步串口

异步串口(ASYNC)通常使用专用电缆连接至 modem 或 modem 池，用于实现远程计算机通过公用电话网拨入网络。

同步串口(SYNC)是典型的广域网端口，在广域网连接中应用比较广泛，如连接 DDN 帧中继、X. 25、公共交换电话网络等网络连接模式。在企业网之间有时也通过 DDN 或 X. 25 等广域网技术进行专线连接。同步串口一般要求传输速率比较高，通过这种端口所连接的网络两端都要求实时同步。

异步/同步串口主要有两种类型，即 DB-60 和 EIA-232(也称为 RS-232)。图 4-65 为 DB-60 异步/同步串口。

图 4-66 为 8 端口异步/同步 HWIC 卡(HWIC-8A/S)，拥有 8 个低速异步/同步 EIA-232 接口。

图 4-65 DB-60 异步/同步串口

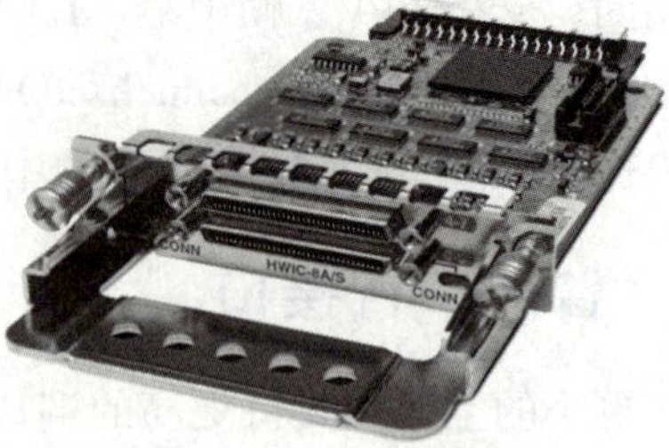

图 4-66 HWIC-8A/S

4.5.7 ADSL 接口和 BNC 接口

ADSL 接口用于连接 ADSL 链路，实现与远程路由设备的宽带连接。ADSL 接口往往被应用于中低端路由器，通常标识为“ADSL”，如图 4-67 所示。

ATM 的传输介质常常是光纤，但是 100 m 以内的同轴电缆或五类双绞线也是可以的。图 4-68 为 BNC 接口的 T3/E3 模块，用于以同轴电缆作为传输介质的 ATM 网络。

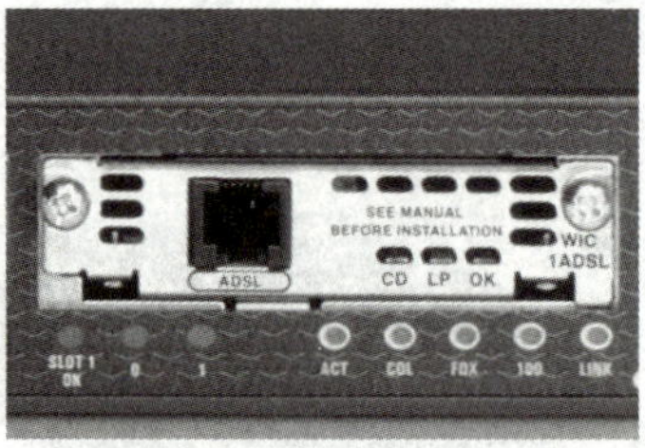

图 4-67 ADSL 接口

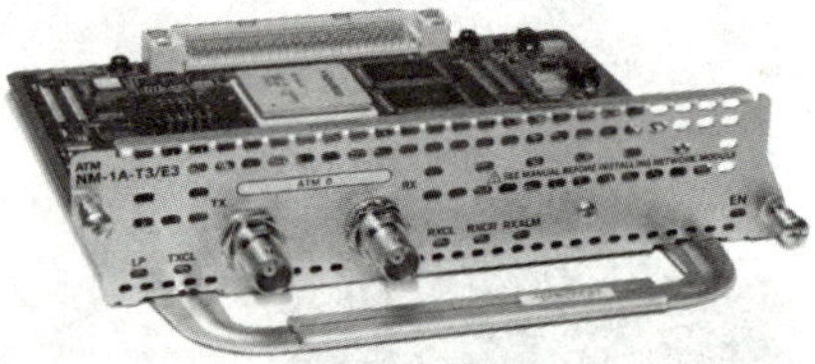

图 4-68 BNC 接口

任务评价

评价内容	评价标准	分值/分	自评	师评
10Base-T/100Base-TX/1 000Base-T 接口	准确识别并描述 10Base-T、100Base-TX、1 000Base-T 接口特性	10		
GBIC/SFP 插槽	阐述 GBIC 和 SFP 插槽的功能	10		
SC/LC 接口	掌握 SC 和 LC 光纤接口的特点、优势及适用场景	20		
T1/E1 接口	了解 T1/E1 接口的标准、传输速率	10		
智能串行接口	说明智能串行接口的技术特点	20		
异步/同步串口	区分异步串口和同步串口	20		
ADSL 和 BNC 接口	了解 ADSL 接口在宽带接入中的应用及 BNC 接口的特殊用途	10		
总分		100		

项 目 小 结

本项目详细介绍了线缆命名、跳线使用、交换机与路由器端口及模块类型，掌握了多种网络接口技术。通过本项目的学习，读者能够掌握线缆与接口的知识，为复杂网络环境的构建与维护奠定了坚实基础。

项 目 习 题

一、选择题

1. 电线电缆的命名中，“ZR”表示什么特性？（　　）

A. 绝缘层材质　　B. 燃烧特性
C. 额定电压等级　　D. 导体的标称截面

2. 下列哪个不是光缆形式的组成部分？（　　）

A. 光缆分类　　B. 加强构件
C. 传输速率　　D. 护套

3. 在网络设备之间使用跳线连接时，若要连接的是 1 000 Mb/s 端口，应使用哪种类型的双绞线跳线？（　　）

A. 超五类非屏蔽双绞线　　B. 五类屏蔽双绞线
C. 六类非屏蔽双绞线　　D. 三类双绞线

4. 交换机的哪种端口类型适用于高速设备之间的连接，并且抗电磁干扰能力强？（　　）

A. 双绞线端口　　B. 光纤端口
C. 插槽　　D. 复用端口

5. 路由器中，用于提供语音和传真接口的模块是？（　　）

A. NME　　B. VIC
C. HWIC　　D. PVDM

二、填空题

1. 线缆型号 YJV22/ZR-IKV 中，“________”表示绝缘层材质为交联聚乙烯。

2. 光缆的规格由________和________的有关规格组成。

3. 在组建网吧网络时，若选择两个不同的 ISP 进行接入，通常会采用________技术来实现负载均衡和自动链路备份。

三、简答题

1. 线缆命名规则中，产品结构描述的顺序是什么？

2. 解释什么是复用端口，并给出一个实际应用的例子。

3. 描述组建有盘网吧和无盘网吧在硬件和软件方面的主要区别。

4. 什么是 RAID 技术？它在无盘网吧中扮演什么角色？

5. 在网吧网络组建中，为什么需要考虑接入方式的选择？

四、项目实战

网吧局域网的组建

小明新到单位，参加的第一个工作是一个网吧局域网的组建，作为网络工程师助理，全程参与了本项目的工作，也对网络的规划、设计及组建有了清晰的认识。那么如何组建有盘网吧呢?

组建有盘网吧其实就是组建一个稍微大点的局域网，如拥有上百台机器的网吧。下面将从硬件和软件以及应用方面来为读者讲述如何组建有盘网吧。

设计思路

1. 硬件设备。

(1)网卡的安装。

(2)交换机和交换机的布置。

2. 软件设置。

(1)添加网络用户。

(2)配置网络协议。

(3)配置网络地址。

(4)设置工作组。

3. 应用设置。

4. 服务器的设置。

5. 路由器的设置。

项目 5　交换机配置基础

项目导读

在当今数字化快速发展的时代，网络已成为现代社会不可或缺的基础设施。交换机作为网络中的核心设备，其配置与管理对于保障网络稳定、高效运行至关重要。本项目将带领大家深入了解交换机的工作原理、分类、配置方法以及连接策略，并通过实践操作，掌握交换机的连接与测试技巧。

学习目标

知识目标

- 掌握交换机的工作原理及生成树协议的应用。
- 了解交换机的分类及选购要点，能够选择交换机。
- 熟练掌握交换机的基本配置方法，包括 MAC 表的配置。
- 掌握交换机光纤和双绞线端口的连接。

技能目标

- 能够连接交换机光纤和双绞线端口。
- 熟练进行不同性能交换机的连接。

素质目标

- 培养读者树立正确的世界观和价值观，增强社会责任感。
- 培养读者理解法治精神，遵守法律法规。

思政目标

- 培养读者在专业领域及生活里，逢山开路遇水架桥的创新和解决问题的能力。
- 引导读者树立长远发展眼光，增强节约、可持续发展的观念。

任务1　交换机的概述

任务描述

本任务将详细介绍交换机的工作原理、交换机用的协议和交换机的种类等。

任务分析

要完成此任务，首先需要深入理解并掌握电线电缆和光缆的详细命名规则。这包括电线电缆型号规格的构成、结构特征的表示方法，以及不同材料和结构的编码方式。同时，还需对光缆的形式、加强构件、结构特征、护套和外护层等各个组成部分的命名符号含义有清晰的认识。通过细致分析线缆命名中的每一个符号所代表的具体意义，如绝缘层、内护套、铠装形式、光纤类别及数量等，能够准确解读线缆的完整命名，并据此选择适合的线缆产品。

任务重点与实施

5.1.1　交换机的工作原理

交换机和路由器是几乎所有局域网络都要使用的基本设备。其中，交换机将其他网络设备(如交换机、路由器、网络防火墙、无线接入点)和所有终端设备(如计算机、服务器、网络摄像头、网络打印机)连接在一起，实现彼此之间的通信；路由器用于实现局域网之间，以及局域网与 Internet 的互连，将所有的网络连接在一起；可见，对于任何局域网络而言，交换机和路由器一个都不能少。

交换机

如果把网络布线系统比喻为一条条宽阔的道路，那么，网络交换机(switch)就像是一座座立交桥，将通往各个方向的道路汇连在一起，实现彼此之间的互连互通。无需红绿灯，无需等待，四通八达，任意驰骋……

要掌握交换机的基本工作原理，最重要的是要理解“共享”(share)和“交换”(switch)这两个概念。在计算机网络系统中，交换概念的提出是对共享工作模式的改进。在共享式网络中，当同一个局域网中的 A 主机向 B 主机传输数据时，数据包在网络上是以广播方式进行传输的，对网络上的所有节点同时发送同一信息，然后由每一台终端通过验证数据包头部的地址信息来确定是否接收该数据包。因为接收数据的终端节点一般来说只有一个，而现在对所有节点发送该数据包，那么绝大部分数据流量是无效的，这样就造成整个网络数据传输效率低下网络堵塞。另外，由于所发送的数据包每个节点都能侦听到，容易出现一些不安全的因素。

交换机拥有一条很高带宽的背部总线和内部交换矩阵。交换机的所有端口都挂接在这条背部总线上。当交换机从某一节点收到一个以太网帧后，将立即在其内存中的地址表(端口号-MAC 地址)进行查找，以确认该目的 MAC 的网卡连接在哪一个接口上，然后将该帧转发至相应的接口。如果在地址表中没有找到该 MAC 地址，也就是说，该目的 MAC 地址是首次出现的，交换机就将该数据包广播到所有节点上。拥有该 MAC 地址的网卡在接收到该广播帧后，将立即做出应答，从而使交换机将其节点的“MAC 地址”添加到 MAC 地址表中。

使用这种方式传输数据，一方面效率高，不会浪费网络资源，由于只对目的地址发送数据，一般来说不易产生网络堵塞；另一个方面数据传输安全，因为它不是对所有的节点都同时发送数据，在发送数据时其他节点很难侦听到所发送的信息。

交换机还有一个重要的特点就是，它的每一端口都是独享交换机的一部分总带宽，这样在速率上对于每个端口来说有了根本的保障。另外，使用交换机也可以把网络进行“分段”，通过对照地址表，交换机只允许必要的网络流量通过交换机，这就是后面将要介绍的 VLAN。通过交换机的过滤和转发，可以有效地隔离广播风暴，减少误包和错包的出现，避免共享冲突。这样交换机就可以在同一时刻进行多个节点对之间的数据传输，每一节点都可视为独立的网段，连接在它上面的网络设备独自享有固定的一部分带宽，无须同其他设备竞争使用带宽。

交换机的主要功能包括物理编址、网络拓扑结构、错误校验、帧序列以及流量控制。目前一些高档交换机还具备一些新的功能，如对 VLAN 的支持、对链路汇聚的支持，甚至有的还具有路由和防火墙功能。

交换机除了能够连接同一种类型的网络之外，还可以在不同类型的网络(如以太网和快速以太网)之间起到互联作用，当然这就必须要是多层交换机设备。目前许多交换机都能够提供支持快速以太网或 FDDI 等的高速连接端口，用于连接网络中的其他交换机或者为带宽占用量大的关键服务器提供附加带宽。

5.1.2 生成树协议

为了能够保证网络的正常运行，在网络中会再接入一台交换机作为冗余，如图 5-1 所示。图 5-1 的拓扑结构，主要目的是为了防止单点故障，但是同时也带来了几个问题。

1. 广播风暴

当服务器向网络中发送一个广播帧时，switch1 和 switch2 都会从网段 1 中收到此帧。switch1 收到帧后，由于是广播地址，所以也会泛洪出去的。switch2 又从网段 2 处收到此广播帧，这样就形成了一个广播帧不断地被泛洪。如果发送的帧多，就会造成整个网络的广播风暴。

2. 多个帧的复制问题

如果服务器发送一个单播帧时，那么交换机 MAC 表中无此地址，该单播帧会发给网段 2，与此同时，路由器也收到了一次帧，然而 switch2 在网段 2 中收到帧后，又会转发给路由器，于是路由器就重复接收到了两次帧。这对于一些路由协议计算路径来说，是个很严重的问题。

3. MAC 地址库不稳定

当一个单播帧发出，分别在 switch1 和 switch2 上被学习，switch1 学习到服务器连在 switch1 上的某个接口，而 switch2 也学习到了服务器连接在 switch2 上的某个接口，于是就使得 MAC 地址表出现错误，因为一个 MAC 地址不可能接在两个接口上。

由于冗余交换拓扑会形成环路，所以出现了 STP 技术来解决这个问题。STPX 称为生成树协议，它通过将其中一条环路暂时给封闭起来，让它处于休眠状态，等到主链路发生故障后，这条链路就会自动由休眠状态转为可用状态，如图 5-2 所示。

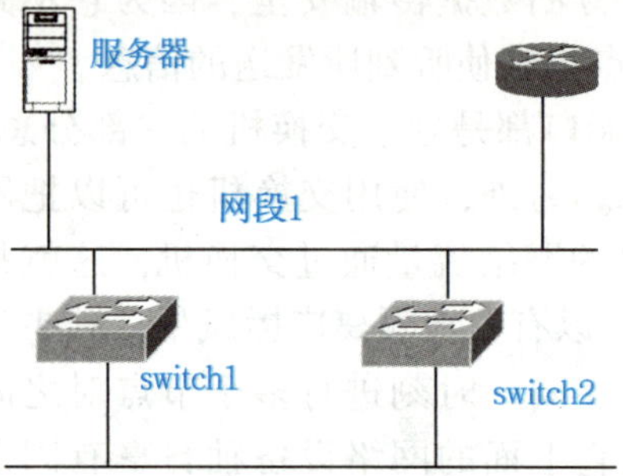

图 5-1　交换机冗余拓扑图

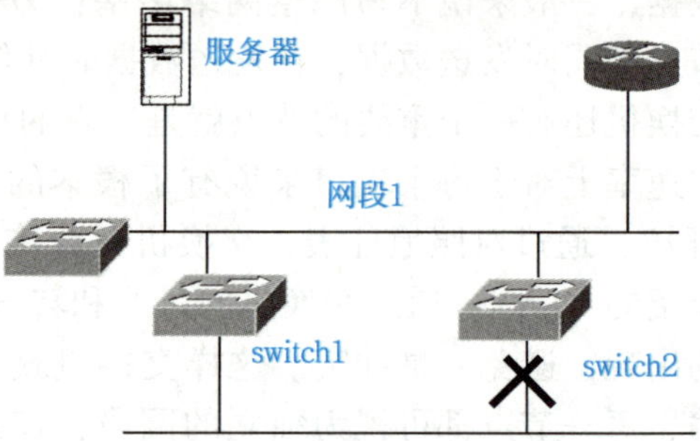

图 5-2　使用 STP 技术的冗余网络

5.1.3　交换机的分类

由于交换机具有许多优越性，随着网络技术的发展，出现了各种类型的交换机，满足了各种不同应用环境的需求。下面将简单介绍交换机的主流分类。

1. 根据网络覆盖范围划分

根据网络的覆盖范围进行划分，可以将交换机分为广域网交换机和局域网交换机两大类。

广域网交换机主要用于电信城域网互联、互联网接入等领域的广域网中，提供通信用的基础平台；局域网交换机应用于局域网，用于连接终端设备，如服务器、工作站、集线器、路由器、网络打印机等网络设备，以提供高速独立通信通道。

2. 根据传输介质和传输速度划分

根据交换机使用的网络传输介质及传输速度的不同，一般可以将局域网交换机分为以太网交换机、快速以太网交换机、千兆(G 位)以太网交换机、10 千兆(10 G 位)以太网交换机、FDDI 交换机、ATM 交换机和令牌环交换机等类型。

3. 根据交换机的端口结构划分

根据交换机的端口结构进行划分，交换机大致可分为固定端口交换机和模块化交换机两种不同的类型。其实还有一种是两者兼顾的交换机，那就是在提供基本固定端口的基础上再配备一定的扩展插槽或模块的交换机。

4. 根据交换机工作的协议层划分

网络设备都在OSI这一开放模型的一定层次上进行工作，工作所在的层次越高，说明其设备的技术性越高，性能也越好，档次也就越高。交换机也一样，随着交换技术的发展，交换机由原来在OSI的第2层工作，发展到了可以在第4层工作，所以，根据工作的协议层，交换机可分第2层交换机、第3层交换机和第4层交换机。

此外，根据交换机所应用的网络层次的不同，还可以将网络交换机划分为企业级交换机、校园网交换机、部门级交换机、工作组交换机和桌机型交换机五种。还可以按交换机是否支持网络管理功能进行划分，将交换机分为“网管型”和“非网管型”两大类。

5.1.4　交换机的选购

以上对交换机的几种主流分类方法逐个进行了简单介绍，读者对交换机的主要类型有了一个基本的了解，以下将介绍交换机的主要交换技术及选购注意事项。

1. 转发方式

数据包的转发方式主要分为“直通式转发”（现为准直通式转发）和“存储式转发”两种。由于直通式转发只需检查数据包的包头而不需要存储，所以切入方式具有延迟小和交换速度快的优点。存储转发方式在处理数据时延时大，但它可以对进入交换机的数据包进行错误检测，并且能支持不同速度的输入/输出端口间的交换，有效地改善网络性能。同时这种交换方式支持不同速度端口间的转换，保持高速端口和低速端口之间的协同工作。由于不同的转发方式适用于不同的网络环境，因此，应当根据需要作出相应的选择。

通常情况下，如果网络对数据的传输速率要求不是太高，可以选择存储转发式交换机；如果网络对数据的传输速率要求较高，可选择直通转发式交换机。

低端交换机通常只拥有一种转发模式，或是存储转发模式，或是直通模式，只有中高端产品才兼具两种转发模式，并具有智能转换功能，可根据通信状况自动切换转发模式。

2. 延时

交换机的延时（latency）也称延迟时间，是指从交换机接收到数据包到开始向目的端口发送数据包之间的时间间隔。造成延时的主要原因是受所采用的转发技术等因素的影响。延时越小，数据的传输速率越快，网络的效率就越高。特别是对于多媒体网络而言，较大的时间延迟，往往会导致多媒体在播放时短暂中断，所以交换机的延迟时间越小越好，但是，延时越小的交换机价格也就越贵。

3. 管理功能

交换机的管理功能（management）是指交换机如何控制用户访问交换机，以及系统管理人员通过软件对交换机的可管理程度如何。如果需要以上的配置和管理，则需选择网管型交换机，否则只需选择非网管型的。

4. MAC地址数

交换机之所以能够直接对目的节点发送数据包，最关键的技术就是交换机可以识别连在网络上的节点的网卡 MAC 地址，形成一个 MAC 地址表。这个 MAC 地址表存放在交换机的缓存中，当交换机需要向目的地址发送数据时，就可以在 MAC 地址表中查找到这个 MAC 地址的节点位置，然后直接向这个位置的节点发送数据。

不同档次的交换机每个端口所能够支持的 MAC 数量不同。在交换机的每个端口，都需要足够的缓存来保存这些 MAC 地址，所以缓存容量的大小就决定了相应交换机所能记忆的 MAC 地址的数量。

5. 背板带宽

在选购交换机时，应该注意交换机背板带宽。背板带宽越宽越好，它将为用户的交换器在高负荷下提供高速交换。由于所有端口之间的通信都需要通过背板完成，所以背板所能够提供的带宽就成为端口间并发通信时的总带宽。带宽越大，能够给各个通信端口提供的可用带宽就越大，数据交换速度就越快；带宽越小，能够给各个通信端口提供的可用带宽就越小，数据交换速度也就越慢。因此，在端口带宽和延迟时间相同的情况下，背板带宽越大，交换机的传输速率就越快。

6. 交换机的协议功能

第 4 层交换技术相对原来的第 2 层和第 3 层交换技术具有明显的优点，从操作方面来看，第 4 层交换是稳定的，因为它将包控制在从源头端到宿主端的区间中。另外，路由器和第 3 层交换，只针对单一的数据包进行处理，不清楚上一个数据包从哪里来、也不知道下一个数据包的情况，只是检测数据包报头中的 TCP 端口数字，根据应用建立优先级队列，路由器根据链路和网络可用的节点决定数据包的路由；而第 4 层交换机则是在可用的服务器和性能基础上先确定区间。

7. 端口

交换机与集线器一样，也有端口带宽之分，但这里所指的带宽与集线器的端口带宽不一样，因为交换机的端口带宽是独享的，而集线器上端口的带宽是共享的。交换机的端口带宽目前主要包括 10 M，100 M 和 1 000 M 这三种，现在高端的交换机端口甚至达到 10 G，但根据这些带宽又有不同的组合形式，以满足不同类型网络的需要。

8. 光纤解决方案

如果用户的布线中必须选用光纤，则在交换机选择方案中可以有以下两种方案：第一种方案是选择具有光纤接口的交换机，第二种方案是在模块结构的交换机中加装光纤模块。第一种性能比较好，但不够灵活，而且价格较贵；第二种方案具有较强的灵活配置能力，性能也较好，但价格较贵。

5.1.5 交换机的品牌

目前，市场上流行的交换机有华为、Ciscc、3COM、D-LINK，TP-LINK 等品牌。每种品牌的交换机都可以使用在不同的环境下。D-LINK、TP-LINK 的交换机是智能型交换机，也就是说只需将网线插到交换机上的接口上即可。而 Cisco、3COM 和华为的交换机则不是简简单单将网线插到其接口上，还需要在其中进行配置。目前，中大型网络多数使用 Cisco，3COM 和华为的交换机。两类交换机是否需要配置的区别在于，在一个小的网络里，工作站的台数不多，流量自然也就不大，这种情况下，无须对其流量进行规划；然而在中大型网络中，工作站的台数众多，流量很大，而带宽资源有限，在这种情况下，就必须合理地规划流量，特别是在一个拥有语音、视频等数据需要传输的网络，因为这些数据是实时性的，必须要求很小的延迟，当流量没有经过规划，都是满足 FIFO 的默认传输流量的方式，就会使得这些语音、视频数据无法得到很好的传输。

任务评价

评价内容	评价标准	分值/分	自评	师评
交换机的工作原理	掌握交换机的工作原理	10		
生成树协议	掌握生成树协议内容和作用	20		
交换机的分类	了解交换机的分类	20		
交换机的选购	了解交换机选购要点	20		
交换机的品牌	能够选择适合的交换机	30		
总分		100		

任务2　交换机的基本配置

任务描述

交换机的配置模式有许多，主要包括用户配置模式、特权模式、全局配置模式、端口配置模式和 VLAN 配置模式等。

任务分析

要完成此任务，需要先熟悉交换机的配置模式及基本配置命令。

任务重点与实施

5.2.1 配置方法

管理网络设备可以简单地分为带外管理(out-of-band)、带内管理(in-band)两种方式。所谓带内管理，是指管理控制信息与用户网络的承载业务信息通过同一个物理信道传送，管理控制信息占用业务带宽，常用的方法有 Telnet，SSH，TFTP，Web，SNMP 等；所谓带外管理，就是网络的管理控制信息与用户网络的承载业务信息在不同的物理信道传送，设备管理控制信息不占用提供业务带宽，常用方法是 CON 和 AUX。

如何通过 Console 口登录网络设备

1. CON

网络设备一般有一个用于管理的 Console 口，通过 Console 口管理是最常用的带外管理方式，管理员在首次配置网络设备，或者在无法进行带内管理时必须使用这种管理方式。其方法是通过 Console 专用电缆，连接网络设备的 Console 端口与计算机的串口(COM)，利用终端仿真软件(如 Windows 的超级终端)来管理网络设备。

2. Telnet 和 SSH

远程登录是日常管理网络设备最常用的方法，其方法是使用 Telnet、SSH 等网络工具远程登录到网络设备中，对其进行配置和管理，如图 5-3 所示。

配置交换机远程登录

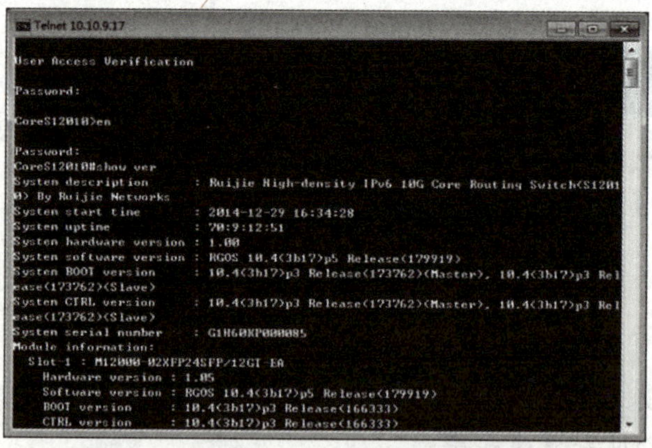

图 5-3 利用 Telnet 远程管理网络设备

使用 CON、Telnet 或 SSH 管理网络设备时，都是使用类似于 DOS 操作系统下的命令，因此将这种配置界面称为命令行界面(command line interface，CLI)，它与图形化界面(graphic user interface，GUI)相对应，CLI 由 Shell 程序提供，由一系列的配置命令组成的，根据这些命令在配置管理网络设备时所起的作用不同，Shell 将这些命令分类，不同类别的命令对应着不同的配置模式。

3. TFTP

TFTP 是一种小型化 FTP 服务器，管理员可以从 TFTP 服务器下载网络设备的配置信息，从而达到配置和管理网络设备的目的。TFTP 服务器可以运行在 UNIX 工作站或者 PC 工作站。

4. SNMP

SNMP 是简单网络管理协议，通过运行网管软件(如 Cisco Works)的工作站来管理网络设备。

5. AUX

这些网络设备(如路由器)，还可通过辅助(auxiliary，AUX)端口连接 modem，让管理员通过电话网与网络设备通信，进行远程配置。

6. Web

现在越来越多的网络设备支持通过 Web 方式进行配置和管理，其方法是在网络设备中启用 Web 服务，管理员利用 Web 浏览器连接到网络设备，在图形化界面(GUI)中管理网络设备。与 CLI 方式相比，这种配置方式更容易操作，也不需要记太多的命令。

7. 通过 Console 口配置网络设备

在网络设备的各种配置模式中，通过 Console 口配置是最常用的一种配置模式，也是最基本的配置模式。由于 Telnet，SSH，TFTP，SNMP，Web 配置模式都需要预先对网络设备进行相应的配置才能生效，而通过 AUX 口配置模式需要连接 modem。所以，当第一次对网络设备进行配置时，通过 Console 口配置就是必然的选择。只有先通过 Console 口对网络设备进行配置，才能使用其他的配置方法。下面详细介绍通过 Console 口配置网络设备的过程。

步骤 01 连接 Console 电缆。利用随机附带的 Console 电缆，连接网络设备 Console 端口和 PC 的 COM 口，如图 5-4 所示。如果管理 PC(如笔记本电脑)没有 COM 口，可以在电脑配件市场上购买一根 USB 转 COM 口线缆，并安装该电缆的驱动程序，使用 USB 口连接网络设备 Console 端口。

图 5-4 Console 端口

步骤 02 打开超级终端。打开交换机电源，在已安装“超级终端”的 Windows(以 Windows XP 为例)主机上，依次执行【开始】>【所有程序】→【附件】→【通信】-【超级终端】菜单命令，在打开的【连接描述】对话框，为该超级终端连接指定一个连接名称并选择个连接图标，单击【确定】按钮，如图5-5所示。

步骤 03 选择PC中使用的端口号。在【连接到】对话框中，在【连接时使用】下拉列表中选择使用PC的COM端口号，单击【确定】按钮，如图5-6所示。

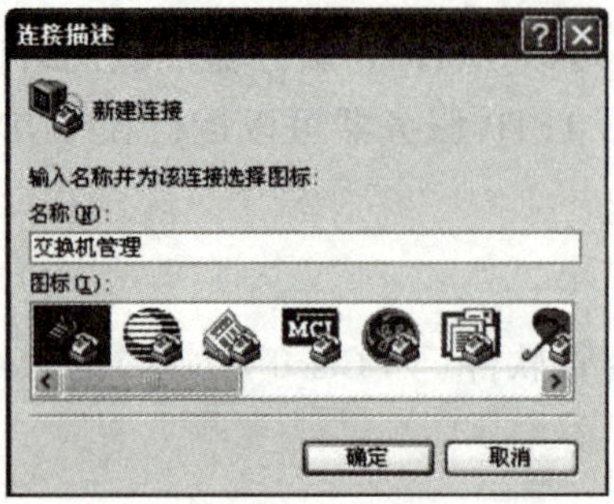

图5-5 【连接描述】对话框

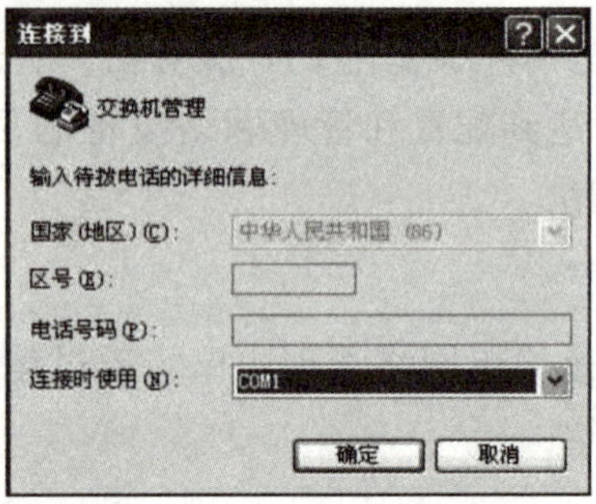

图5-6 【连接到】对话框

步骤 04 设置超级终端属性。在打开的【COM1 属性】对话框中，单击【还原为默认值】按钮，将【每秒位数】设置为9 600，【数据位】设置为8，【奇偶校验】设置为“无”【停止位】设置为1，【数据流控制】设置为“无”，设置完毕后，单击【确定】按钮，如图5-7所示。需要说明点，这里设置的参数适用于大多数网络设备，如果这个参数不能连接到网络设备，请参阅设备随机说明书，修改相关参数。

步骤 05 步骤05 进入配置命令行模式。当完成超级终端仿真软件的配置后，主机就可以通过Console连接上网络设备，使用CLI方式配置和管理网络设备了。如果网络设备正常启动，直接按Enter键，进入用户命令模式，如图5-8所示。

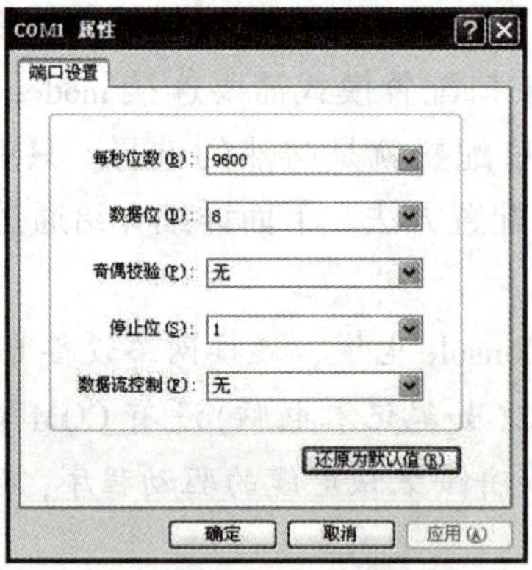

图5-7 【COM1 属性】对话框

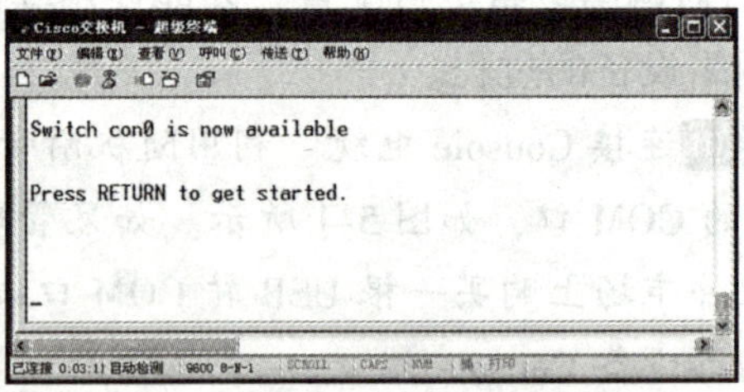

图5-8 超级终端

5.2.2 主要配置基础

配置基础主要包括熟悉命令行、如何登录设备、文件操作、系统启动等功能的配置。

1. 熟悉命令行

用户通过命令行对设备下发各种命令来实现对设备的配置与日常维护操作。

2. 首次登录系统

当用户需要为第一次上电的设备进行配置时，可以通过 Console 口或 Mini-USB 口登录设备。Mini-USB 口目前只有部分设备支持。

一块主控板提供一个 Console 口(接口类型为 EIA/TIA-232 DCE)和 Mini-USB 口。通过将用户终端的串行口与设备 Console 口直接连接，或者将用户终端的 USB 口与设备 Mini-USB 口直接连接，登录设备，实现对设备的本地配置。

3. 通过 Console 口登录设备

PC 端通过设备的 Console 口登录，实现对第一次上电的设备进行基本配置和管理。在配置前需准备好 Console 通信电缆和在 PC 端准备好终端仿真软件。如果 PC 使用系统自带的终端仿真软件(如 Windows 2000/XP 系统的超级终端)，则无须另行准备；如果系统不带终端仿真软件，请准备第三方终端仿真软件。

PC 端可能会存在多个连接接口，选择的是连接 Console 线缆的那个接口。一般情况下，选择的接口是 COM1。如果用户 PC 没有可用串口，可以使用 PC 的 USB 口，通过转接线与设备的 Console 口连接。

4. 配置用户界面

当用户通过 Console、Telnet 或 SSH 方式登录设备时，系统会分配相应的用户界面，用来管理当前用户与设备之间的会话。

目前设备支持的用户界面有 Console 用户界面和虚拟类型终端(virtual teletype terminal, VTY)用户界面。每个用户界面有对应的用户界面视图。用户界面(User-Interface)视图是系统提供的种命令行视图，用来配置和管理所有工作在异步交互方式下的物理接口和逻辑接口，从而达到统一管理各种用户界面的目的。

用户界面与用户并没有固定的对应关系。用户登录时，系统会根据用户的登录方式，自动给用户分配一个当前空闲的、编号最小的某类型的用户界面，整个登录过程将受该用户界面视图下配置的约束。例如用户 A 使用 Console 口登录设备时，将受到 Console 用户界面视图下配置的约束，当使用 VTY1 登录设备时，将受到 VTY1 用户界面视图下配置的约束。同一用户登录的方式不同，分配的用户界面不同；同一用户登录的时间不同，分配的用户界面可能不同。

(1) Console(CON)

控制口(Console port)是一种通信串行口，由设备的主控板提供。一块主控板提供一个 Console 口，接口类型为 EIA/TIA-232 DCE。用户终端的串行口可以与设备 Console 口直接连接，实现对设备的本地访问。

(2) 虚拟类型终端(VTY)

VTY 是一种虚拟线路端口，用户通过终端与设备建立 Telnet 或安全外壳 SSH 连接后，即建立了一条 VTY，即用户可以通过 VTY 方式登录设备。支持多个用户同时通过 VTY 方式访问设备，一般不超过 15 个。

5. 配置用户登录

用户可以通过 Console 口、Telnet、STelnet 或者 Web 方式登录设备，实现对设备的本地或远程维护。设备作为服务端时，用户可以通过 Console 口、Telnet，STelnet 或者 Web 方式登录本设备。设备作为客户端时，可以从本设备通过 Telnet 或 STelnet 方式来登录其他设备。

用户对设备的管理方式有命令行方式和 Web 网管方式。

命令行方式：通过 Console 口、Telnet 或 STelnet 方式登录设备后，使用设备提供的命令行对设备进行管理和配置。此种方式需要配置相应登录方式的用户界面。常用的用户登录方式如表 5-1 所示。

表 5-1 常用的用户登录方式

登录设备方式	优点	缺点	应用场景
Console 口登录	使用专门的 Console 通信线缆连接，保证可以对设备有效控制	不能远程登录维护设备	当对设备进行第一次配置时，可以通过 Console 口登录设备进行配置； 当用户无法远程登录设备时，可通过 Console 口进行本地登录； 当设备无法启动时，可通过 Console 口进入 Boot 进行诊断或系统升级
Telnet 登录	便于对设备进行远程管理和维护，不需要为每一台设备都连接一个终端，极大地方便了用户的操作	传输过程采用 TCP 协议进行明文传输，存在安全隐患	终端连接到网络上，使用 Telnet 方式登录设备，进行本地或远程的配置，应用在对安全性要求不高的网络
STelnet 登录	STelnet 协议实现在不安全网络上提供安全的远程登录，保证了数据的完整性和可靠性，保证了数据的安全传输	配置较复杂	如果网络对于安全性要求较高，可以通过 STelnet 方式登录设备。STelnet 基于 SSH 协议，提供安全的信息保障和强大认证功能，保护设备不受 IP 欺骗等攻击

Web 网管方式：通过 HTTPS 方式登录设备，设备内置一个 Web 服务器，用户从终端通过 Web 浏览器登录到设备，使用设备提供的图形界面，从而非常直观地管理和维护设备。此种方式必须确保设备上已经加载了 Web 网页文件。Web 网管方式虽然是通过图形界面直观地管理设备，便于用户操作，但提供的是对设备日常维护及管理的基本功能，如果需要对设备进行较复杂或精细的管理，仍然需要使用命令行方式。

6. 文件管理

配置文件、系统软件等文件都保存在设备的存储器中，可通过多种方式实现对存储器中的文件进行管理，同时也可以将当前设备作为客户端，通过多种方式实现对其他设备的文件进行访问。

用户可以通过直接登录系统、FTP、TFTP、SFTP、SCP 和 FTPS 方式进行文件操作，实现对文件的管理，如表 5-2 所示。

表 5-2　文件的管理

文件管理方式	应用场景	优点	缺点
直接登录系统	通过 Console 口、Telnet 或 STelnet 方式登录设备，对存储器、目录和文件进行管理。特别是对存储器的操作需要通过此种方式	对存储器、目录和文件的管理直接通过登录设备完成，方便快捷；在通过 Console 本地登录时，可通过 xmodemget 命令从终端向设备传输文件	Telnet 或 STelnet 方式登录，只能对本设备进行文件操作，无法进行文件传输
FTP	适用于对网络安全性要求不是很高的文件传输场景中，广泛用于版本升级等业务中	配置较简单，支持文件传输及文件目录的操作； FTP 可以在两个不同文件系统主机之间传输文件； 具有授权和认证功能	明文传输数据，存在安全隐患
TFTP	在网络条件良好的实验室局域网中，可以使用 TFTP 进行版本的在线加载和升级。适用于客户端和服务器之间，不需要复杂交互的环境	TFTP 所占的内存要比 FTP 小	设备只支持 TFTP 客户端功能； TFTP 只支持文件传输，不支持交互； TFTP 没有授权和认证，而且是明文传输数据，存在安全隐患，易于网络病毒传输及被黑客攻击
SFTP	适用于网络安全性要求高的场景，目前被广泛用于日志下载、配置文件备份等业务中	数据进行了严格加密和完整性保护，安全性高； 支持文件传输及文件目录的操作； 在设备上可以同时配置 SFTP 功能和普通 FTP 功能（这一点与 FTPS 方式相比：FTPS 是不可以同时提供 FTPS 和普通 FTP 功能的）	配置较复杂
SCP	适用于网络安全性要求高，且文件上传下载效率高的场景	数据进行了严格加密和完整性保护，安全性高； 客户端与服务器连接的同时完成文件的上传下载操作（即连接和拷贝操作使用一条命令完成），效率较高	配置较复杂（与 SFTP 方式的配置非常类似），且不支持交互
FTPS	适用于网络安全性要求高，且不提供普通 FTP 功能的场景	利用数据加密、身份验证和消息完整性验证机制，为基于 TCP 可靠连接的应用层协议提供安全性保证	配置较复杂，需要预先从 CA 处获得一套证书。若配置 FTPS 服务，则普通的 FTP 服务功能必须关闭

7. 配置系统启动

设备启动时将会启动系统软件和加载配置文件，有效地管理系统软件和配置文件可以保证设备正常启动。其中系统软件是设备启动、运行的必备软件，为整个设备提供支撑、管理、业务等功能，配置文件是命令行的集合。

用户可以进行保存配置文件、比较配置文件、备份配置文件、恢复及清除配置文件等操作。

配置系统启动文件包括指定系统启动用的系统软件和配置文件，这样可以保证设备在下一次启动时以指定的系统软件启动及以指定的配置文件初始化配置。如果系统启动时还需要加载新的补丁，则还需指定补丁文件。

5.2.3 交换机的 MAC 表

交换机的 MAC 表

1. MAC 地址

媒体访问控制(MAC)地址用来定义网络设备的位置。MAC 地址由 48 比特长、12 位的十六进制数字组成，0 ~ 23 位是厂商向 IETF 等机构申请用来标识厂商的代码，24 ~ 47 位由厂商自行分派，是各个厂商制造的所有网卡的一个唯一编号。

MAC 地址可以分为三种类型。

(1)物理 MAC 地址：这种类型的 MAC 地址唯一地标识了以太网上的一个终端，该地址为全球唯一的硬件地址。

(2)广播 MAC 地址：全 1 的 MAC 地址为广播地址(FF-FF-FF-FF-FF-FF)，用来表示 LAN 上的所有终端设备。

(3)组播 MAC 地址：除广播地址外，第 8 位为 1 的 MAC 地址为组播 MAC 地址(如 01-00-00-00-00-00)，用来代表 LAN 上的一组终端。

2. MAC 地址表

设备内有一张 MAC 地址表，简称 MAC 表。MAC 表记录了相连设备的 MAC 地址、接口号以及所属的 VLAN ID 之间的对应关系。在转发数据时，路由设备根据报文中的目的 MAC 地址和 VLAN ID 查询 MAC 地址表，快速定位出接口，从而减少广播。

3. MAC 地址表转发

设备在转发报文时，根据 MAC 地址表项信息，会采取以下两种转发方式。

① 单播方式：当 MAC 地址表中包含与报文目的 MAC 地址对应的表项时，设备直接将报文向该表项中的转发接口发送。

② 广播方式：当设备收到的报文为广播报文、组播报文或 MAC 地址表中没有包含对应报文目的 MAC 地址的表项时，设备将采取广播方式将报文向除接收接口外同 VLAN 内的所有接口转发。

4. MAC 地址表分类

MAC 地址表项分为：动态表项、静态表项和黑洞表项。

动态表项由接口通过源 MAC 地址学习获得，表项有老化时间。为适应网络的变化，MAC 表需要不断更新。MAC 表中自动生成的表项(即动态表项)并非永远有效，每一条表项都有一个生存周期，到达生存周期仍得不到刷新的表项将被删除，这个生存周期被称为老化时间。如果在到达生存周期前记录被刷新，则该表项的老化时间重新计算。

静态表项由用户手工配置，并下发到各接口板，表项不老化。

黑洞表项用于指示丢弃含有特定源 MAC 地址或目的 MAC 地址的数据帧，由用户手工配置，并下发到各接口板，表项不老化。

在系统复位、接口板热插拔或接口板复位后，动态表项会丢失，而保存的静态表项和黑洞表项不会丢失。

5.2.4　交换机的 VLAN 技术

1. VLAN

VLAN 是将一个物理的 LAN 在逻辑上划分成多个广播域的通信技术。VLAN 内的主机间可以直接通信，而 VLAN 间不能直接互通，从而将广播报文限制在一个 VLAN 内。

交换机的 VLAN 技术

2. VLAN 的目的

以太网是一种基于带有冲突检测的载波侦听多路存取(CSMA/CD)的共享通信介质的数据网络通信技术。当主机数目较多时会导致冲突严重、广播泛滥、性能显著下降甚至造成网络不可用等问题。通过交换机实现 LAN 互联虽然可以解决冲突严重的问题，但仍然不能隔离广播报文和提升网络质量。

在这种情况下出现了 VLAN 技术，这种技术可以把一个 LAN 划分成多个逻辑的 VLAN，每个 VLAN 是一个广播域，VLAN 内的主机间通信就和在一个 LAN 内一样，而 VLAN 间则不能直接互通，这样，广播报文就被限制在一个 VLAN 内。

3. VLAN 的作用

① 限制广播域：广播域被限制在一个 VLAN 内，节省了带宽，提高了网络处理能力。

② 增强局域网的安全性：不同 VLAN 内的报文在传输时是相互隔离的，即一个 VLAN 内的用户不能和其他 VLAN 内的用户直接通信。

③ 提高了网络的健壮性：故障被限制在一个 VLAN 内，本 VLAN 内的故障不会影响其他 VLAN 的正常工作。

④ 灵活构建虚拟工作组：用 VLAN 可以划分不同的用户到不同的工作组，同一工作组的用户也不必局限于某一固定的物理范围，网络构建和维护更方便灵活。

4. VLAN 的帧格式

VLAN 帧格式对传统的 Ethernet 帧格式进行了修改，在源 MAC 地址字段和协议类型字段之间加入4个字节的802.1Q Tag，如图5-9所示。

字节长度	6	6	4	2	46~1 500	4
内容	目的地址	源地址	802.1Q Tag	类型	数据	FCS

图5-9　VLAN帧格式

802.1Q Tag包含4个字段，各字段解释如表5-3所示。

表5-3　802.1Q Tag各字段含义

字段	长度	名称	解释
TPID	2 b	标签协议标识符(Tag Protocol Identifier)，表示帧类型	取值为0x8100时表示802.1Q Tag帧 如果不支持802.1Q的设备收到这样的帧，会将其丢弃
PRI	3 b	优先级(priority)，表示帧的优先级	取值范围为0~7，值越大优先级越高 用于当交换机阻塞时，优先发送优先级高的数据帧
CFI	1 b	标准格式指示位(Canonical Format Indicator)，表示MAC地址是否是经典格式	CFI为0说明是经典格式，CFI为1表示为非经典格式。用于兼容以太网和令牌环网。在以太网中，CFI的值为0
VID	12 b	VLAN ID，表示该帧所属的VLAN	VLAN ID的取值范围是0~4 095。由于0和4 095为协议保留取值，所以VLANID的有效取值范围是1~4 094

5. VLAN链路类型

VLAN中有以下两种链路类型。

接入链路(access link)：用于连接用户主机和交换机的链路。通常情况下，主机并不需要知道自己属于哪个VLAN，主机硬件通常也不能识别带有VLAN标记的帧，主机发出的是untagged报文。因此，主机发送和接收的帧都是untagged帧。

干道链路(trunk link)：用于交换机间的互连或交换机与路由器之间的连接。干道链路可以承载多个不同的VLAN数据，数据帧在干道链路传输时，干道链路的两端设备需要能够识别数据帧属于哪个VLAN，所以在干道链路上传输的帧都是tagged帧。

6. VLAN接口类型

根据对VLAN帧的识别情况，将接口分为四类。

(1) Access接口

Access接口是交换机上用来连接用户主机的接口，它只能连接接入链路。仅仅允许唯一的VLAN ID通过本接口，这个VLAN ID与接口的缺省VLAN ID相同，Access接口发往对端设备的以太网帧永远是不带标签的帧。

(2) Trunk 接口

Trunk 接口是交换机上用来和其他交换机连接的接口，它只能连接干道链路，允许多个 VLAN 的帧(带 Tag 标记)通过。

(3) Hybrid 接口

Hybrid 接口是交换机上既可以连接用户主机，又可以连接其他交换机的接口。

Hybrid 接口既可以连接接入链路又可以连接干道链路。Hybrid 接口允许多个 VLAN 的帧通过，并可以在出接口方向将某些 VLAN 帧的 Tag 剥掉。

(4) Qin Q 接口

Qin Q(802. 1Q-in-802. 1Q)接口是使用 Qin Q 协议的接口。Qin Q 接口可以给帧加上双重 Tag，即在原来 Tag 的基础上，给帧加上一个新的 Tag，从而可以支持多达 4 094×4 094 个 VLAN，满足网络对 VLAN 数量的需求。

7. VLAN 划分

创建并划分 VLAN，将没有互通需求的用户进行隔离，增强网络的安全性、减少广播流量，同时也减少了广播风暴的产生。主要有基于接口划分 VLAN(静态配置链路类型)、基于接口划分 VLAN、基于 MAC 地址划分 VLAN、基于子网划分 VLAN、基于策略划分 VLAN 等方式。

缺省情况下，缺省 VLAN 是 VLAN 1。

一般步骤为需要先创建 VLAN、配置接口的类型，然后将 VLAN 和接口关联。以国产锐捷 RG-S2928G 交换机为例，简单做以下介绍。

操作步骤如下。

步骤 01 执行命令 enable，从用户模式切换到用户模式。

步骤 02 通过执行 configure terminal 进入全局配置模式。

步骤 03 执行命令 vlan vlan-id，创建 VLAN 并进入 VLAN 配置模式。

步骤 04 执行命令 exit，返回全局配置模式。

步骤 05 配置以太网接口属性。

缺省情况下，接口的链路类型是 access，且隶属于 VLAN 1。

执行命令 interface interface-type interface-number，进入需要加入 VLAN 的以太网接口配置模式。

执行命令 switchport link-type vlan vlan id，配置以太网接口的链路类型及所属 VLAN。

access，trunk，hybrid 等几种类型，如果以太网接口直接与终端连接，该接口类型一般是 access 类型或 hybrid。

如果以太网接口与另一台交换机设备的接口连接，该接口类型可以是 trunk 类型，也可使用 hybrid。

任务评价

评价内容	评价标准	分值/分	自评	师评
配置方法	熟悉交换机的配置模式	5		
	区分带内管理和带外管理	10		
主要配置基础	熟练掌握交换机的基本配置命令	20		
	掌握常用的用户登录方式	20		
交换机 MAC 表	熟练掌握 MAC 表的配置	5		
交换机 VLAN 技术	了解 VLAN 的作用	10		
	了解 VLAN 如何提高网络的安全性和效率	10		
	熟悉 802.1Q Tag 各字段含义	20		
总分		100		

任务 3　交换机的连接策略

任务描述

不同性能、不同类型交换机之间的连接是有技巧的，不同的排列组合所得到的最终结果会完全不同。

任务分析

要完成此任务，首先需要系统学习并理解交换机性能差异及其在网络中的角色定位。这包括识别核心层、汇聚层与接入层交换机，以及各自的功能与性能要求。其次需深入探索非对称与对称网络结构的构建原理，理解如何通过合理的端口配置与连接策略，优化网络流量，避免瓶颈，提升整体网络效率。最后还需考虑实际应用场景中的特殊需求，如服务器的高带宽连接需求、不同子网间的数据交换需求等，以制定最适合的交换机连接策略。

任务重点与实施

5.3.1 不同性能交换机的连接策略

从交换机背板带宽和转发速率上看，交换机之间的性能区别很大。性能最高的交换机(通常是三层交换机)作为核心层交换机(或核心层交换机)位于网络的中心位置，用于实现整个网络中不同子网之间的数据交换；性能稍逊的交换机(可以是三层交换机)作为汇聚层交换机，用于实现某一网络子网内数据之间的交换；性能最差的交换机作为接入层交换机，用于直接连接至桌面计算机，为用户直接提供网络接入，如图 5-10 所示。例如，Cisco Catalyst 4506 作为核心层交换机，Catalyst 3750 或 Catalyst 4900 作为汇聚层交换机，Catalyst 2960 或 Catalyst 3560 作为接入层交换机。

5.3.2 不对称交换机的连接策略

不对称网络是指由不对称交换机构建的网络。通常情况下，高速端口用于连接其他交换机或服务器，而低速率端口则用于直接连接计算机或集线器。该连接方式同时解决了设备之间以及服务器与设备之间的连接瓶颈，充分考虑了服务器的特殊地位，通过增加服务器连接带宽，可有效地防止服务器端口拥塞的问题，同时，由于交换机之间通过高速端口通信，可使网络内所有的计算机都平等地享有对服务器的访问权限。

例如，当 Cisco Catalyst 2960 交换机相互连接时，应当使用其 1 000 Mb/s 端口。而与普通计算机的连接，则使用 100 Mb/s 端口(图 5-11)。从而保证连接至不同交换机的计算机之间的通信畅通，不会在交换机之间产生传输瓶颈。

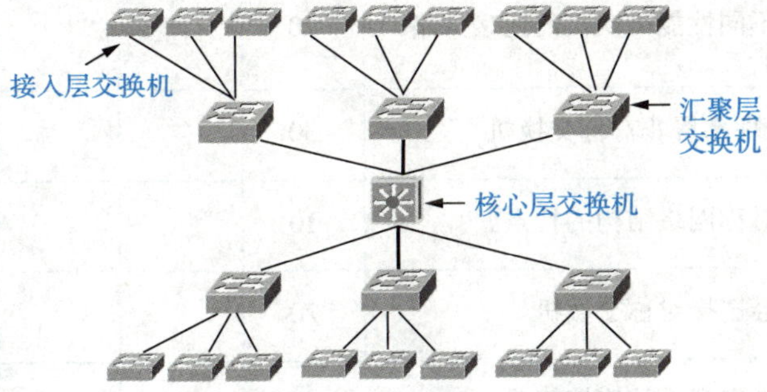

图 5-10 高性能交换机作为网络核心

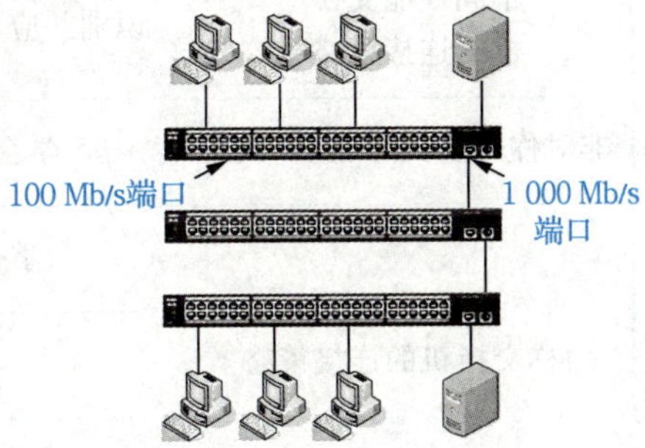

图 5-11 高速端口互连

同样，当 Cisco Catalyst 2960 接入交换机连接至 Cisco Catalyst 3750 汇聚层交换机时，也应当使用其 1 000 Mb/s 端口(图 5-12)，以保证所连接的计算机能够实现对网络骨干的高速访问。

5.3.3 对称交换机的连接策略

对称网络是指由对称交换机构建的网络。

对称网络的连接策略非常简单，就是选择其中一台交换机作为核心层交换机，然后将其他所有被频繁访问的设备，如其他交换机、服务器、打印机等，都连接至该交换机，而其他设备则连接至其他交换机(图 5-13)。由于所有端口只需一次交换即可实现与频繁访问的设备的连接，因此大幅度提高了网络传输效率。需要注意的是，在该拓扑结构中，对核心层交换机性能的要求比较高。如果核心层交换机的背板带宽和转发速率较差，那么将会影响整个网络的通信效率。

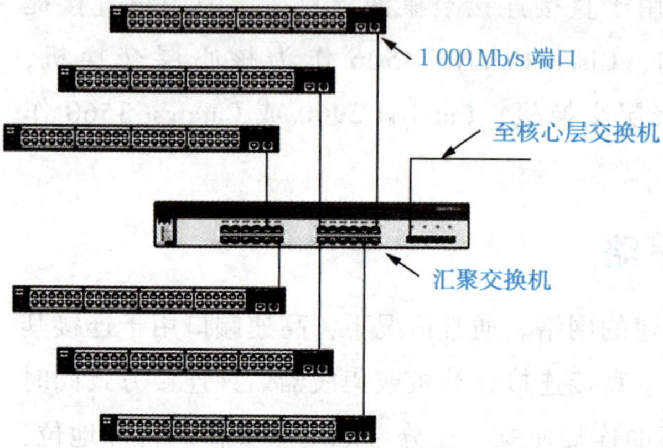

图 5-12 高速端口向上级联

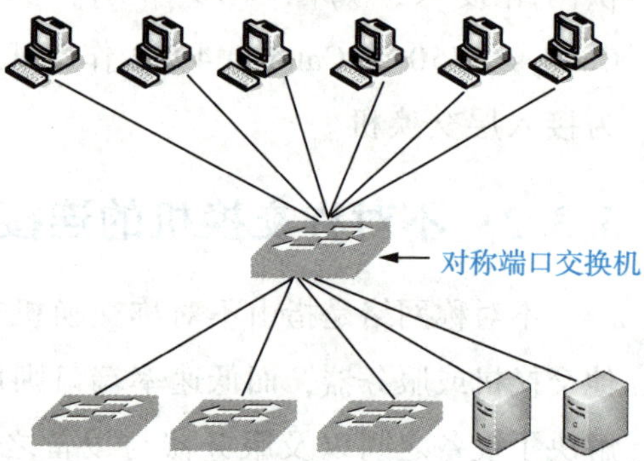

图 5-13 对称交换机之间的连接方式

任务评价

评价内容	评价标准	分值/分	自评	师评
不同性能交换机的连接策略	识别并应用不同性能交换机的连接策略	20		
非对称交换机的连接策略	学会合理部署非对称交换机	30		
对称交换机的连接策略	掌握对称网络结构的特点	10		
	学会选择对称交换机	20		
	学会制定高效的连接策略	20		
总分		100		

任务 4 交换机的连接

任务描述

交换机之间的连接除了使用双绞线，就是使用光纤。当然，超五类双绞线和六类双绞线只是性能上的不同，并没有使用时的差别。光纤链路则有所不同，单模光纤和多模光纤千万不能混用，否则光纤端口之间将无法通信。本任务聚焦于交换机之间连接技术的掌握，包括光纤端口和双绞线端口的连接方法。

任务分析

要完成此任务，首先需要深入理解光纤与双绞线在交换机连接中的不同应用场景及其技术特点。光纤连接以其高带宽、长距离传输的优势，在核心层与汇聚层交换机之间扮演着重要角色。而双绞线连接则因其成本较低、易于部署，广泛应用于接入层交换机及桌面设备的连接。

任务重点与实施

5.4.1 光纤端口的连接

由于光纤端口的价格非常昂贵，所以光纤主要被用于核心层交换机和汇聚层交换机之间连接，或被用于汇聚层交换机之间的级联。需要注意的是，光纤端口均没有堆叠的能力，只能被用于级联。

1. 光纤跳线的交叉连接

所有交换机的光纤端口都是 2 个，分别是一发一收。当然，光纤跳线也必须是 2 根，否则端口之间将无法进行通信。当交换机通过光纤端口级联时，必须将光纤跳线两端的收发对调，当一端接“收”时，另一端接“发”。同理，当一端接“发”时，另一端接“收”（图 5-14）。Cisco GBIC 光纤模块都标记有收发标志，左侧向内的箭头表示“收”，右侧向外的箭头表示“发”。如果光纤跳线的两端均连接“收”或“发”，则该端口的 LED 指示灯不亮，表示该连接为失败。只有当光纤端口连接成功后，LED 指示灯才转为绿色。

同样，当汇聚层交换机连接至核心层交换机时，光纤的收发端口之间也必须交叉连接，如图 5-15 所示。

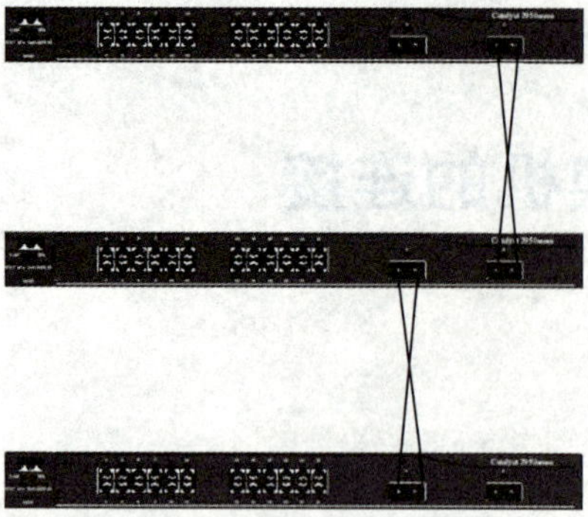
图 5-14　光纤端口的级联

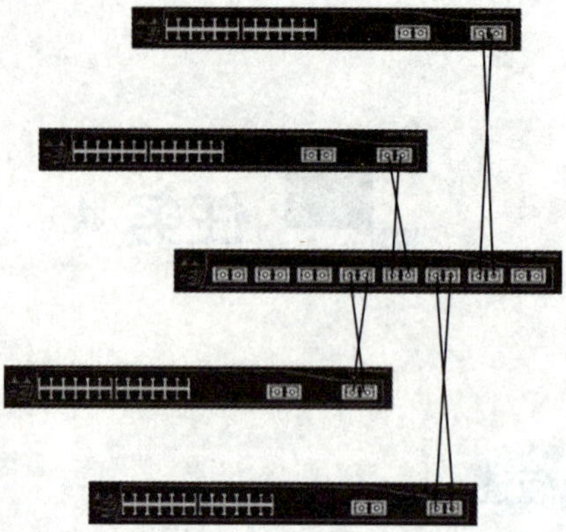
图 5-15　汇聚层交换机与接入交换机的连接

2. 光电收发器的连接

当建筑之间或楼层之间的布线采用光缆，而水平布线采用双绞线时，可以采用两种方式实现两种传输介质之间的连接。一是采用同时拥有光纤端口和 RJ-45 端口的交换机，在交换机之间实现光电端口之间的互连；二是采用廉价的光电转换设备，一端连接光纤一端连接交换机的双绞线端口，实现光电之间的相互转换。图 5-16 为 SC-to-RJ-45 收发转发器。

相比较而言，模块化交换机的传输性能更高，而光电转换设备的价格更低。因此，应当根据网络的数据传输需要和投资额度决定采用哪种设备。需要注意的是，并非全部光纤收发器都支持全双工，部分产品只支持半双工，应当在选购时注意鉴别。另外，考虑到兼容性，建议选用相同品牌和类型的产品。光电收发器的一端使用光纤跳线连接至光纤配线架，实现与远端光纤端口的连接；另一端使用双绞线跳线连接至交换机的 RJ-45 端口，实现与交换机上其他计算机间的连接，从而完成网络骨干的光纤传输。

当网络直径过大，已经远远超出双绞线所能支持的传输距离时，都会借助于光纤进行传输。如果网络用户数量较少，仅仅是为了实现远距离通信，对网络性能和数据传输速率没有太高要求，可以在两端均使用光电收发器+普通 RJ-45 端口交换机的方式，从而大幅降低网络成本。网络设备的连接方式如图 5-17 所示。

图 5-16　光电收发转发器

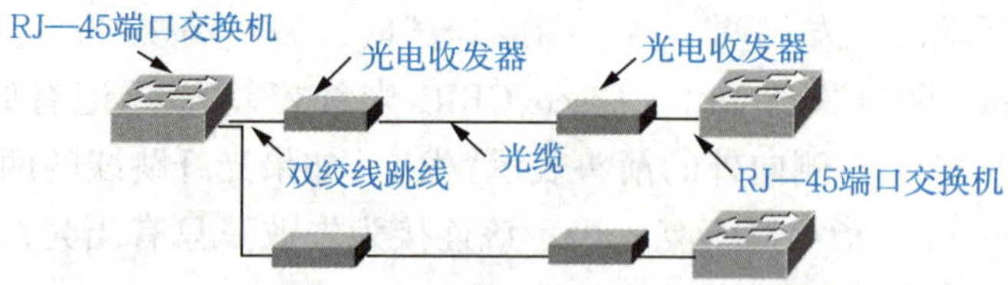

图 5-17　两端均使用光电收发转发器

如果整个网络连接有多幢建筑，而且对数据传输性能要求较高，只是某个子网无需较高的性能，则可以只在一端使用光电收发器(图 5-18)，而另一端使用带有光纤接口的中心或汇聚层交换机，从而在保证整体网络性能的同时，提高网络的性价比。

5.4.2　双绞线端口的连接

无论是 10Base-T 以太网、100Base-TX 快速以太网还是 1 000Base-T 千兆位以太网，级联交换机所使用的电缆长度均可达到 100 m，这个长度与交换机到计算机之间的长度完全相同。因此，级联除了能够扩充端口数量外，另外一个用途就是快速延伸网络直径。当有 4 台交换机级联时，网络跨度就可以达到 500 m。这样的距离对于位于同一座建筑物内的小型网络而言已经足够了！

1. 使用智能端口级联

最新款的交换机(包括 Cisco 交换机在内)基本上都支持智能翻转端口。所谓智能翻转端口，就是交换机中的所有 RJ-45 端口都能够智能判断对端所连接的是普通网络终端，还是其他网络设备，并自动将端口的类型切换到与之相适应的类型(MDI-II 或 MDI-X)，从而实现与对端设备的正常连接。因此，只需使用直通线即可实现网络设备之间的相互连接。

2. 使用非智能翻转端口级联

如果相互级联的交换机端口均为非智能翻转端口，那么将只能使用交叉跳线，将两台交换机的普通端口连接在一起，可以扩展网络端口数量(图 5-19)。

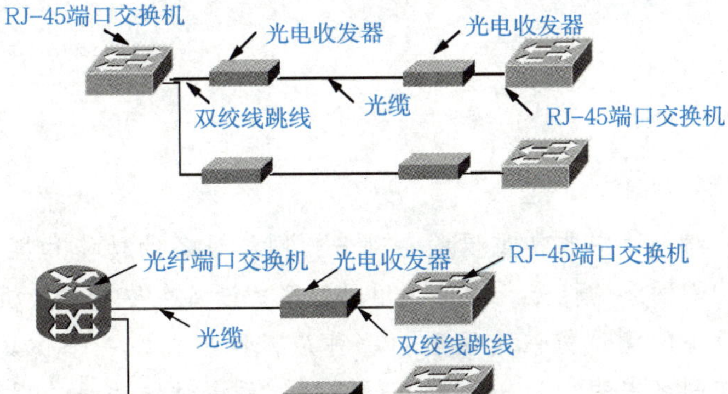

图 5-18　一端使用光电收发转发器

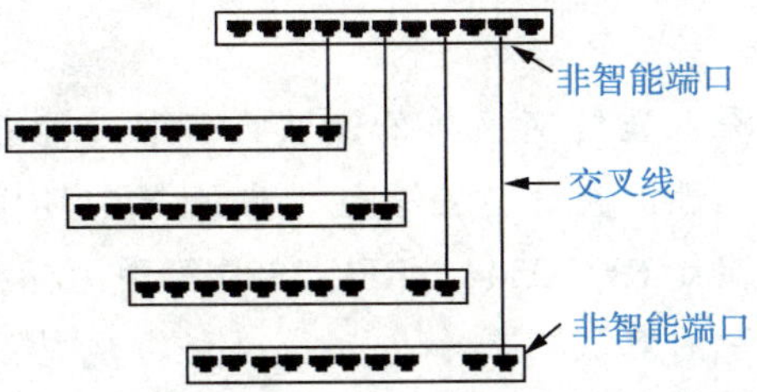

图 5-19　利用交叉线通过非智能翻转端口级联交换机

任务评价

评价内容	评价标准	分值/分	自评	师评
光纤端口的连接	能够正确配置光纤跳线	20		
	掌握光电收发器的连接与配置方法	10		
	了解光纤连接中的注意事项	20		
双绞线端口的连接	能够根据交换机端口的类型，选择合适的跳线进行级联	30		
	理解双绞线连接的作用	20		
总分		100		

任务5　交换机测试

任务描述

设备测试是网络测试中非常重要的一部分，网络设备的功能和性能决定着整个网络的功能，也影响着网络的性能。网络中用于互联的设备主要有交换机和路由器。

典型的网络设备的测试方法有两种：一种是将设备放在一个仿真的网络环境中，通过分析该产品在网络中的行为来对其进行测试；另一种方法是使用专用的网络测试设备对产品进行测试，如专用的性能分析仪器 SmartBits 2000 和 IXIA1600 等。

任务分析

要完成此任务，需要深入理解交换机的测试内容和评测指标。测试内容涵盖了功能测试、协议一致性测试、性能测试、安全性测试及异常环境测试等多个维度，然后需掌握交换机的评测标准，如 RFC 2544、RFC 2889 等国际标准，确保测试结果的准确性和可比性，最后选择合适的测试工具和方法也是任务成功的关键，包括使用仿真网络环境、专用的网络测试设备(如 SmartBits 6000B)等。

任务重点与实施

5.5.1 交换机测试内容

交换机是重要的网络连接设备，随着技术的进步，交换机的性能、功能等都有了较大的进步，所采用的技术也不断发展，与之相应的测试技术也在不断地进步，其内容复杂性随之增加。从测试所关注的内容上分，交换机测试可以分为功能性测试、协议一致性测试与互操作测试、性能测试、安全性测试和异常环境测试。

功能测试主要是针对交换机的功能所进行的测试，包括管理功能测试、维护功能测试、技术功能测试等方面，还包括了组网能力的测试。广义上讲，功能测试还需要包括交换机附带的文档、帮助文档、产品标识和附件等的检查。

协议一致性测试指的是测试交换机对指定协议的遵从性，需要仪器或相关的一致性软件来完成。通常，测试仪器会将协议过程分解为若干个测试用例(test case)，通过执行这些测试用例与被测试交换机的交互来判断交换机对协议的遵从性。对于二层交换机，需要进行基于以太网协议、生成树、组播协议等的测试；对于三层交换机测试，需要进行如 RIP、开放最短路径优先协议(open shortest path first，OSPF)、边界网关协议(border gateway protocol，BGP)等路由协议的测试，支持 IPv6 的设备还要对 IPv6 协议及 IPv6 路由协议进行测试。经过一致性的测试后，还需要进行交换机的互通性测试，尤其是当采用了新的协议后。

交换机性能测试需要遵从一定的测试协议，包括 RFC 2544/1242、RFC 2889/2285 等。RFC 2544/1242 是针对目前互联网络设备的通行测试标准，主要包括吞吐量、延迟、丢包和背靠背四项指标。这四项指标是目前交换机测试的主要指标，按照测试应用的不同，交换机测试包括二层交换测试、三层交换测试、静态路由测试、动态路由测试、QoS 测试等，在这些测试中采用的指标包括吞吐量、延迟和丢包。在 RFC 2889/2285 中定义了二层交换机的主要测试指标，包括转发能力、拥塞控制、MAC 地址表深度、错误过滤能力、广播转发能力、广播延迟、转发压力等。对于三层交换机，需要测试不同路由协议的路由表容量(RIB 或 FIB)、路由转发能力(吞吐量和延迟)、路由震荡能力(丢包和震荡时间)和路由汇聚时间等。

越来越多的用户开始关心交换机的安全性，在安全性测试中，既要检查交换机是否存在管理上的安全漏洞，又要对有抗攻击能力的交换机进行如 Dos 的攻击测试。

5.5.2 交换机评测指标

交换机的评测是一个综合的度量，其中既有定量衡量标准(如吞吐量、包丢失、延迟等)，又有定性衡量标准(如安装和管理是否简单、可靠性等)。

针对交换机的性能测试有相应的标准作为依据。例如，RFC 2544、RFC 2285 以及中国通信行业千兆以太网测试规范制定的九项测试指标，分别是吞吐量、帧丢失率、背对背、延迟、部分网状、全网状、背压、线端阻塞、错误帧过滤，基本上涵盖了用户在选择千兆以太网交换机时需要考虑的主要性能指标。

1. 吞吐量

吞吐量作为用户选择交换机和衡量交换机性能的最重要指标之一，吞吐量的高低决定了交换机在没有丢帧的情况下发送和接收帧的最大速率。在测试吞吐量时，需要在满负载状态下进行。该测试的配置为一对一映射。

2. 帧丢失率

帧丢失率该测试决定交换机在持续负载状态下应该转发，但由于缺乏资源而无法转发的帧的百分比。帧丢失率可以反映交换机在过载时的性能状况，这对于反映在广播风暴等不正常状态下交换机的运行情况非常有用。

3. 背对背（Back-to-Back）

背对背该测试用于测试交换机在不丢帧的情况下能够持续转发数据帧的数量。该测试能够反映出数据缓冲区的大小。

4. 延迟

延迟该项指标能够决定数据包通过交换机的时间。延迟如果是先入先出(first in and first out，FIFO)，即计算被测设备从收到帧的第 1 位达到输入端口开始到发出帧的第 1 位达到输出端口结束的时间间隔。计算时间间隔时，将发送速率设定为在吞吐量测试中获得的速率，并在指定的时间间隔内发送帧，在每一个特定的帧上自动设置时间标记帧。标记帧的时间标签在发送和接收时都被记录下来，二者之间的差就是延迟时间。

5. 错误帧过滤

错误帧过滤该测试项目决定了交换机能否正确地过滤某些错误类型的帧，如过小帧、超大帧、CRC 错误帧、Fragment 错误、Alignment 错误和 Dribble 错误。过小帧指的是小于 64 B 的帧，包括 16 B、24 B、32 B、63 B 帧。超大帧指的是大于 1 518 B 的帧，包括 1 519 B、2 000 B、4 000 B、8 000 B 的帧。Fragment 指的是长度小于 64 B 的帧。CRC 错误帧指的是帧校验和错误。Dribble 帧指的是在正确的 CRC 校验帧后有多余字节。交换机对于 Dribble 帧的处理通常是将其更正后转发到正确的接收端口。Alignment 结合了 CRC 错误和 Dribble 错误，指的是帧长不是整数的错误帧。

6. 背压

背压决定交换机能否阻止将外来数据帧发送到拥塞端口，并且避免丢包。一些交换机在发送或接收缓冲区开始溢出时，通过将阻塞信号发送回源地址从而实现背压。交换机在全双工时使用 IEEE 802. 3x 流控制达到同样的目的。该测试通过多个端口向一个端口发送数据来检测交换机是否支持背压。如果端口设置为半双工并加上背压，则应该检测到没有帧丢失和碰撞。如果端口设定为全双工并且设置了流控，则应该可以检测到流控帧。如果未设定背压，则发送的帧总数不等于收到的帧数。

7. 线端阻塞

线端阻塞(head of line blocking，HOL)测试决定拥塞的端口如何影响非拥塞端口的转发速率。在进行测试时，采用端口 A、B 向端口 C 发送数据形成拥塞端口，而 A 也向端口 D 发送数据形成非拥塞端口。结果将显示收到的帧数、冲突帧数和丢帧率。

8. 全网状

全网状测试用于决定交换机在自己的所有端口都接收数据时，所能处理的总帧数。交换机的每个端口在以特定速度接收来自其他端口数据的同时，还以均匀分布的循环方式向所有的其他端口发送帧。在测试千兆骨干交换机时可以采用全网状方法获得更为苛刻的测试环境。

9. 部分网状

该测试在更严格的环境下测试交换机最大的承受能力，通过从多个发送端口向多个接收端口以网状形式发送帧来进行测试。该测试方法用于千兆接入交换机测试中，其中将每个千兆端口对应 10 个百兆端口，而剩余的百兆端口实现全网状测试。

5.5.3　交换机测试工具和方法

交换机的测试工具很多，针对不同的测试需求，有不同的测试工具可供选择。例如，交换机性能的测试可以使用 SmartBits 2000；协议测试可以使用协议分析仪，如 Agilent J6800A 等。

交换机的测试既可以使用仿真环境进行测试，也可以使用专用的网络测试设备对产品进行测试。下面以一台三层交换机的测试为例，介绍交换机的测试方法。

选择 Spirent 公司的 Smart Bits 6000B 作为测试仪器，SmartBits 6000B 可以同时插 12 个不同的模块，本次测试使用了 4 个 10/100 Mb/s Ethernet Smart Metrics 模块、4 个 1 000Base-X Smart Metrics 模块和 1 个 TeraMetrics10/100/1 000 Mb/s 以太网模块。其中，每个 10/100 Mb/s Ethernet Smart Metrics 模块有 6 个 10/100Base-TX 端口，Tera Metrics 模块有两个 10/100/1 000 Mb/s 的 RJ45 端口，1 000Base-XSmart Metrics 的每个模块可接 1 个 1 000Base-SX/LXGBIC。使用一台笔记本计算机作为控制台，安装测试软件 SmartWindow7. 30、Smart Applications2. 50、SmartFlow1. 50。如图 5-20 所示。

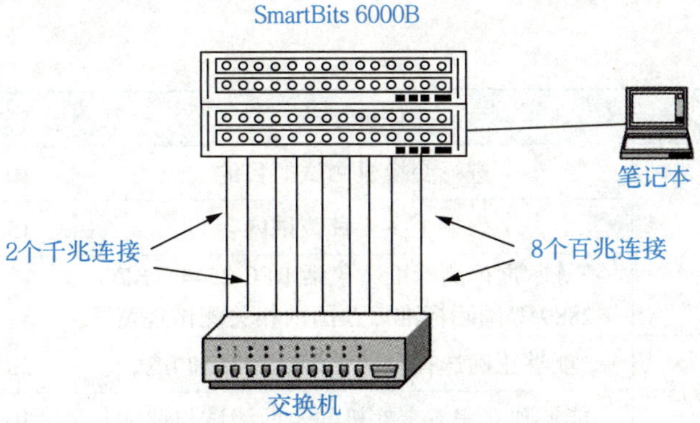

图 5-20　交换机测试示意图

本次测试主要依照 RFC 2544(网络互联设备的基准测试方法)。在性能测试中，选用64 B、512 B、1 518 B三种长度的帧。在进行二层交换机的吞吐量、丢包率、背靠背、延迟测试时，拓扑结构为端口1对1，满负载。在进行延迟测试时，分别测试了百兆端口同模块、跨模块时的延迟和千兆端口之间的延迟，测试速率在被测设备的吞吐量下。需要说明的是，对于在吞吐量的速率下测试的延迟结果为异常的交换机，可以将速率降到90%线速来测试它的延迟。

网状测试是对交换机性能更为残酷的考验。在网状测试中，设置每个千兆端口与10个百兆端口作为双向传输，剩余的百兆端口用于实现全网状测试。

在三层交换机的性能测试时，将被测交换机的每个端口设置成一个独立的VLAN，并分配一个独立的IP网段，在进行吞吐量、丢包率、延迟、背靠背、网状测试时的拓扑结构测试与2层性能测试相同。

需要强调的是，大部分测试项目包括吞吐量、丢包率、延迟和网状测试项目的测试时间都设置成120 s，这是为了体现出测试严谨性。在实际的测试中将测试时间设为60 s和120 s进行比较，发现在网状测试时，有的交换机在60 s的情况下不丢包，但在120 s时却丢包。这表明，120 s的测试时间能够在更严格的情况下检验交换机的性能。在进行背对背测试时，将测试时间设置为2 s，共测试10次。

路由测试也是三层交换机评测的重点，这项测试包括两部分：路由表容量测试和路由收敛测试。

路由表容量指的是路由表内所能容纳的路由表项数量的极限，它是交换机路由性能的重要体现，因为这意味着第3层交换设备能够在一个多大规模的网络中工作。在测试时，通过仪器向被测设备广播一定数量的路由表，考察被测设备是否能够收到并维持相应的路由表项。

路由收敛测试是体现三层交换机路由性能的一个重要部分。在测试时，给交换机灌入被测设备路由表容量的80%左右的虚拟路由，并通过测试仪给交换机加入90%线速的虚拟网络的传输流，在被测交换机完全收到广播的路由表并稳定一段时间后，撤销50%的路由，待稳定一段时间后再恢复被撤销掉的路由，通过这样的一个过程考察被测交换机是否能够及时地维护路由表，并且正确进行转发数据。

任务评价

评价内容	评价标准	分值/分	自评	师评
交换机测试内容	进行交换机测试的目的	10		
	列举至少三种测试内容	15		
交换机评测指标	熟练掌握评测标准，包括RFC 2544、RFC 2889等国际标准以及国内相关测试规范	25		
交换机测试工具和方法	能够正确选择和使用测试工具和方法	20		
	能够独立完成交换机的全面测试与评估	30		
总分		100		

项目小结

本项目首次介绍了交换机的基础知识；其次介绍了交换机的基本配置；再次介绍了交换机的连接策略；最后介绍了交换机的连接。通过本项目学习，读者能够加深了对交换机应用的理解，提升了网络构建与维护能力，为复杂网络环境管理打下坚实基础。

项目习题

一、选择题

1. 交换机的基本工作原理是基于什么地址来识别和转发数据包？(　　)

A. IP 地址　　B. MAC 地址　　C. 端口号　　D. 域名

2. 在网络中使用交换机的主要目的是什么？(　　)

A. 提高网络速度　　B. 隔离广播域

C. 增加网络覆盖范围　　D. 减少网络成本

3. 下列哪项不是交换机的分类方式？(　　)

A. 根据网络覆盖范围　　B. 根据传输介质和传输速度

C. 根据交换机的颜色　　D. 根据交换机工作的协议层

4. 在交换机的选购中，背板带宽的大小对以下哪个方面没有影响？(　　)

A. 数据交换速度　　B. 端口间并发通信能力

C. 设备的能耗　　D. 交换机的传输速率

5. 生成树协议(STP)的主要作用是什么？(　　)

A. 防止网络攻击　　B. 避免 IP 地址冲突

C. 预防广播风暴　　D. 提供动态路由

二、填空题

1. 交换机的 MAC 地址表中，________表项由接口通过源 MAC 地址学习获得，表项具有老化时间。

2. 在 VLAN 技术中，________链路用于连接用户主机和交换机，而________链路用于交换机间的互连或交换机与路由器之间的连接。

3. 三层交换机除了具备交换功能外，还能够在不同网段之间进行________。

三、简答题

1. 简述交换机与路由器在网络中的基本作用和区别。

2. 解释什么是直通式转发和存储式转发，并说明各自的优缺点。

3. 描述 VLAN 技术如何提高网络的安全性和效率。

4. 阐述光纤端口和双绞线端口在交换机连接中的不同应用和注意事项。

5. 为什么需要进行交换机的测试？请列举至少三种测试内容。

四、项目实战

三层交换机配置

公司准备用一台 Cisco Catalyst 3560 交换机作为路由设备来实现不同部门之间的互访需求。将不同业务部门划分到不同 VLAN，管理更为合理、安全，但有时又需要部门间相互通信，这可通过三层交换机设备来实现。

1. 所需设备

(1) Cisco Catalyst 3560 交换机 1 台。

(2) PC 2 台。

(3) Console 线 1 条。

(4) 直通线 2 条。

2. 设计思路

(1) 连接网线拓扑结构。

(2) 配置计算机的 IP 地址和子网掩码。

(3) 在三层交换机上设置主机名称，创建 VLAN 并添加端口。

(4) 在交换机 A 上配置 VLAN 10 和 VLAN 20 的 IP 地址。

(5) 开启三层交换机的路由功能，交换机工作在路由模式下，设置 VLAN 间路由。

(6) 验证交换机 A 的配置。

(7) 测试 PC 连通性。

项目 6　路由器配置基础

项 目 导 读

本项目将深入探索路由器配置的基础知识与实战应用。首先学习路由器的性能、工作原理及组网特点，理解其在网络互联中的关键作用。其次通过了解路由表、主机路由设置以及 TCP/IP 属性配置，提升网络管理能力。在项目进程中，还探讨路由器的参数与选择策略，为实际选购提供指导。最后通过路由器连接与测试的实践操作，掌握路由器配置的核心技能。

学习目标

◆ 知识目标

- 掌握路由器性能及工作原理，了解基础技术。
- 理解路由器组网特点，能够进行基础网络规划。

◆ 技能目标

- 熟练配置路由表及主机路由，提升网络管理能力。
- 掌握路由器参数及选择策略，合理选购路由器设备。

◆ 素质目标

- 掌握路由器连接与测试方法，提升读者实际操作能力。
- 培养读者对网络互联技术的社会责任感。
- 强化读者网络安全意识，保障信息安全。
- 引导读者理解网络互联技术对国家发展的重要性。

◆ 思政目标

- 帮助读者树立正确的职业道德观，确保网络稳定运行。
- 培养读者的全局观念和系统思维能力。

任务1 路由器技术

任务描述

本任务旨在深入探讨路由器技术的核心要素，包括路由器的性能及工作原理、组网特点、路由表的配置与管理、主机路由设置以及网络连接的TCP/IP属性设置。

任务分析

要完成此任务，需要深入理解路由器在网络中的核心作用，包括其工作原理、组网特点及其对数据包的处理流程。掌握路由表的结构与动态更新机制，理解主机路由设置与TCP/IP属性配置对网络连接稳定性和性能的影响。重点学习路由器如何实现网络互联、地址映射、路由选择和协议转换，以确保不同网络间的无缝连接与高效数据传输。

任务重点与实施

6.1.1 路由器的性能及工作原理

路由器技术

人们在出门旅行之前，都会确定一条旅行路线。计算机网络中的一个主机将一个数据报文通过网络发送给某个主机时，就如同该报文到互联网络世界中去旅游，最终到达目的主机。对于计算机来说，当一个报文交付给网络层后，网络层首先要查找一下自己的路由表中有没有存储到达目的主机的路由。如果有，则根据路由表指示将报文发送给路由上的下一个主机(专业术语叫下一跳)；如果没有到达目的主机的路由，则丢弃该报文。网络连接设备路由器中也存储着路由表，路由器收到一个报文后，根据报文中的目的IP地址到路由表中查找到达目的地址的路由，如果查到了路由，将报文转发给路由上的下一跳；否则，丢弃该报文。由此可以知道，网络通信路由在计算机网络中是非常关键的问题。

路由就是跨越互联网，把信息从源端送到目的端。在这个过程中，至少要通过一个中间节点。路由经常和桥接进行比较。表面上看，两者均为网络互联，似乎是同一件事情，但两者最本质的差别在于桥接的功能是发生在OSI参考模型的第二层(链路层)，而路由发生在第三层(网络层)，桥接发生在第二层，也就是说，网桥在把数据从源端向目的端转发时，仅仅依靠链路层的帧头中的信息(MAC 地址)作为转发的依据，而路由器除了分析链路层的信息外，主要以网络层包头中的信息(网络地址)作为转发的依据，但更多的分析，会耗去更多的 CPU 时间，所以路由器的性能从这个意义上讲可能不如网桥。然而正是因为其转发依赖网络协议更高层的信息，所以可以进一步减少其对特定网络技术的依赖性，扩大了路由器的适应范围。如 IP 和 IPX 等网络协议在定义时，都充分考虑到了下层链路的差异性，这些协议都尽量定义得与链路层协议无关，并且具有高度的适应性，可以满足下层链路采用新的传输协议的发展趋势。另外路由器具有的广播包抑止和子网隔离功能，网桥是不可能具备的。正是这样一种情况使得路由器得到了广泛的应用。局域网与路由器连接后组成一个完整的互联网络系统，如图 6-1 所示。

随着网络技术的发展，路由器的功能和性能都有很大的提高和扩展。在一台功能完整的路由器中，常常可以支持多种协议栈数据的转发。除此之外，还包括数据过滤、计费、网络管理等多项功能。但是，从本质上讲，路由器在 OSI 的参考模型中，属于中间系统(intermediate system，IS)，也就是一个第三层的网络互联设备，路由器组网的体系结构，如图 6-2 所示。当然每台路由器一般有多个不同的网络接口。

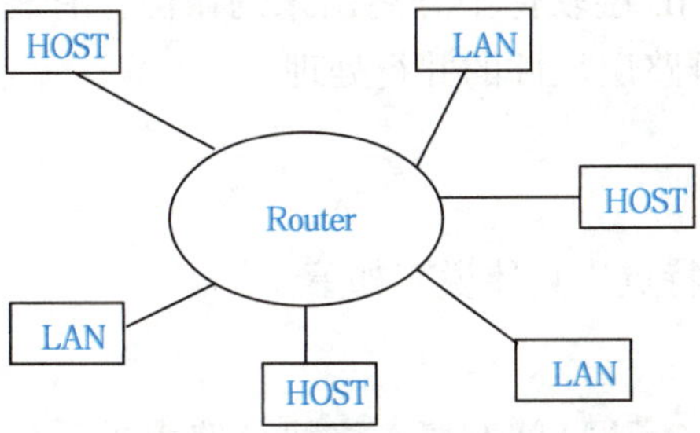

图 6-1　互联网络系统

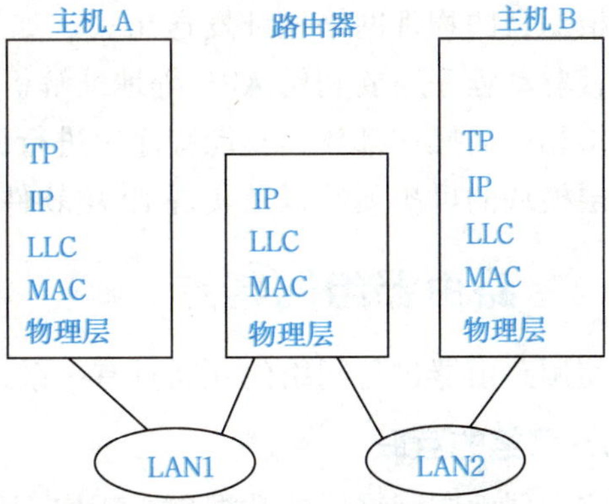

图 6-2　路由器连接体系结构

从大的范围来说，整个网络是由网络互联设备把多个分离的网络连接起来的，具有多个网络接口的设备称为中间系统，相应地，其他设备称为端系统。除了和在同一个网络内的系统通信，要跨越互联网络，访问其他系统，就需要交给路由器转发网络内的一个端系统，如果要发送的数据的目的地不在相同的网络上，它就把数据先发送给与它在同一个网络上的路由器。路由器的基本功能就是把收到的数据进行分析，然后路由，转发到本路由器另一个接口所在网络的路由器上去。如果路由器和目的主机在同一个网络上，则直接发送给目的主机。

一个 IP 路由器的工作步骤如下。

(1)接收帧，并分解 IP 数据包。当 IP 数据包封装在数据链路帧中，沿某种物理网络传送到路由器的某个端口时，路由器中的数据链路层协议接收这个帧，并从中分解出 IP 数据包上交给 IP 层软件处理。

(2)IP 包头合法性验证。路由器必须对 IP 合法性进行验证，以确保包头有意义。如果 IP 数据包在下列任何一个测试中失败，它将被丢弃，同时进行错误统计。

① 接收的链路层帧长度必须足够大，以容纳最小的合法 IP 数据包(20 B)

② IP 校验且必须正确。

③ IP 版本号必须为 4。

④ IP 包头长度必须足够大，以容纳最小的合法 IP 数据包(20 B)。

⑤ IP 数据包总长度必须足够大，以容纳 IP 数据包头。

冗余独立磁盘阵列(9)链路层寻址。当路由器对 IP 数据包的处理已经基本完成了网络层的功能，接着便要找到一个相应的物理端口，把数据包从数据链路层发送出去。在路由器中，对应每个转发的网络地址，都有一个相应的端口值，这是由网络管理员在路由器初始化时手工配置的。根据这个端口值，可以得知要输出的物理网络类型，同时也得到了其 MTU，与具体物理网络相关的驱动程序入口也可以找到。在具体实现时，路由器的 IP 层软件与各驱动程序之间的接口可以设计成统一的标准，IP 层软件只要把 IP 数据包、包长、目的物理网络地址、下一站的 IP 地址告诉驱动程序，剩余的发送工作由驱动程序来做。驱动程序把从上层收到的 IP 数据包封装在数据链路层的帧中，根据目的物理网络地址发送出去。如果这一端口是连在某种共享物理媒体的局域网上，驱动程序还要利用 ARP 等地址解析协议把 IP 地址转换为物理地址。这种把与具体网络相关的操作都放在驱动程序中进行而从 IP 层软件中分离出来的做法，有利于提高底层模块的可扩展性以及实现 IP 层软件和链路层软件的并行处理。

6.1.2 路由器组网特点

使用路由器进行网络的互联具有一系列的特点，具体说明如下。

1. 网络的互联

路由器面向网络层的数据包真正实现网络(子网)间互联，多协议路由器不仅可以实现不同类型局域网的互联，而且可以实现局域网与广域网的互联以及广域网之间的互联，为了实现网络的互联，路由器必须能完成如下几个功能。

(1)地址映射

由于路由器在网络层实现互联，因此要实现网络地址与子网物理地址间的映射(如 IP 地址与以太网地址)。

(2)数据转换

由于路由器互联的不同网络的 MTU 不同，因此路由器需要解决数据单元的分段与重组问题。

(3)路由选择

在路由器互联的各个网络间传输信息时，需要进行路由选择。每个路由器保持一个独立的路由表，对每个可能的目的网络，该表给出应该送往下一个路由器的地址以及到达目的主机的步数，数据包就是根据路由表选择最优路径进行转发的。路由表可以是静态的也可以是动态的，而且可以根据需要手工增删路由表项。路由器上应该运行实现某一类路由算法的程序以动态地根据网络拓扑结构实时调整路由表。路由算法可以是各种各样的，因此比较灵活。

(4)协议转换

多协议路由器还应该实现不同的网络层协议转换的功能，如 IP 与 IPX 之间的转换。

2. 网络的隔离

路由器不仅可以根据局域网的地址和协议类型，而且可以根据网络号、主机的网络地址、地址掩码(address mask)、数据类型(如高层协议是文件传输 FTP、远程登录 Telnet 和电子邮件 E-mail)来监控、拦截和过滤信息，而网桥只能根据局域网的 MAC 地址和第三层协议类型来隔离信息，因此路由器具有更强的网络隔离能力。这种隔离功能不仅可以避免广播风暴，提高整个网络的性能，更主要的是有利于提高网络的安全和保密性。因为路由器连接的网络间是彼此独立的子网，便于分割一个大网为若干独立子网以进行管理和维护，因此现代组网技术往往采用路由器，许多安全和管理工作也在路由器上实现，如在路由器上实现的防火墙(firewall)技术。

路由器抑制广播报文，具体描述如下：当路由器接收到一个寻址报文(如 ARP)时，由于该报文目的地址是广播地址，路由器不会将其向全网广播，而是将自己的 MAC 地址发送给源主机使之将发送报文的 MAC 地址直接填写为路由器该端口的 MAC 地址。对于路由器而言，自然会按照路由表一级接着一级传送到目的主机。这样就会有效地抑制广播报文在网络上的不必要传播。这样的传送方式对于两端的局域网可能并不有效，但是对于整个主干网络的运行效率而言无疑具有决定性的作用。

3. 流量的控制

路由器可以有很强的流量控制能力，可以采用优化的路由算法来均衡网络负载，从而有效地控制拥塞，避免因拥塞而使网络性能下降。

路由表是整个路由器的核心。它决定了每一个数据包的转发方向，而路由器表的建立和维护则是整个路由器的关键。在小规模的网络互联的情况下，可以采取手工静态建立路由表的方法，人为指定每一个可以到达的目的网络的路由。这种方式在一个有成千上万网络的互联网络中，显然是不可能的。目前大多数的路由器都能够通过与相邻的路由器交换网络信息，动态建立路由表。路由协议定义了路由器间相互交换网络信息的规范。

路由器之间通过路由协议，相互交换网络的可达性信息。然后，每个路由器通过得到的 IGP 中的信息来计算到达各个网络的路由。

根据交换的路由信息的不同，路由算法可以分为两大类：距离向量算法和链路状态算法。路由信息协议(RIP)是典型的距离向量算法，而链路状态算法以开放最短路径优先协议(OSPF)为代表。一般来说，距离向量算法实现和使用简单，但是占用带宽多，适用于小规模网络。

6.1.3 路由表

主机中的路由表和路由器中的路由表内容有所不同，但路由表中一般包含以下信息。

1. 目的地址、子网掩码

目的地址是报文要到达的目的地址，子网掩码用于计算网络地址。

在路由器中，路由表的目的地址都是网络地址，只确定到达该网络的路由，这样可以减少路由器中的路由表项。

在主机中，路由表的目的地址有网络地址、主机地址和广播地址，用于指示到达特定网络路由、到达特定主机的路由和广播报文的路由。

2. 下一跳地址、输出端口

下一跳地址是路由中下一个接收该报文的主机或路由器的 IP 地址。路由表中并不指示一条通往目的网络的完整路线，只是告诉通往目的网络下一步应该怎样走，就像你问路一样，别人只会告诉你向哪儿走，不会领着你去目的地。路由表的路由描述方式是局部的，但对网络路由的把握是全局的。在主机路由表中，下一跳称作网关(gateway)。

输出端口是本路由器在该路由上的连接端口，如 Ethernet0、Serial0 等。在主机路由表输出端口用 IP 地址表示。

如图 6-3 所示的网络连接中，路由器 A 中路由表的部分内容如表 6-1 所示。

图 6-3 网络连接图

3. 路由种类

在 Cisco 路由器的路由表中，每条路由前面有一个字符说明路由的种类。常见的路由种类如下。

c：直连网络(connected network route)，即与路由器直接相连接的网络。

s：静态路由(static network route)，由人工通过配置命令生成的路由。

R：由路由选择协议 RIP 生成的动态路由。

B：由边界网关协议 BGP 生成的动态路由。

O：由路由选择协议 OSPF 生成的动态路由。

*：默认路由(candidate default)，当路由表内查找不到目标网络时使用的路由。

表 6-1　路由器 A 的路由表的部分内容

目的网络	Mask	下一跳	输出端口
200. 8. 3. 0	255. 255. 255. 0	直连	Ethernet0
200. 8. 2. 0	255. 255. 255. 0	直连	Ethernet1
200. 8. 10. 0	255. 255. 255. 0	直连	seria10
200. 8. 11. 0	255. 255. 255. 0	直连	seria11
200. 8. 4. 0	255. 255. 255. 0	200. 8. 10. 2	seria10
200. 8. 6. 0	255. 255. 255. 0	200. 8. 10. 2	seria10
200. 8. 5. 0	255. 255. 255. 0	200. 8. 11. 2	seria11
200. 8. 7. 0	255. 255. 255. 0	200. 8. 11. 2	seria11

4. 管理距离与开销

在一个路由表内，到达同一个目的地址可能存在多条路由。在查找路由时应该使用最短的路由。开销(metric)就是为了选择最短路由而设计的。

在路由表内有多种路由存在时，管理距离将被使用，系统会选择管理距离最小的路由。管理距离是人为规定的，其中 Cisco 路由器的各种路由管理距离如表 6-2 所示。

表 6-2　Cisco 路由器的管理距离

路由种类	管理距离	路由种类	管理距离
直连网络	0	OSPF	110
静态路由	1	RIP	120
BGP	20		

在 H3C 路由器中，使用优先级表示表示管理距离。直连路由的优先级为 0，静态路由优先级为 60，RIP 路由优先级为 100。优先级可以在 1～255 中选择。

当路由的管理距离相同时，就要比较路由的开销值(最短路由)。在 RIP 路由中，开销用跳数(hop)表示，跳数表示到达目的网络需要经过的路由器个数；OSPF 路由中，开销用费用(cost)表示，该参数与网络中链路的带宽等因素相关，cost 越小的路由越好。

下面是 Cisco 路由器中的两条路由。

```
C 202. 207. 124. 128 255. 255. 255. 224 is directly connected, Ethernet0
R 192. 168. 1. 0/24 [120/1] via 192. 168. 255. 1, 00:00:21, Serial0
```

第 1 条路由表示“202. 207. 124. 128 255. 255. 255. 224”网络是直接连接在 Ethernet0 端口上的。第 2 条路由表示是由路由选择协议 RIP 生成的动态路由，到达 192. 168. 1. 0/24 网络下一跳的地址是 192. 168. 255. 1，输出端口是 Serial0，该路由的管理距离是 120，到达目的网络为 1 跳，路由建立的时间计数为 21 s。

在 Windows 系统中，在“命令提示符”窗口中使用命令

```
Route print
```

可以显示主机中的路由表。例如下面就是在 Windows 系统中显示的路由表。

```
Active Routes:
Network Destination          Netmask          Gateway       Interface    Metric
            0.0.0.0          0.0.0.0      192.168.1.1    192.168.1.23       20
          127.0.0.0        255.0.0.0        127.0.0.1       127.0.0.1        1
        192.168.1.0    255.255.255.0     192.168.1.23    192.168.1.23       20
       192.168.1.23  255.255.255.255        127.0.0.1       127.0.0.1       20
      192.168.1.255  255.255.255.255     192.168.1.23    192.168.1.23       20
          224.0.0.0        224.0.0.0     192.168.1.23    192.168.1.23       20
    255.255.255.255  255.255.255.255     192.168.1.23    192.168.1.23        1
Default Gateway:         192.168.1.1
```

这个主机路由表中包括目的地址(network destination)、子网掩码(subnet mask)，网关(gateway)、输出端口(interface)和开销(metric)。网关就是下一跳 IP 地址。

路由表中第 1 条路由

```
0. 0. 0. 0 0. 0. 0. 0 192. 168. 1. 1 192. 168. 1. 23
```

表示一个默认路由，因为任何 IP 地址用子网掩码 0. 0. 0. 0 去做逻辑与运算时，得到的网络地址都是 0. 0. 0. 0。默认路由的网关是 192. 168. 1. 1，输出端口是 192. 168. 1. 23，说明该计算机的 IP 地址是 192. 168. 1. 23。

路由表中第 2 条路由是回送地址路由，网关和输出端口都是 127. 0. 0. 1，表示该路由不会到达物理网络；第 3 条路由是到达“192. 168. 1. 0 255. 255. 255. 0”特定网络的路由；第 4 条是到达 192. 168. 1. 23 特定主机路由，由于这是到达本机的路由，所示网关地址是 127. 0. 0. 1，表示该路由不会到达物理网络；第 5 条是对本网络的广播路由；第 6 条是组播路由；第 7 条是受限广播路由。最后一行

```
Default Gateway:192. 168. 1. 1
```

指示本机的默认网关是 192. 168. 1. 1，它和默认路由是一致的。

在路由表内选择路由时，按照直连网络、特定主机路由、特定网络路由、默认路由的顺序选择。如果没有默认路由，而前面又没有查到路由结果时，报文将被丢弃。

6.1.4 主机路由设置

1. 默认路由设置

路由表在网络通信中的作用是非常重要的，一台计算机中没有正确的路由表就不能联网工作。在前面看到的主机路由表中，除了默认路由之外的路由都是计算机系统自动生成的，但默认路由只能由用户自己设置。

设置默认路由的操作很简单，如图6-4所示的"Internet协议(TCP/IP)属性"对话框中，正确设置"默认网关"的IP地址就可以了。

2. 默认网关

主机路由表内没有默认路由设置或者默认路由设置不正确，该计算机都不能正常联网工作。通过设置默认网关就可以设置默认路由，默认网关的地址应该如何确定呢？现在来看图6-5的网络连接。在这个网络中有3台PC通过集线器Hub连接到路由器的E0端口，各台PC和路由器E0端口的IP地址已经标识在图中。对于PC1计算机来说，它的网关地址应该是哪个呢？

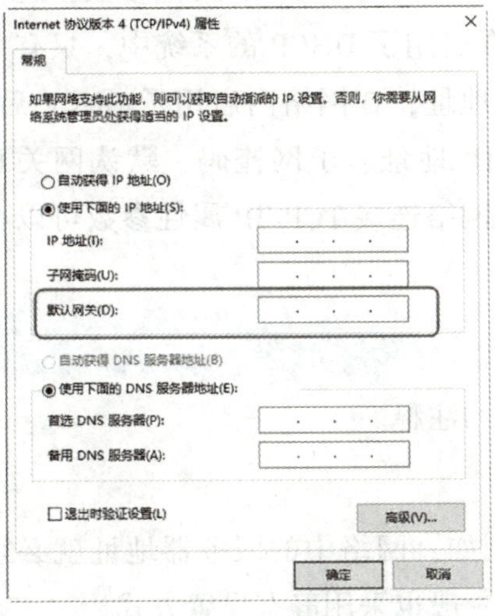
Internet 协议版本 4 (TCP/IPv4) 属性

常规

如果网络支持此功能，则可以获取自动指派的 IP 设置。否则，你需要从网络系统管理员处获得适当的 IP 设置。

○自动获得 IP 地址(O)

◉使用下面的 IP 地址(S):

IP 地址(I):

子网掩码(U):

默认网关(D):

○自动获得 DNS 服务器地址(B)

◉使用下面的 DNS 服务器地址(E):

首选 DNS 服务器(P):

备用 DNS 服务器(A):

☐退出时验证设置(L)

高级(V)...

确定 取消

图6-4 "Internet协议(TCP/IP)属性"对话框

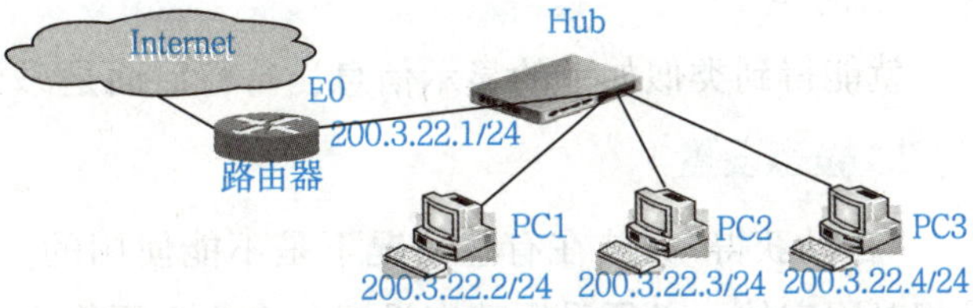

图6-5 默认网关设置

所谓默认网关，就是与其他网络内主机通信时的必经之路。在图6-5中，如果PC1、PC2、PC3以及路由器通信，由于都属于200.3.22.0/24网络，属于本网络内部通信，路由表内自动生成了这个特定网络路由。但如果PC1和Internet中其他计算机通信，那么在系统自动生成的路由表内就不能查找到目的网络路由。但是这个报文应该送到哪里呢？显然应该交给路由器，再由路由器转发到Internet。所以PC1计算机的默认网关设置应该使用路由器和本网络连接端口的IP地址，即默认网关应该设置200.3.22.1。

当然对于本网络内的其他计算机的默认网关也应该设置200.3.22.1。在做网络地址规划时，网络管理员总喜欢把该网络内的第1个可用主机编号或最后一个可用主机编号分配给连接该网络的路由器端口。当然这不是分配规则。但是在设置自己计算机上的默认网关时，必须知道和本网络相连接的路由器端口地址，即默认网关地址。

6.1.5 网络连接的 TCP/IP 属性设置

在 TCP/IP 协议网络中，主机中必须正确设置网络连接的 TCP/IP 属性才能正常联网工作。在该对话框中有两组单选按钮，一组单选按钮是有关 IP 地址设置的，另一组单选按钮是有关 DNS 服务器设置的。

1. 自动获得

在网络连接的 TCP/IP 属性设置中，选中"自动获得 IP 地址"和"自动获得 DNS 服务器地址"单选按钮，可以由系统自动获得 TCP/IP 属性参数。这种设置用于网络内启用了 DHCP 和电话拨号上网、ADSL 上网的情况。

DHCP 用于大型网络中自动为网络内主机分配网络连接的 TCP/IP 属性参数，还可以将有限的 IP 地址动态的分配给网络内主机使用。在启用了 DHCP 的系统中，只有主机联网工作时才临时获得 IP 地址，这样可以节省 IP 地址，在网络内启用了 DHCP 后，只要打开网络连接，DHCP 系统就会给该主机分配 IP 地址、子网掩码、默认网关和 DNS 服务器地址。Windows 系统中查看"自动获得"的网络连接 TCP/IP 属性参数可以在"命令提示符"窗口输入命令

```
ipconfig /all
```

就能得到类似如下的显示信息，每行后面是添加的注释。

2. 静态设置

"自动获得"方式在有些情况下是不能使用的。例如，网络中的服务器地址就必须是相对固定的，必须采用静态设置。在小型网络中，一般也采用静态设置方式。

静态设置方式就是在网络连接"Internet 协议 TCP/IP 属性"对话框中选中"使用下面的 IP 地址"和"使用下面的 DNS 服务器地址"单选按钮。然后在 IP 地址、子网掩码、默认网关文本框内填写合法的内容，在 DNS 服务器地址和备用 DNS 服务器地址文本框内填写本地 DNS 服务器的 IP 地址

使用静态方式设置的 IP 地址称作静态 IP 地址。静态设置的网络连接 TCP/IP 属性参数是固定不变的。静态设置网络连接 TCP/IP 属性参数时必须了解网络的网络地址规划情况、子网掩码、默认网关地址和本地 DNS 服务器的地址，要根据网络规划或网络管理员分配的 IP 地址设置。

3. 启用网络连接 TCP/IP 属性设置

在完成网络连接的 TCP/IP 属性设置后，有些情况下需要重新启动计算机后网络连接的 TCP/IP 属性设置才能生效。如果不重新启动计算机，也可以在如图 6-6 所示的“网络连接”窗口中右键“本地连接”图标，在弹出的快捷菜单中选择“停用”命令。当显示“本地连接禁用”后，双击“本地连接”图标，就可以使用新配置的网络连接 TCP/IP 属性参数重新启动网络连接。

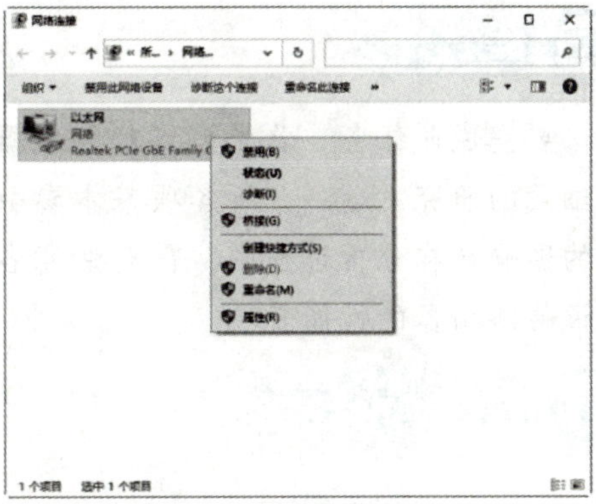

图 6-6　“网络连接”窗口

任务评价

评价内容	评价标准	分值/分	自评	师评
路由器的性能及工作原理	能够准确描述路由器的性能及工作原理	10		
路由器组网特点	理解路由器组网特点	10		
路由表	能够根据网络需求正确配置路由表	20		
主机路由设置	学会设置主机路由	20		
网络连接的 TCP/IP 属性设置	熟练掌握 IP 地址的自动获取与静态设置	30		
	熟练配置 DNS 服务器	10		
总分		100		

任务 2　路由器的参数

任务描述

本任务将详细介绍路由器基本参数和性能参数。通过详细解析路由器的接口类型、CPU 性能、内存配置等基本参数，以及全双工线速转发能力、设备吞吐量、等性能参数，帮助读者构建对路由器性能的全面认知。

任务分析

要完成此任务，首先需要对路由器的基础架构和工作原理有清晰的理解。其次通过细致的研究，逐一分析各项基本参数和性能参数的含义、作用及其对路由器整体性能的影响。在分析过程中，需要注意各项参数之间的关联性和相互影响，以便更准确地评估路由器的性能表现。

任务重点与实施

6.2.1 路由器基本参数

1. 接口类型

路由器能支持的接口类型，体现了路由器的通用性。常见的接口类型有：通用串行接口(如 RS232 DTE/DCE 接口、V.35 DTE/DCE 接口、X.21 DTE/DCE 接口、RS449 DTE/DCE 接口和 EIA530 DTE 接口等)，10 Mb/s、10/100 Mb/s、1 000 Mb/s 以太网接口，GBIC 插槽、SFP 插槽和 ATM 接口等。图 6-7 为拥有丰富接口类型的各种业务板。

2. CPU

对于任何一款路由器产品，CPU 都是它的“大脑”。通常在中低端路由器中，CPU 负责交换路由信息、路由表查找，以及转发数据包。CPU 的能力直接影响路由器的吞吐量(路由表查找时间)和路由计算能力(影响网络路由收敛时间)。在高端路由器中，通常包转发和查表功能由 ASIC 芯片完成，CPU 只实现路由协议、计算路由，以及分发路由表等任务。由于技术的发展，路由器中许多工作都可以由硬件实现(专用芯片)。CPU 性能并不完全反映路由器的性能。路由器性能由路由器吞吐量、时延和路由计算能力等指标体现。图 6-8 为 Intel IXP 2350 网络处理器。

图 6-7　拥有丰富接口类型的各种业务板

图 6-8　Intel IXP 2350 网络处理器内存

3. 内存

路由器中可能有多种内存(如图 6-9 所示)，如闪存(Flash)、DRAM 等。内存用于存储配置、路由器操作系统、路由协议软件等。在中低端路由器中，路由表可能存储在内存中。通常来说路由器内存越大越好(不考虑价格)。但是，与 CPU 能力类似，内存同样不直接反映路由器的性能。因为高效的算法与优秀的软件可能大大节约内存。

为了便于配置和系统升级，许多路由器外置了 Flash 插槽，可以根据需要选择相应容量的闪存卡。图 6-10 为路由器管理模块与闪存卡。

图 6-9 内存

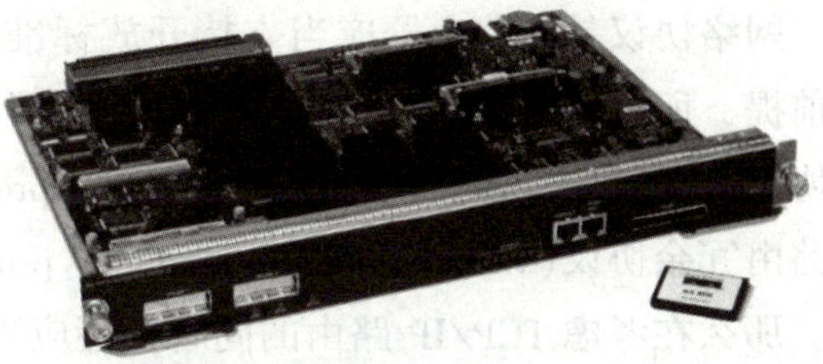

图 6-10 路由器管理模块和内存卡

4. 背板能力

背板能力是指路由器背板容量或者总线带宽能力，体现于路由器的吞吐量。背板能力对于保证整个网络之间的连接速度是非常重要的。如果所连接的两个网络速率都较快，而由于路由器的带宽限制，这将直接影响整个网络之间的通信速度。所以，对于连接较大网络的中高端路由器而言，当网络间的数据流量较大时，应当特别关注路由器的背板容量、背板能力。

5. 端口吞吐量

端口吞吐量是指路由器包转发能力，即路由器在某端口上的包转发能力，基本可以衡量路由器的路由性能。以 p/s(包每秒)为单位，应当达到线速处理能力。端口吞吐量通常采用两个相同速率接口测试。但是，测试接口可能与接口位置及关系相关。例如，同一插卡上端口间测试的吞吐量，可能与不同插卡上端口间吞吐量值不同。

6. 丢包率

丢包率是指路由器在稳定的持续负荷下，由于资源缺少导致应该转发的数据包中不能转发的数据包所占的比例。丢包率的大小会影响到路由器线路的实际工作速度，严重时甚至会使线路中断。

7. 转发时延

转发时延是指需转发的数据包最后一比特进入路由器端口，到该数据包第一比特出现在端口链路上的时间间隔。转发时延较高时，不仅会影响网络传输效率，而且还不能很好地实现视频会议、IP 电话等实时通信。该参数与背板容量、吞吐量等参数紧密相关。

8. 路由表能力

路由器通常依靠建立及维护的路由表来决定如何转发。路由表能力是指表内所容纳路由表项数量的极限。一般来说，高端路由器路由表容量应当较大，因为它将面对非常庞大的网络，而中低端路由器通常对路由表能力没有什么要求。原因很简单，其所应用的网络结构相对简单。该参数与路由器自身所带的缓存大小有关。

9. 网络协议

网络协议是指路由器应当支持开放标准的协议。开放标准的协议是设备互连的良好前提，所支持的协议也意味着设计上的灵活和高效。例如，是否支持完全的组播路由协议、是否支持多协议标签交换(multi-protocol label switching，MPLS)、是否支持虚拟路由冗余协议(virtual router redundancy protocol，VRRP)。此外，如果网络有特殊需求，那么在考虑 TCP/IP 路由的同时，还应当考虑路由器对其他路由协议的支持能力。

一些设备厂商为了提高效率，会开发出一些私有的协议，用户在选择这些特性上最好根据自己的需要选择，同时应当尽量避免在核心技术上采用此类技术。原因很简单，不标准的协议意味着不同设备供应商之间的不兼容，从而使用户困死在一个设备供应商上。同时，不标准的协议在历史上也往往是被新型的开放协议所取代。

10. 可靠性

可靠性是指路由器的可用性、负载承受能力、无故障工作时间和故障恢复时间等指标。

路由器的可靠性主要体现在接口故障和网络流量增大时的适应能力，保证这种适应能力的方式就是备份。可靠性也是选择路由器应该考虑最多的问题，因为路由器的安全可靠实际上就是网络安全可靠的保障。可靠性也包括多个方面，如硬件冗余、模块热插拔等。

6.2.2 路由器性能参数

路由器性能参数主要包括以下几个方面。

1. 全双工线速转发能力

路由器最基本且最重要的功能是数据包转发。在同样端口速率下转发小包是对路由器包转发能力最大的考验。全双工线速转发能力是指以最小包长(以太网 64 B、POS 口 40 B)和最小包间隔(符合协议规定)在路由器端口上双向传输的同时不引起丢包。该指标是路由器性能的重要指标。

2. 设备吞吐量

设备吞吐量是指设备整机包转发能力，是设备性能的重要指标。路由器根据 IP 包头或者 MPLS 标记选路，所以性能指标是每秒转发的包数量。设备吞吐量通常小于路由器所有端口吞吐量之和。

3. 背靠背帧数

背靠背帧数是指以最小帧间隔发送最多数据包不引起丢包时的数据包数量。该指标用于测试路由器缓存能力。有线速全双工转发能力的路由器该指标值无限大。

4. 时延

时延是指数据包第一个比特进入路由器到最后一个比特从路由器输出的时间间隔。在测试中通常使用测试仪表发出测试包到收到数据包的时间间隔。时延与数据包长相关，通常在路由器端口吞吐量范围内测试，超过吞吐量测试该指标没有意义。

5. 时延抖动

时延抖动是指时延变化。数据业务对时延抖动不敏感，所以该指标没有出现在Benchmarking测试中。由于IP上的多业务，包括语音、视频业务的出现，该指标才有测试的必要性。

6. VPN支持能力

通常路由器都能支持VPN。其性能差别一般体现在所支持的VPN数量上。专用路由器一般支持的VPN数量较多。无故障工作时间，该指标按照统计方式指出设备无故障工作的时间。一般无法测试，可以通过主要器件的无故障工作时间计算或者大量相同设备的工作情况计算。

7. 内部时钟精度

拥有ATM端口做电路仿真或者POS口的路由器互连通常需要同步。如使用内部时钟则其精度会影响误码率。内部时钟精度级别定义及测试方法可参见相应同步标准。

任务评价

评价内容	评价标准	分值/分	自评	师评
路由器基本参数	准确列举路由器基本参数	10		
	了解路由器各基本参数的含义和作用	40		
路由器性能参数	列举路由器性能参数	10		
	能够阐述各参数对性能的具体影响	40		
总分		100		

任务3 路由器的选择策略

任务描述

本任务要求在深入理解路由器选购原则的基础上，结合实际需求、可扩展性、性能和稳定性、产品性价比以及产品品牌等多个因素，制定出合理的路由器选购策略，以确保所选路由器能够满足当前及未来一段时间内的网络需求。

任务分析

要完成此任务，首先需深入理解和掌握路由器的选购原则，其次需将这些原则应用于实际选购过程中，结合具体网络环境、预算限制、未来发展需求等因素，综合考虑路由器的接口类型、性能参数、扩展能力等多方面信息，以制定出最优的选购方案。最后还需关注国内外路由器市场的发展动态，了解不同品牌、型号路由器的优缺点，以便在众多选择中做出明智的决策。

任务重点与实施

6.3.1 路由器的选购原则

选购路由器时，应当遵循以下基本原则。

1. 协议标准化原则

必须选择基于国际标准或行业标准的路由器。由于一些特殊路由协议，只有特定厂商的产品才予以支持，因此不太适合充当大型广域网络中的路由设备。

2. 操作简单化原则

必须选择技术实用、操作简单的路由器。实现的技术越简单，包处理效率越高、越不容易发生故障。操作过程越简单，实现功能的配置和管理就越方便。同一系列产品的路由器操作系统应当与交换机操作系统完全一致或基本一致，从而减轻网络管理员学习和掌握相关技术的难度。例如，不仅所有 Cisco 网络设备(如交换机、路由器、防火墙甚至无线设备)都采用 Cisco IOS 操作系统，而且许多业务模块都可以互用。同时，不仅路由器系列、交换机系列的模块可以通用，而且路由器和交换机的模块也可以通用。除此之外，Cisco 还分别为交换机、路由器和安全设备提供了图形化配置和管理界面，实现了网络设备的简单化管理。

3. 环境适应化原则

必须选择环境适应性强的路由器。如果网络规模较大，网络链路形式复杂，网络应用多样，那么将要求路由器拥有较高的适应能力。同时，路由器还应当具有一定的可扩展性，能够适应网络规模的扩大，或者拓扑结构的改变。也就是说，不仅要提供种类丰富的端口，以满足与远程路由设备的连接，而且还应当提供丰富的功能，从而实现网络应用所需要的各种服务。

4. 设备可管理原则

必须选择拥有强大监管和配置能力的路由器。路由器应当能够提供丰富的系统统计信息和运行日志，能够实现对故障的诊断和追踪，实现对深层故障的检测诊断，并能有效地实现设备的远程管理和维护，甚至在故障发生前或故障发生时，及时向网络管理员发出警告。

5. 系统容错冗余原则

用户在选择路由器时，应充分考虑设备是否支持热插拔、支持备份设置、支持自动切换等功能。对于大型网络中关键应用的核心路由器，应当拥有冗余电源、冗余风扇等模块。图6-11为Cisco 7613高可用性路由器，拥有2个冗余管理模块，以及2个冗余电源模块。

6. 安全可靠性原则

针对现代网络存在的各种安全隐患，路由器必须具有可靠的安全特性。路由器系统软件本身应当具有简单的IDS和IPS功能，拥有抵御一般网络攻击的能力，从而保护内部网络不受外部恶意攻击的侵害。当然，如果能够配置相应的功能模块，其安全效果将会更加完美。图6-12为应用于Cisco路由器的防火墙模块，可以让路由器所有端口都充当防火墙端口。

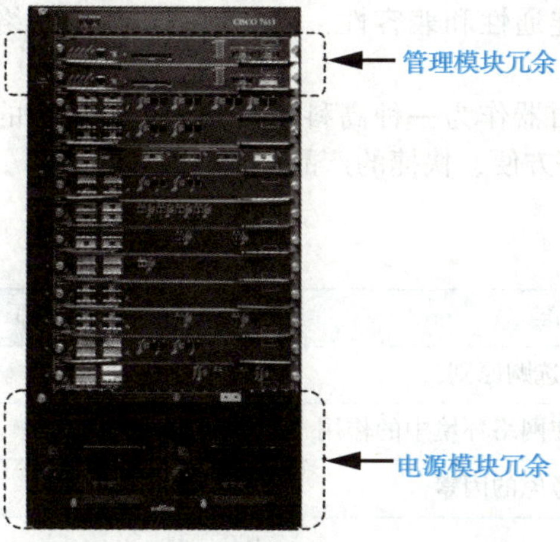

图6-11　Cisco7 613高可用性路由器

图6-12　Cisco路由器的防火墙模块

6.3.2 选购时应考虑的因素

在选购路由器时，还应当认真考虑以下因素。

1. 实际需求

作为电子产品，网络技术成熟周期不断缩短、设备制造成本不断下降、网络需求和网络应用日新月异，因此网络设备的淘汰周期(通常为 5 年左右)也在不断加快。所以，在制订设备购置计划时，应当考虑网络规模和网络应用的实际需要，不要盲目追求高性能、高稳定性，只要能满足实际需求并略有性能储备就可以了。

2. 可扩展性

充分考虑到近期内(1 ~3 年内)可能的网络扩展和升级，路由设备(尤其是核心路由设备)的性能和插槽都应当留有一定的扩展余地，以适应网络拓扑结构变化、网络应用服务发展、网络数据传输量增加的需要。

3. 性能和稳定性

兼顾产品的性能和稳定性，既保证网络数据的高速传输，又保障网络链路的稳定传输，还拥有丰富的功能和充分的安全性。总之，对于作为网络核心(利用路由设备作为核心设备)和网络边界(利用路由器实现与其他网络的连接)的路由器而言，高速、高效、稳定、安全两者缺一不可。

4. 产品性价比

无论是企事业单位，还是政府机关，在能够满足网络对性能和稳定性要求的前提下，应当尽量压缩开支，选择价格低廉、更具性价比的路由产品。近几年，国内网络设备厂商(如华为、锐捷)的技术不断成熟，设备的整体性能已经达到和接近国外知名产品的水平。因此，在断性能相近的情况下，建议选择更具价格优势、更加安全的国货产品。

5. 产品品牌

品牌往往是技术含量和稳定性的保障，因此选择路由器时，不可避免地将涉及品牌因素的影响。通常情况下，应选择知名品牌的产品。另外，路由器和交换机应当尽量选择同一厂商的产品，以保证设备之间的连通性和兼容性，以及网络协议和网络技术的一致性。

另外，品牌往往与服务连接在一起。路由器作为一种高科技产品，售前售后的支持和服务显得尤其重要。应尽量选择售后服务方便、快捷的产品。

任务评价

评价内容	评价标准	分值/分	自评	师评
路由器的选购原则	掌握路由器的选购原则	20		
	列举至少三个选购原则在网络环境中的作用	50		
选购时应考虑的因素	掌握选购时应考虑的因素	30		
总分		100		

任务 4　路由器的连接

任务描述

本任务将深入探讨路由器的连接策略，包括路由器在局域网中的位置选择、与局域网设备的连接方式、所需连接器与电缆的选择以及与广域网接入设备的连接方法。

任务分析

要成功完成此任务，首先需要明确路由器在网络拓扑结构中的角色和重要性，理解其作为内外网络边界设备的功能。其次需深入了解路由器连接的各种策略，包括其位置选择、连接端口类型、连接器与电缆的匹配，以及与不同网络设备的连接方法。最后还需具备对异步串行口和同步串行口的理解，以便能够正确连接路由器至广域网接入设备。

任务重点与实施

6.4.1　路由器连接策略

由于较大的数据传输都是在局域网内部进行的，所以，作为与 Internet 或其他网络进行互连的设备，路由器端口的传输速率大都不太高。一般情况下路由器的连接应当遵循以下策略。

在保障某些特别设备(如 Web 服务器)特殊需要的同时，要求网络内所有的计算机都享有同等访问路由器的机会。

如果没有特殊要求，路由器应当直接连接在核心层交换机上(图 6-13)。

6.4.2　与局域网设备的连接

以光纤为传输介质连接路由器与交换机时，其光纤跳线的使用与连接方式和交换机之间的连接完全相同，此处不复赘述。

如果路由器和交换机均提供 RJ-45 端口，那么，可以使用双绞线跳线将交换机和路由器的两个端口连接在一起。需要注意的是，路由器和集线设备之间的连接不使用交叉线，而是使用直通线，也就是说，跳线两端的线序完全相同。

另外，路由器和交换机端口的传输速率应当尽量匹配，否则，应使交换机和路由器的端口速率均设置为自适应，以保证其连接速率和双工模式的一致。另外，应当尽量将路由器直接连接至汇聚层交换机，如图 6-14 所示。

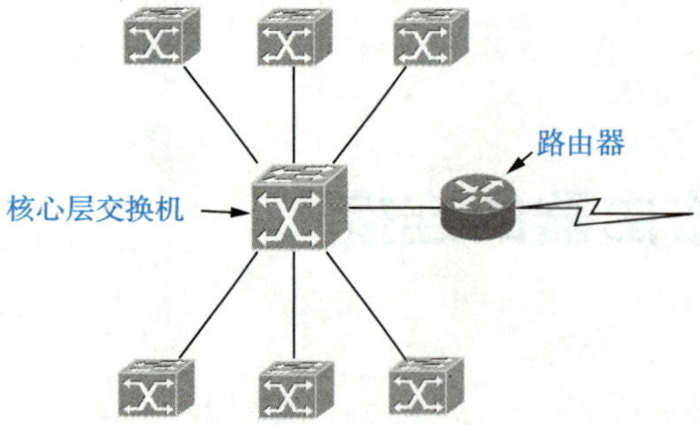

图 6-13 路由器连接在核心层交换机上

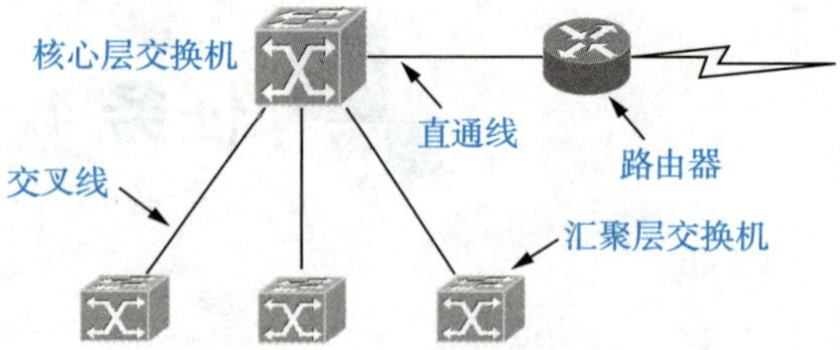

图 6-14 路由器与交换机之间的连接

6.4.3 连接器与电缆

1. 连接器

若欲连接不同类型的接口，必须使用与之适应的连接器。Cisco 路由器支持多种类型的接口，并提供了类型丰富的连接器，如 EIA/TIA-232 连接器(图 6-15)、EIA/TIA-449 连接器(图 6-16)、V. 35 连接器(图 6-17)、X. 21 连接器(图 6-18)和 EIA-530 连接器(图 6-19)。其中，上方为数据终端设备(data terminal equipment，DTE)连接器，下方为数据通信设备(data communications equipment，DCE)连接器。

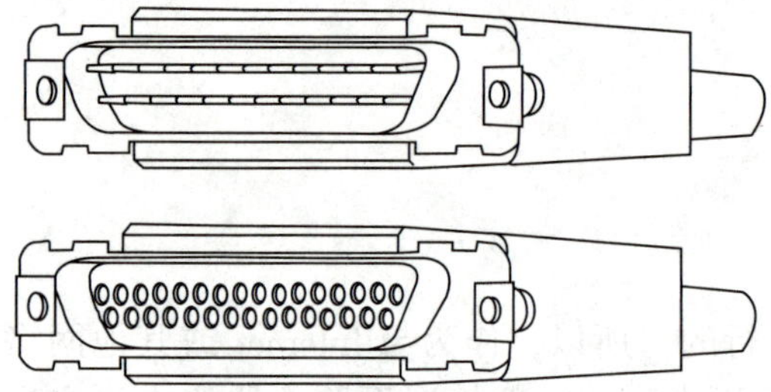

图 6-15 EIA/TIA-232 连接器

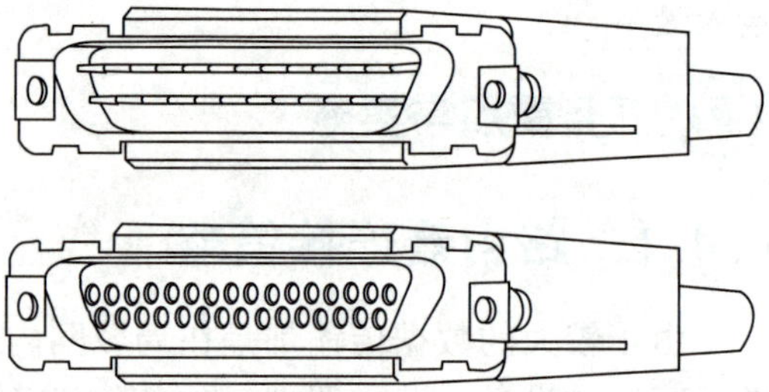

图 6-16 EIA/TIA-449 连接器

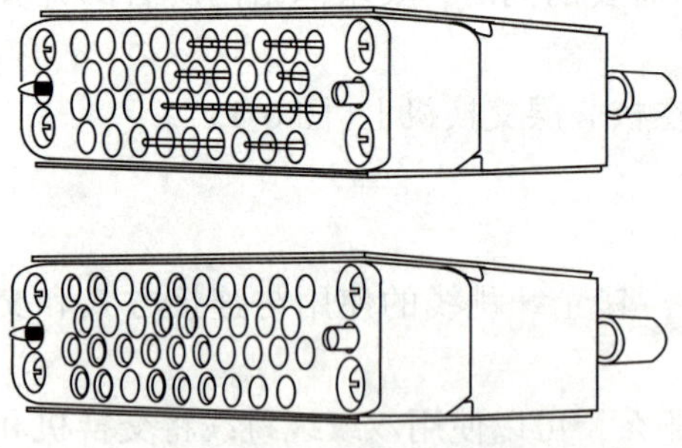

图 6-17 V. 35 连接器

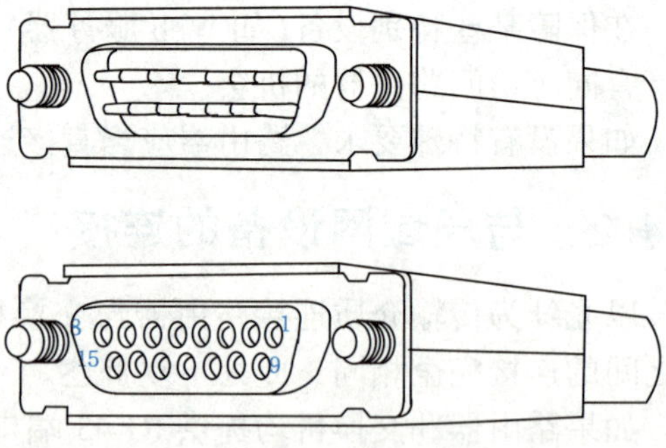

图 6-18 X. 21 连接器

此外，还包括 BNC 连接器(图 6-20)、DB-26 连接器、DB-60 连接器和 RJ-48 连接器等。

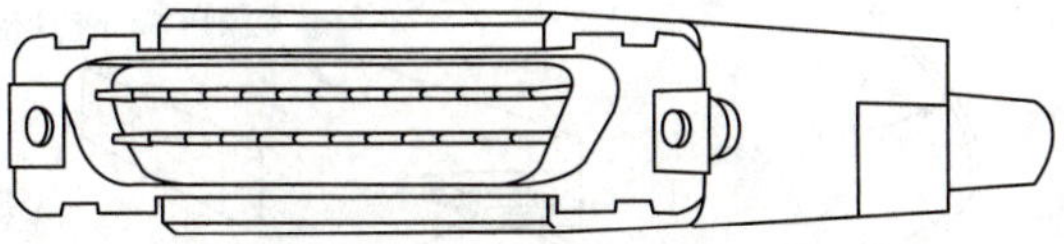

图 6-19　EIA-530 连接器

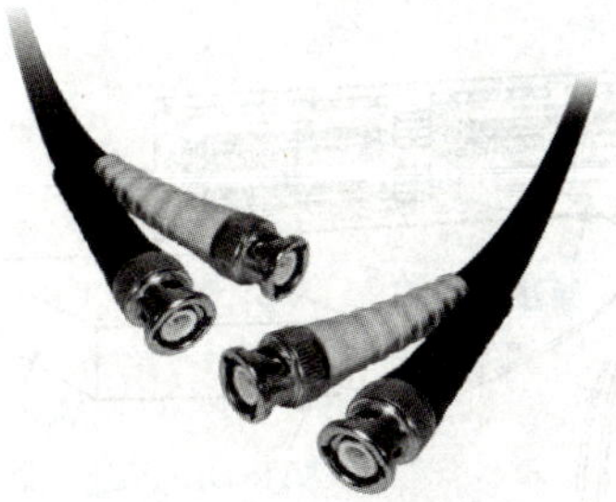

图 6-20　BNC 连接器

2. 路由器电缆

路由器电缆是适用于路由器之间、路由器与广域网设备之间连接的电缆。电缆的两端可以根据需要选择相同或不同的连接器。如图 6-21 所示，串行电缆的一端为 DB-60 连接器，另一端则依次分别为 EIA/TIA-232、EIA/TIA-449、V. 35、X. 21 和 EIA-350 连接器，用于连接不同类型的接口。

如图 6-22 所示，智能串行电缆的一端为 DB-26 连接器，另一端则依次分别为 EIA/TIA-232、EIA/TIA-449、V. 35、X. 21 和 EIA-350 连接器，用于连接不同类型的接口。

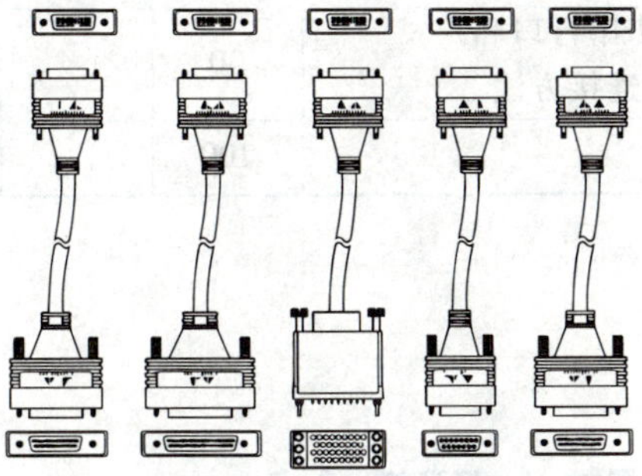

图 6-21　串行接口电缆

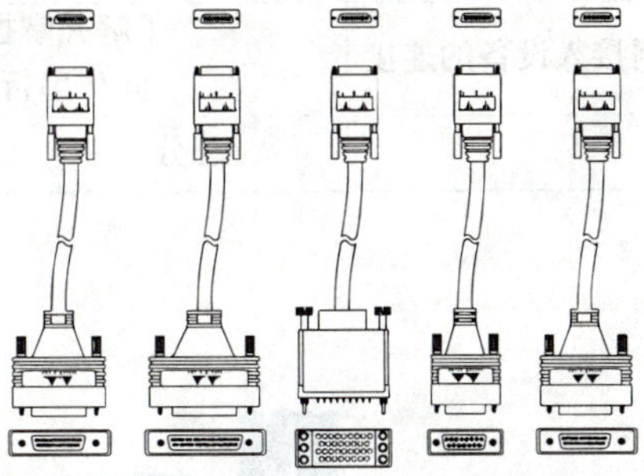

图 6-22　智能串行接口电缆

6. 4. 4　与广域网接入设备的连接

1. 异步串行口连接

异步串行口主要提供与 modem 的连接，用于实现远程计算机通过公用电话网拨入局域网络。除此之外，也可用于连接其他终端。当路由器通过线缆与 modem 连接时，必须使用 RJ-45-to-DB-25 或 RJ-45-to-DB-9 适配器。路由器与 modem 或终端之间的连接如图 6-23 所示。

2. 同步串行口连接

根据广域网和 Internet 接入设备的不同，可分别采用不同的电缆将路由器的同步串行口与 Internet 设备连接在一起。图 6-24 为同步串行接口连接至信道服务单元/数据服务单元(channel service unit/data service unit，CSU/DSU)。

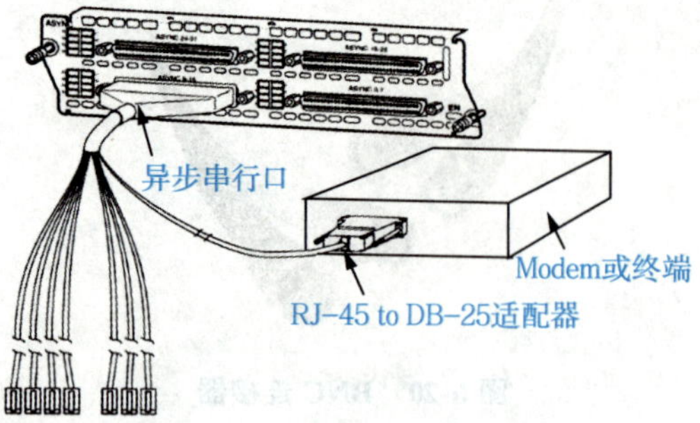

图 6-23　异步接口连接至异步设备

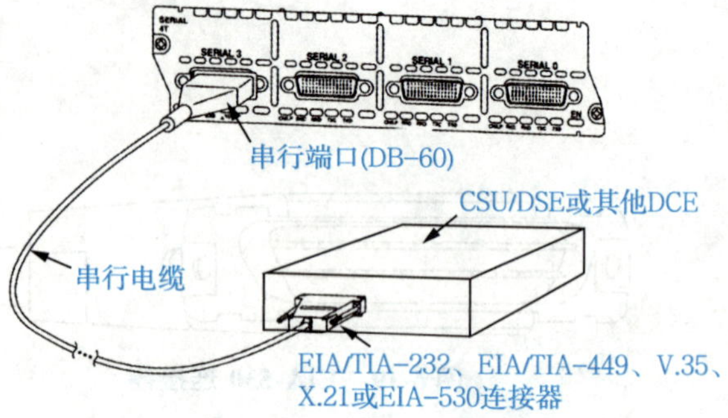

图 6-24　同步串行接口连接至 CSU/DSU

任务评价

评价内容	评价标准	分值/分	自评	师评
路由器连接策略	掌握并应用路由器连接策略	15		
与局域网设备的连接	熟练掌握与局域网设备的连接方法	25		
连接器与电缆	能够识别并选择合适的连接器与电缆	30		
与广域网接入设备的连接	了解并掌握异步串行口和同步串行口的连接方法	30		
总分		100		

任务 5　路由器测试

任务描述

路由器作为计算机网络的核心设备，在网络中得到了广泛的应用。高端路由器现已由企业级设备成为公众网上重要的电信级设备。随着互联网络的逐步普及以及它在生活中的重要性的增加，路由器的性能、功能、安全性、可靠性等指标变得越来越重要。所以对路由器的测试有其重要性与必要性。

任务分析

要完成此任务，首先需要深入学习路由器性能技术指标(含类型、配置、协议支持、性能、QoS 及可靠性)、测试规范(遵循 YD/T 标准)、测试类型与方法(功能、性能、稳定性、一致性、互操作性及网络管理测试),并通过实操测试记录分析结果,同时掌握 LED 指示灯判断法以迅速诊断网络故障。

任务重点与实施

6.5.1 路由器性能技术指标

路由器的测试也有一些具体的指标作为标准,其中包括以下几个方面。

1. 路由器类型

路由器类型主要用于比较路由器是否是模块化结构。模块化结构的路由器的可扩展性较好,可以支持多种端口类型,如以太网接口、快速以太网接口、高速串行口等,各种类型的端口的数量一般可以选择。固定配置路由器的可扩展性较差,只用于固定类型和数量的端口。

2. 路由器配置

路由器的配置主要是指接口种类、用户可用槽数、CPU 和内存等的设置。

路由器能支持的接口种类,体现在路由器的通用性方面。常见的接口种类有:通用串行接口、10/100 Mb/s 以太网接口、千兆以太网接口、ATM 接口(2 Mb/s、25 Mb/s、155 Mb/s、633 Mb/s 等)、POS 接口(155 Mb/s、622 Mb/s 等)、令牌环接口、FDDI 接口、El/T1 接口、E3/T3 接口、综合业务数字网(integrated services digital network, ISDN)接口等。

用户可用槽数指的是模块化路由器中除了 CPU 板、时钟板等必要系统板及/或系统板专用槽位之外,用户可以使用的插槽数。根据该指标以及用户板端口密度可以计算出该路由器所支持的最大端口数。

通常在中低端路由器中,CPU 负责交换路由信息、路由表查找和转发数据包。在上述的路由器中,CPU 能力直接影响到路由器的吞吐量(路由表查找时间)和路由计算能力(影响网络路由收敛时间)。在高端路由器中,包转发和查表由 ASIC 芯片完成,CPU 只负责路由协议、计算路由和分发路由表。由于技术的发展,路由器中许多工作都可以由硬件来完成(专用芯片)。CPU 的性能并不能完全反映路由器的性能。路由器的性能指标包括路由器吞吐量、时延和路由计算能力等。

在路由器中可能有多种内存,如 Flash、DRAM 等。内存用来存储配置、路由器操作系统、路由协议软件等内容。在中低端路由器中,路由表可能被存储在内存中。路由器的内存越大越好(不考虑价格)。

端口密度体现了路由器制作的集成度。由于路由器的体积不同,该指标应当折合成机架内每厘米端口数。

3. 路由协议支持

路由协议的支持指的是对 RIP/RIPv2、OSPF、IS-IS、BGP4 等路由选择协议的支持，为了支持下一代网络技术，还需要验证其对 IPv6 的支持。此外，还包括对 IEEE 802.3、IEEE 802.1Q 的支持、源地址路由支持、策略路由支持、PPP、PPPoE 的支持，以及对除 IP 以外的其他协议的支持，如 IPX、DECnet 等。

4. 对组播的支持

对组播的支持主要是对因特网组管理协议(Internet group management protocol, IGMP)和距离矢量组播路由选择协议(distance vector multicast roiting protocol, DVMRP)的支持，IGMP 是 IP 主机用来向相邻的多目路由器报告其多目组的成员。DVMRP 是基于距离矢量的组播路由协议，基本上是基于 RIP 开发。DVMRP 利用 IGMP 与邻居交换路由数据包。协议无关组播(protocol independent multicast)协议是一种组播传输协议，能在现有的 IP 网上传输组播数据。

5. QoS

QoS 是路由器测试的一项重要指标，其中包括以下内容。

(1)队列管理机制

队列管理控制机制通常指的是路由器拥塞管理机制和队列调度算法。常见的方法有 RED、WRED，WRR，DRR，WFQ，WF2Q 等。

(2)端口硬件队列数

通常路由器中所支持的优先级由端口硬件队列以保证。每个队列中的优先级由队列调度算法进行控制。

(3)分类业务带宽保证

路由器可以通过队列调度算法、资源预留协议(resource reservation protocol, RSVP)以及 IP Diff-Serv 等技术手段提供分类业务带宽保证。RSVP 用于端到端路径上资源的预留。RSVP 使用软状态刷新，是一种流驱动工作方式。该协议一般不能在大规模的全国范围网络上运行。但是通常情况下路由器支持该协议，一些著名厂商将该协议用于 MPLS。IP Diff-Serv(区分服务)用于对 IP 服务质量进行分级，是对 QoS 的一种简化。

6. 网络管理

网络管理是指网络管理员通过网络管理程序对网络上的资源进行集中化管理的操作，包括配置管理、计账管理、性能管理、差错管理和安全管理。设备所支持的网管程度体现在设备的可管理性与可维护性，通常使用 SNMPv2 协议对网络进行管理。网管粒度指的是路由器管理的精细程度，如管理到端口、到网段、到 IP 地址、到 MAC 地址等粒度。管理粒度可能会影响到路由器的转发能力。

7. 可靠性和可用性

可靠性和可用性包括设备的冗余设计，冗余包括接口冗余、插卡冗余、电源冗余、系统板冗余、时钟板冗余、设备冗余等。冗余用于保证设备的可靠性与可用性，冗余量的设计应当在设备可靠性要求和投资之间折中。路由器可以通过 VRRP 等协议来保证路由器的冗余。

此外，还包括热插拔组件，由于路由器通常要求 24 h 不间断地工作，所以，更换部件不能影响到路由器的工作。部件热插拔是路由器 24 h 工作的保障。

无故障工作时间，该指标按照统计方式指出设备无故障工作的时间。一般无法进行测试，可以通过主要器件的无故障工作时间或者大量相同设备的工作情况进行计算。

6.5.2　路由器测试规范

路由器测试规范主要由下面通信行业标准来进行规范：《路由器设备测试方法#核心路由器》(YD/T 1156—2023)；《路由器设备测试方法#边缘路由器》(YD/T 1098—2023)。以上标准分别参照下列的标准进行制定：《路由器设备技术规范—高端路由器》(YD/T 1097—2001)；《路由器设备技术规范—低端路由器》(YD/T 1096—2001)。

路由器设备技术要求主要按照行业标准《路由器设备技术要求 核心路由器》(YD/T 1097—2023)和《路由器设备技术要求 边缘路由器》(YD/T 1096—2023)来进行规范。

6.5.3　路由器测试的类型和方法

路由器测试一般可以分成以下几类：功能测试、性能测试、一致性测试、互操作性测试稳定性和可靠性测试以及网络管理测试。

1. 功能测试

路由器功能通常可以划分为如下几个方面。

(1)接口功能

接口功能用于将路由器连接到网络中，可以分为局域网接口和广域网接口两种。局域网接口主要包括以太网、令牌环、令牌总线、FDDI 等网络接口；广域网接口主要包括 El/T1、E3/T3 和 DS3 通用串行口等网络接口。

(2)通信协议功能

通信协议功能负责处理通信协议，包括 TCP/IP、PPP、X. 25 帧中继等协议。

(3)数据包转发功能

数据包转变功能主要用于按照路由表内容在各端口(包括逻辑端口)之间转发数据包并且改写链路层数据包的头信息。

(4)路由信息维护功能

路由信息维护该功能负责运行路由协议，维护路由表。路由协议包括 RIP、OSPF、BGP 等协议。

(5)管理控制功能

路由器管理控制功能包括 5 个功能：SNMP 代理功能、Telnet 服务器功能、本地管理、远端监控和 RMON 功能。管理控制通过多种不同的途径对路由器进行控制管理，并且允许记录日志。

(6)安全功能

安全功能用于完成数据包过滤、地址转换、访问控制、数据加密、防火墙、地址分配等功能。

路由器并非必须完全实现上述功能，但是由于路由器作为网络设备，存在最小功能集，对最小功能集所规定的功能，路由器必须给予支持。因为绝大多数的功能测试可以由接口测试、性能测试、协议一致性测试和网管测试所涵盖，所以，路由器功能测试一般可以仅对其他测试无法涵盖的功能进行验证性测试。路由器功能测试一般采用远端测试法。

2. 性能测试

路由器是 IP 网络的核心设备，其性能的好坏直接影响到 IP 网络规模、网络稳定性和网络可扩展性。由于 IETF 没有对路由器性能测试作出专门的规定，一般来说，只能按照 RFC 2544 进行测试。但是，路由器区别于一般简单的网络互联设备，因此，在性能测试时还应该加上路由器特有的性能测试，如路由表容量、路由协议收敛时间等指标。路由器性能测试应当包括以下指标。

(1)吞吐量

吞吐量是指测试路由器包转发的能力，指的是路由器在不丢包的条件下每秒转发包的极限，一般可以采用二分法查找该极限点。

(2)时延

时延是指测试路由器在吞吐量范围内从收到包到转发出该包的时间间隔。时延测试应当重复 20 次，然后取其平均值。

(3)丢包率

丢包率是指用于测试路由器在不同负荷下丢弃包占收到包的比例。不同负荷通常指从吞吐量测试到线速(线路上传输包的最高速率)，步长一般为线速的 10%。

(4)背靠背帧数

背靠背帧数是指测试路由器在接收到以最小包间隔传输时不丢包条件下所能处理的最大包数。该测试实际上是考验路由器的缓存能力，如果路由器具备线速能力(吞吐量=接口媒体线速)，则该测试没有意义。

(5)系统恢复时间

测试路由器在过载后恢复正常工作所需要的时间。测试方法可以采用向路由器端口发送吞吐量 110% 和线速间的较小值，持续 60 s 后，将速率下降到 50% 的时刻到最后一个丢包的时间范围。如果路由器具备线速能力，则该测试没有意义。

(6)系统复位

测试路由器从软件复位或关电重启到正常工作的时间间隔。正常工作指的是能以吞吐量转发数据。

在测试上述 RFC 2544 中规定的指标时应当考虑以下因素。

(1)帧格式：建议按照 RFC2 544 所规定的帧格式进行测试。帧长变化为从最小帧长到 MTU 顺序递增，如在以太网上采用 64 B、128 B、256 B、512 B、1 024 B、1 280 B、1 518 B；认证接收帧用于排除收到的非测试帧，如控制帧、路由更新帧等；广播帧用于验证广播帧对路由器性能的影响，在进行上述的测试后，在测试帧中夹杂 1% 广播帧时再测试；管理帧用于验证管理帧对路由器性能的影响，在进行上述的测试后，如果在测试帧中夹杂每秒一个管理帧，再重新进行测试。

(2)路由更新：路由更新即下一跳端口的改变对性能的影响。

(3)过滤器：在设置过滤条件下对路由器性能的影响，建议设置 25 个过滤条件测试。

(4)协议地址：测试路由器收到随机处于 256 个网络中的地址时对性能的影响。

(5)双向流量：测试路由器端口双向收发数据对性能的影响。

(6)多端口测试：测试流量全连接分布或非全连接分布对性能的影响。多协议测试：测试路由器在同时处理多种协议时对性能的影响。

(7)混合包长：除了测试所建议的递增包长之外，检查混合包长对路由器性能的影响，RFC 2544 除了要求包含所有测试包长之外，没有对混合包长中各个包长所占的比例进行规定。建议按照实际网络中各包长的分布测试，如在没有特殊应用要求时，以太网接口上可采用 60 字节包 50%、128 字节包 10%、256 字节包 15%、512 字节包 10% 和 1 500 字节包 15%。

除上述 RFC 2544 建议的测试项外，路由器还需要测试以下内容。

(1)路由震荡：测试路由震荡对路由器转发能力的影响。路由震荡程度即每秒更新路由的数量，可以根据网络条件而定。路由更新协议可以采用 BGP。

(2)路由表容量：测试路由表的大小。骨干网路由器通常运行 BGP，路由表包含全球的路由。一般来说要求超过 10 万条路由，建议通过采用 BGP 输入导出路由计数进行测试。

(3)时钟同步：在包含相应端口(如 POS 口)的路由器上测试内钟精度和同步能力。

(4)协议收敛时间：测试路由变化通知到全网所用的时间。该指标虽然与路由器单机性能有关，但是一般只能在网络上进行测试，而且会因配置的改变而变化。可以在网络配置完成后，通过检查该指标来衡量全网性能。测试时间应当根据具体项，目和测试目标而定。一般认为测试时间应当介于 60 ~ 300 s。

3. 一致性测试

路由器一致性测试通常采用“黑箱”方法，被测试设备 IUT 叫做“黑箱”。测试系统通过控制数据包捕获与观测点(packet capture and observation，PCO)与被测试设备接口来进行测试。

不同的测试事件是通过不同的 PCO 来控制和观察的，按照其应答是否符合规范，即定时关系和数据匹配限制，测试的结果可分为通过、失败、无结果三种。路由器是一种复杂的网络互联设备，需要在各个通信层上实现多种协议。例如，相应接口的物理层和链路层协议、IP/ICMP 等互联网层协议、TCP/UDP 等传输层协议、Telnet/SNMP 等应用层协议和 RIP/OSPF/BGP 等路由协议。

协议一致性测试应当包含路由器所实现的所有协议。由于该测试内容繁多且测试复杂，在测试中，可以选择重要的协议以及所关心的内容进行测试。由于骨干网上的路由器可能影响到全球路由，所以，在路由器测试中，应特别重视路由协议一致性测试，如 OSPF 和 BGP 协议。由于一致性测试只能选择有限测试例进行测试，一般无法涵盖协议的所有内容。所以，即使已通过测试也无法保证设备能完全实现协议的所有内容，所以最好的办法是在现实环境中进行测试。路由器一致性测试一般采用分布式测试法或远端测试法。

4. 互操作测试

由于通信协议、路由协议非常复杂并且拥有众多的选项，因此，实现同一协议的路由器并不能保证互通、互操作。并且因为一致性测试的能力有限，即使可以通过协议一致性测试也未必能保证完全实现协议，所以，有必要对设备进行互操作测试。

互操作测试实际上是将一致性测试中所使用的仪表替换成需要与之互通、互操作的设备，选择一些重要且典型的互联方式进行配置，观察两台设备是否能按照预期的计划正常工作。

5. 稳定性、可靠性测试

路由器的稳定性和可靠性很难进行测试。其一般可以通过以下两种途径得到。

厂家通过关键部件的可靠性以及备份程度来计算出系统的可靠性。

用户或厂家通过大量相同产品在使用中的故障率来统计产品的稳定性和可靠性。

6.5.4 路由器测试

由于路由器设备非常复杂，采用的接口和协议多种多样，所以对路由器进行测试所采用的仪表和仪表的配置，必须根据测试内容和路由器的实际配置来决定。一般来说，路由器测试所使用的仪表可以分为性能测试仪表、协议测试仪表和其他种类的仪表。

(1)性能测试仪表主要用于测试 IP 包转发能力。最典型的有 NetCom 公司的 SmartBit、安捷伦公司的 Router Tester 等。性能测试仪表有时也要求一些协议仿真能力，如对 BGP、OSPF 的仿真。

(2)协议测试仪表主要用于测试路由器对协议实现的一致性。主要的路由协议一致性测试仪表有安捷伦公司的 Router Tester 等。其他的协议，如 TCP/IP、ATM、ISDN、SNMP 等，可选用各种专用或通用仪表。

(3)其他仪表主要包括一些通用仪表，如示波器、万用表、率耗器、光功率计等。在测试仪表的选择中，还应当考虑仪表的精度以及误差范围，综上所述，路由器的测试是一项复杂且非常重要的工作，对路由器的测试，只有在研究测试方法的基础上，结合具体的测试情况，制定正确的测试方案，选择合适的测试仪表，认真地进行测试才能达到测试目的。

下面以某公司的一款路由器为例，使用 SmartBits 6000B 测试其转发性能。在测试中，使用 SmartBits 6000B 测试仪和 Smart Application 2. 50 测试软件，并用一台 PC 作为 SmartBits 6000B 的控制台。

根据网络互联设备的基准测试标准 RFC 2544，完成吞吐量、延迟、帧丢失率以及 Back to Back 测试。在测试时，将被测路由器的两个以太网端口与测试仪的相应端口连接起来，测试它在 100 Mb/s 速率下的双向全双工转发性能，如图 6-25 所示。

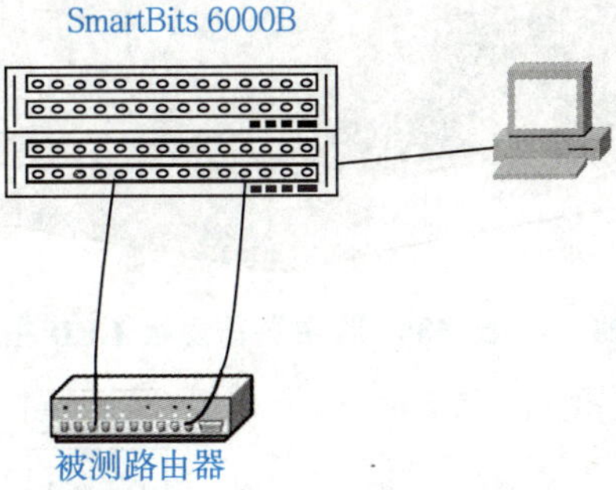

图 6-25 路由器转发性能测试示意图

为了测试该路由器的转发性能，在测试过程中，选用 64 B、512 B 和 1 518 B 三种帧。针对吞吐量测试，设置允许的丢包率为 0，分别以 3 种长度的数据报注入路由器，逐渐加大流量，直到出现丢包的临界，这时，测量的流量就是该路由器的最大吞吐量。

为了测试路由器的时延，设置一个统一的测试速率，在 6%、35% 和 80% 线速下分别测试 64 B、512 B 和 1 518 B 帧长下的延迟。测试时间设置为 120 s。

6. 5. 5 LED 指示灯判断

借助路由器的 LED 指示灯，可以直观而快速判断系统工作状态和端口工作状态，从而有利于网络故障，特别是网络链路故障的诊断和排除。

1. Cisco 3825 路由器

LED 指示灯路由器各接口的工作状态，也可以借由 LED 指示灯进行判断。图 6-26 为 Cisco 3825 路由器前面板 LED 指示灯，图 6-27 为 Cisco 3825 路由器后面板 LED 指示灯。

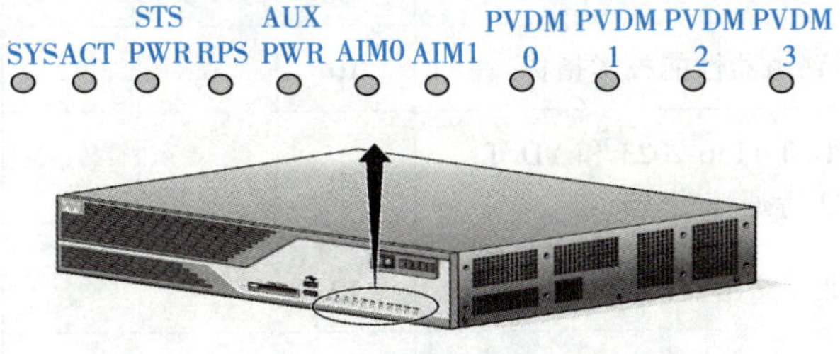

图 6-26 Cisco 3825 路由器前面板 LED 指示灯

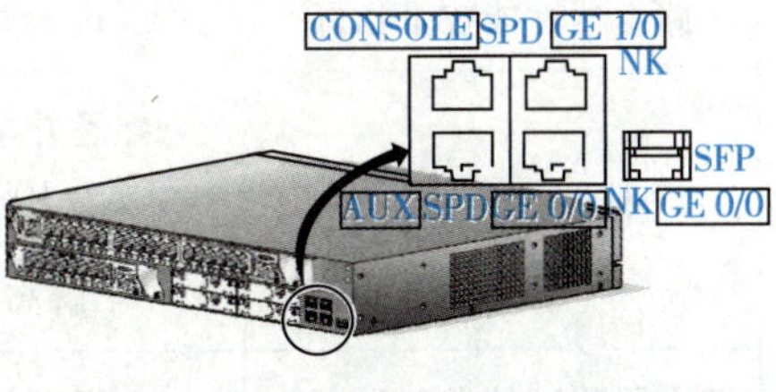

图 6-27 Cisco 3825 路由器后面板 LED 指示灯

2. Cisco 3845 路由器 LED 指示灯

图 6-28 为 Cisco 3845 路由器前面板 LED 指示灯，图 6-29 为 Cisco 3845 路由器后面板 LED 指示灯。

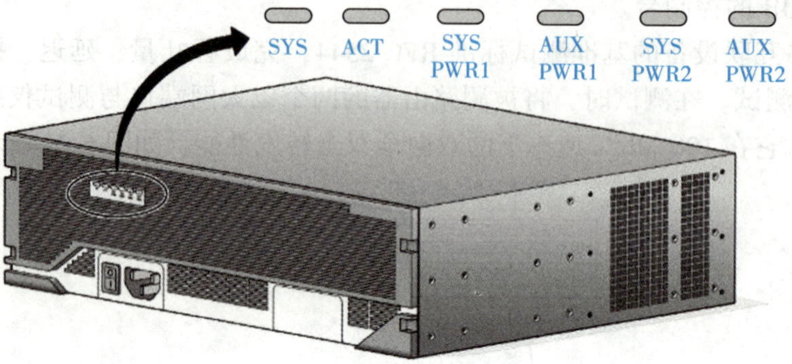

图 6-28　Cisco 3845 路由器前面板 LED 指示灯

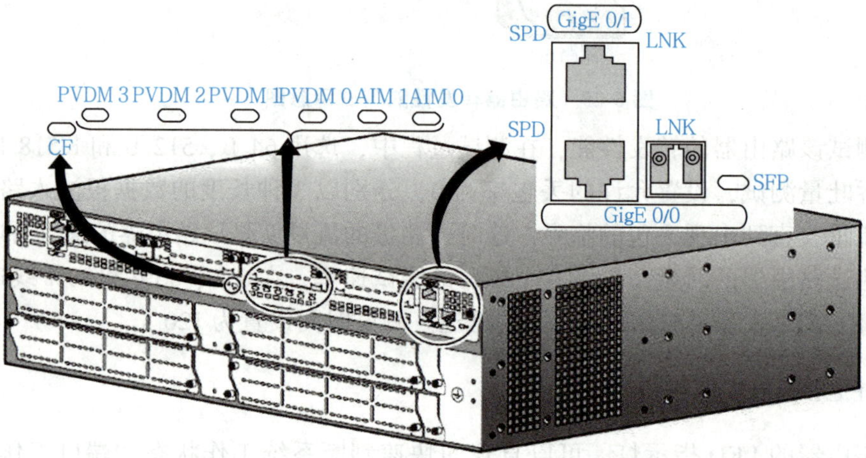

图 6-29　Cisco 3845 路由器后面板 LED 指示灯

任务评价

评价内容	评价标准	分值/分	自评	师评
路由器性能技术指标	理解并掌握路由器性能技术指标	10		
路由器测试规范	熟悉并掌握 YD/T 1156-2023 和 YD/T 1098-2023 等通信行业标准	20		
	了解高端和低端路由器的测试规范	10		
路由器测试的类型和方法	了解并掌握不同类型的测试方法	20		

（续表）

评价内容	评价标准	分值/分	自评	师评
路由器测试	能够选择合适的测试仪表和工具	20		
	能够进行路由器性能测试，并记录和分析测试结果	10		
LED 指示灯判断	能够通过观察路由器的 LED 指示灯，判断系统工作状态和端口状态	10		
总分		100		

项目小结

本项目深入学习了路由器技术、参数、选择策略、连接方法及测试规范，掌握了路由器配置基础。通过本项目的学习，读者能够加深对路由器应用的理解，提升了网络构建与维护技能，为复杂网络环境管理提供了有力支持。

项目习题

一、选择题

1. 路由器在 OSI 模型中主要工作在以下哪一层？（　　）

A. 物理　　B. 数据链路层

C. 网络层　　D. 传输层

2. 路由表的主要作用是什么？（　　）

A. 存储网络设备的硬件地址　　B. 存储网络设备的软件信息

C. 确定数据包的转发路径　　D. 控制网络设备的访问权限

3. 默认路由的作用是什么？（　　）

A. 用于到达特定网络的路由

B. 用于到达特定主机的路由

C. 当路由表中没有找到匹配的路由时使用的路由

D. 用于广播报文的路由

4. 以下哪项不是路由器的组网特点？（　　）

A. 网络的互联　　B. 网络的隔离

C. 网络的广播　　D. 流量的控制

5. 在配置路由器时，以下哪个命令用于设置接口的 IP 地址？（　　）

A. ip address　　B. ip route

C. ip config　　D. interface

二、填空题

1. 路由器的基本功能是________和________。

2. 在 TCP/IP 属性设置中，如果选择“自动获得 IP 地址”，则系统会自动配置________、________、________和 DNS 服务器地址。

3. 路由器性能的一个重要指标是________，它表示路由器每秒可以转发的数据包数量。

三、简答题

1. 简述路由器与交换机在功能上的主要区别。
2. 解释什么是静态路由和动态路由，并说明各自的优点。
3. 描述如何通过命令行界面(CLI)检查路由器的接口状态。
4. 什么是 VPN，它在网络中起到什么作用?
5. 为什么在配置路由器时需要考虑路由器的可靠性和安全性?

四、项目实战

路由器的 Telnet 配置

小明所在实习公司在组建局域网时，已经对公司的网络设备进行了基本配置，现在全部接入网络，投入使用。为方便对网络设备进行维护，现在需要配置其 Telnet 功能，以方便远程管理。

Telnet 是 Cisco 交换机上支持 VTY 的默认协议。如果为 Cisco 交换机分配了管理 IP 地址，则可以使用 Telnet 客户端连接到交换机。但是 VTY 线路并不安全，可以为 VTY 线路配置密码身份验证来保护通过 VTY 线路对交换机的访问。这可以提高 Telnet 服务的安全性。实训拓扑结构如图 6-30 所示，网络参数设置如表 6-3 所示。

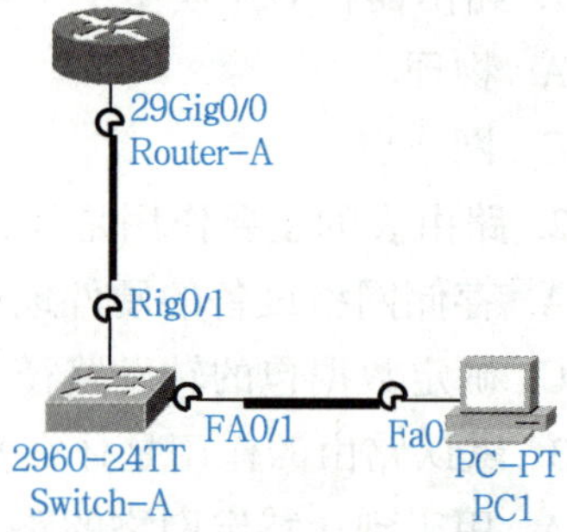

图 6-30 Telnet 访问路由器拓扑图

1. 所需设备

(1) Cisco 2911 路由器 1 台。

(2) Cisco Catalyst 2960 交换机 1 台。

(3) 直通线 2 条。

(4) Console 线 1 条。

表 6-3 网络参数设置

设备	端口	IP 地址	子网掩码	网关
Router-A	g0/0	192. 168. 1. 1	255. 255. 255. 0	无

（续表）

设备	端口	IP 地址	子网掩码	网关
Switch-A	VLAN1	192. 168. 1. 100	255. 255. 255. 0	192. 168. 1. 1
	Fa0/1	无	无	无
	G0/1	无	无	无
PC1	192. 168. 1. 2	255. 255. 255. 0	192. 168. 1. 1	

2. 设计思路

（1）按照图 6-30 连接网络拓扑结构。

（2）按照表 6-3 配置计算机的 IP 地址、子网掩码和网关。

（3）设置交换机 A 的主机名和 IP 地址。

（4）设置路由器 A 的主机名和接口 IP 地址。

（5）查看路由器 A 的端口 IP 地址配置情况。

（6）设置特权模式密码。

（7）配置 Telnet。

（8）保存设置。

（9） Telnet 测试。

项目 7 综合布线

项目导读

本项目旨在深入理解和掌握综合布线系统的设计与实施。首先探讨综合布线的概念、特点、意义及标准，为后续的系统设计奠定理论基础。详细解析综合布线系统的各个环节设计，包括工作区、水平配线、垂直干线、设备间、管理子系统和建筑群子系统等。其次介绍在施工阶段，将关注管槽安装、电缆与光缆的布线敷设等关键步骤。最后学习如何进行综合布线系统的测试与验收，保障系统的稳定性和可靠性关注布线行业动态，树立学无止境的学习观。

学习目标

◆ 知识目标

- 了解综合布线系统的概念和设计内容。
- 掌握综合布线前需要的施工准备工作。
- 了解综合布线验收相关规范。

◆ 技能目标

- 掌握敷设电缆和光缆布线。
- 熟练测试电缆信道和链路。

◆ 素质目标

- 养成动手布线过程认真负责的习惯，培养读者职业责任心。
- 帮助读者树立正确的价值观念，塑造良好人格。

◆ 思政目标

- 提高读者的职业素养，引导读者意识到自身的责任和义务。
- 活跃读者的思想政治思维，提高读者政治觉悟。

任务1 综合布线系统工程设计

任务描述

本任务旨在通过深入理解综合布线系统的概念、特点、意义及标准，掌握综合布线系统设计的全过程，包括从工作区子系统到建筑群子系统的各个关键环节设计，以及接地系统的规划。

任务分析

要完成此任务，需深入理解综合布线的概念、特点、意义及标准，掌握从工作区到建筑群子系统的全方位设计，包括接地系统规划。实施过程中，需明确需求，参考标准，制定详细方案，并绘制施工图。评价标准涵盖对概念理解、标准掌握、设计概述、步骤熟悉度及子系统设计的考核。

任务重点与实施

7.1.1 综合布线工程网络方案设计

综合布线系统（premises distribution system，PDS）又称建筑物结构化综合布线系统（structured cabling system，SCS），也称开放式布线系统，是一种在建筑物和建筑群中综合数据传输的网络系统。它把建筑物内部的语音交换、智能数据处理设备及其他广义的数据通信设施相互连接起来，并采用必要的设备同建筑物外部数据网络或电话局线路相连。结构化布线系统根据各节点的地理分布情况、网络配置情况和通信要求安装适当的布线介质和连接设备，是智能系统建筑工程的重要组成部分。

综合布线

1. 综合布线的概念与特点

综合布线系统是一种模块化的、灵活性极高的建筑物内或建筑群之间的信息传输网络。它将语音、数据、图像和多媒体业务设备的布线网络组合在一套标准的布线系统上，它以一套由共用配件所组成的单一配线系统，将各个不同制造厂家的各类设备综合在一起，使各设备互相兼容，同时工作，实现综合通信网络、信息网络和控制网络间的信号互联互通。应用系统的各种设备终端插头插入综合布线系统的标准插座内，再在设备间和电信间对通信链路进行相应的跳接，就可运行各应用系统了。

综合布线系统支持具有TCP/IP通信协议的视频安防监控系统、出入口控制系统、停车库(场)管理系统、访客对讲系统、智能卡应用系统、建筑设备管理系统、能耗计量及数据远传系统、公共广播系统、信息引导(标识)及发布系统等弱点系统的信息传输。

综合布线系统将建筑物内各方面相同或类似的信息缆线、接续构件按一定的秩序和内部关系组合成整体，几乎可以为楼宇内部的所有弱电系统服务，这些子系统包括以下几个。

① 电话(音频信号)。

② 计算机网络(数据信号)、有线电视(视频信号)、保安监控(视频信号)。

③ 建筑物自动化(低速监控数据信号)。

④ 背景音乐(音频信号)。

⑤ 消防报警(低速监控数据信号)。

了解综合布线首先要了解它的优点，布线技术是从电话预布线技术发展起来的，经历了从非结构化布线系统到结构化布线系统的过程。作为智能化楼宇的基础，综合布线系统是必不可少的，它可以满足建筑物内部及建筑物之间的所有计算机、通信及建筑物自动化系统设备的配线要求。综合布线同传统的布线相比，有着许多优越性。其优点主要表现在具有兼容性、开放性、灵活性、可靠性、先进性和经济性，而且在设计、施工和维护方面给人们带来了许多方便。

(1)兼容性

综合布线的首要特点是兼容性。兼容性是指其自身是完全独立的，与应用系统相对无关，可用于多种系统中。由于它是一套综合性的全开放式系统，因此它可以使用相同的电缆与配线端子排，以及相同的插头与模块化插孔、适配器，可以将不同厂商设备的不同传输介质全部转换成相同的屏蔽或非屏蔽双绞线。

综合布线将语音、数据与监控设备的信号线经过统一的规划和设计，采用相同的传输媒体，信息插座、交连设备、适配器等，把这些不同信号综合到一套标准的布线中。由此可见，这种布线比传统布线更加简化，可节约大量的物资、时间和空间。

在使用时，用户可不定义某个工作区的信息插座的具体应用，只把某种终端设备(如个人计算机、电话、视频设备等)插入这个信息插座，然后在管理间和设备间的交接设备上做相应的接线操作，这个终端设备即可被接入到对应的系统中。

(2)开放性

对于传统的布线方式，只要用户选定了某种设备，也就选定了与之相适应的布线方式和传输媒体。如果更换另一种设备，那么原来的布线就要全部更换。对于一个已经完工的建筑物，这种变化是十分困难的，要增加很多投资。而综合布线由于采用开放式体系结构，符合多种国际上现行的标准，因此它是开放的，如支持计算机设备、交换机设备等；并支持所有通信协议，如ISO/EC 8802-3、ISO/EC 8802-5等。

(3)灵活性

传统的布线方式是封闭的，其体系结构是固定的，迁移设备或增加设备是相当困难而麻烦的，甚至是不可能的。综合布线采用标准的传输线缆和相关连接硬件的模块化设计，因此所有通道都是通用的。每条通道可支持终端、以太网工作站及令牌环网工作站。由于综合布线系统采用相同的传输介质、星形拓扑结构，因此所有信息通道都是通用的，信息通道可支持电话、传真、多用户终端、ATM 等。所有设备的开通及更改均不需要改变布线系统，只需增减相应的网络设备并进行必要的跳线管理即可。另外，组网也可灵活多样，甚至在同一房间可有多个用户终端，以太网工作站、令牌环网工作站可以并存，系统组网也可灵活多样，各部门既可独立组网又可方便地互连，为用户组织信息流提供了必要条件。

(4)可靠性

传统的布线方式由于各个应用系统互不兼容，因而在一个建筑物中往往要有多种布线方案。因此系统的可靠性要由所选用的布线可靠性来保证。当各应用系统布线不当时，还会造成交叉干扰。综合布线采用高品质的材料和组合压接的方式构成一套高标准的信息传输通道。每条通道都采用专用仪器校验、校对线路衰减、串音、信噪比，以保证其电气性能。系统布线全部采用物理型拓扑结构，应用系统布线全部采用点到点端接，结构特点使得任何一条线路的故障均不影响其他线路的运行，同时为线路的运行维护及故障检修提供了极大的方便，所有线槽和相关连接件均通过 ISO 认证，从而保障了系统的可靠运行。各应用系统往往采用相同的传输媒体，因而可互为备用，提高了备用冗余度。

(5)先进性

综合布线系统采用光纤与五类或六类双绞线混合布线方式，所有线缆均采用世界上最新的通信标准，所有信息通道均根据 ISDN 标准按八芯双绞线配置。超五类双绞线带宽达 100 MHz，最大数据传输速率可达 100 ~ 155 Mb/s，六类双绞线带宽可达 200 ~ 250 MHz，最大传输速率可达 1 000 Mb/s，对于特殊用户需求，可把光纤敷到桌面(fiber to the desk)，这样，线路的带宽完全取决于接入设备端口的带宽。通过主干通道可同时多路传输多媒体信息，同时物理星形的布线方式为将来发展交换式网络奠定了坚实的基础，为同时传输多路实时多媒体信息提供了足够的带宽容量。

(6)经济性

综合布线比传统布线具有经济性的优点，综合布线可适应相当长时间的需求，而传统布线适应时间较短且改造很费时，影响日常工作。与传统布线方式相比，综合布线是一种既具有良好的初期投资特性，又具有极高的性能价格比的高科技产品。

综合布线较好地解决了传统布线方法存在的许多问题，随着科学技术的迅猛发展，人们对信息资源共享的要求越来越迫切，尤其是以电话业务为主的通信网逐渐向 ISDN 过渡，越来越重视能够同时提供语音、数据和视频传输的集成通信网。因此，综合布线取代传统布线是历史发展的必然趋势。

2. 综合布线的意义

应用综合布线系统可以降低整体实施成本，方便日后升级及维护，因而是目前企业信息化实施的主流方向。与传统布线方式相比，综合布线是一种既具有良好的初期投资特性，又具有极高的性能价格比的高科技产品。

(1)综合布线系统投资增长缓慢

随着应用系统的增加，综合布线系统的投资增长缓慢。综合布线与传统布线初期投资比较如图 7-1 所示。由图中可以看出，当应用系统数是 1 时，传统布线投资约为综合布线的一半，但当应用系统个数增加时，传统布线方式的投资增长得很快，其原因在于所有布线都是相对独立的，每增加一种布线就要增加一份投资。而综合布线初期投资较大，但当应用系统的规模增加时，其投资增加幅度很小。其原因在于：各种布线是相互兼容的，都采用相同的缆线和相关连接硬件，电缆还可穿在同一管道内。从图 7-1 还可看出，当一座建筑物有 2 ~ 3 个应用系统时，综合布线与传统布线两条曲线相交，形成一个平衡点，此时两种布线投资大体相同。

(2)综合布线系统具有较高的性价比

综合布线相对于传统布线在经济性方面的主要优势在于性价比随时间推移不断升高。

如图 7-2 所示，综合布线系统的使用时间越长，它的高性能价格比体现得越充分。从图中还可以看出，随着时间的推移，综合布线方式的曲线是上升的，而传统布线方式的曲线是下降的。在布线系统竣工初期，用于系统维护的费用比较低，综合布线方式的高性价比优势还体现不出来。但是，随着使用期的延长，系统会不断出现新的需求、新的变化、新的应用，传统布线系统显得无能为力，就需要重新布线。而且由于传统布线方式管理困难，使系统维护费用急剧上升。相反，由于综合布线系统在设计之初就已经考虑了未来应用的可能变化，所以它能适应各种需求，而且管理维护也很方便，为用户节省了大量运行维护费用。

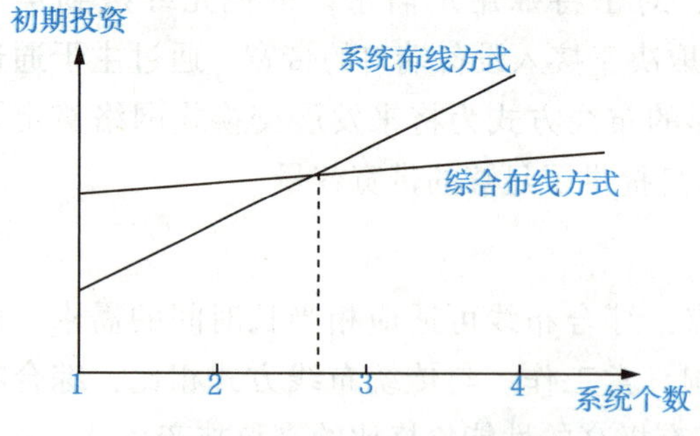

图 7-1　综合布线与传统布线初期投资比较图

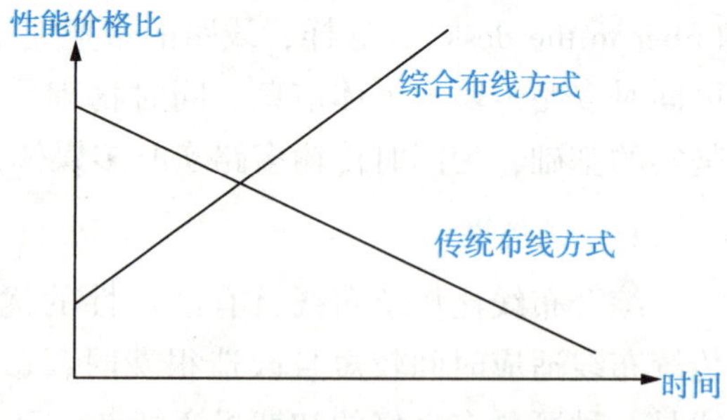

图 7-2　合布线与传统布线的性价比

3. 综合布线标准

1984 年世界上第一座智能大厦建成。1985 年初美国计算机工业协会提出对大楼综合布线标准化的倡议。美国电子工业协会和美国电信工业协会受命开始了综合布线系统标准化制定工作。

目前综合布线系统标准主要有下列几种。

(1)05X101—2：地下通信线缆敷设。

(2)DL/T 5505—2015：电力应急通信设计技术规程。

(3)GB 50311—2016：综合布线系统工程设计规范。

(4)GB/T 50312—2016：综合布线系统工程验收规范。

同时这些标准还支持下列计算机网络标准。

(1)DB52/T 1335—2018：室外无线局域网工程测量规范。

(2)GB/T 32420—2015：无线局域网测试规范。

(3)ATM：异步传输模式。

标准分为强制性和建议性两种。所谓强制性是指要求是必须的，而建议性则意味着也许可能或希望。强制性标准通常适于保护、生产、管理和兼容，它强调了绝对的最小限度可接受的要求，而建议性或希望性的标准通常针对最终产品。在某种程度上，在统计范围内确保全部产品与使用的设施设备相适应体现了这些准则。另一方面，建议性准则是用于在产品的制造中提高生产率，无论是强制性的要求还是建议性的要求都是同一标准的技术规范。建议性的标准是为了达到一个目的：未来的设计要努力达到特殊的兼容性或实施的先进性。

7.1.2 综合布线系统设计

1. 综合布线系统设计概述

综合布线系统是开放式网络拓扑结构，能够支持语音、数据、图像、多媒体业务等信息的传递。

综合布线系统工程按以下七个部分进行设计。

(1)工作区

一个独立的需要设置终端设备(terminal equipment，TE)的区域宜划分为一个工作区。工作区应由配线子系统的信息插座模块(telecommunications outlet，TO)、延伸到终端设备处的连接缆线及适配器组成。

(2)配线子系统

配线子系统应由工作区的信息插座模块、信息插座模块至电信间配线设备(floor distributor，FD)的配线电缆和光缆、电信间的配线设备及设备缆线和跳线等组成。

(3)干线子系统

干线子系统应由设备间至电信间的干线电缆和光缆、安装在设备间的建筑物配线设备(building distributor，BD)，以及设备缆线和跳线组成。

(4)建筑群子系统

建筑群子系统应由连接多个建筑物之间的主干电缆和光缆、建筑群配线设备

(campus distrbutorCD)，以及设备缆线和跳线组成。

(5)设备间

设备间是在每幢建筑物的适当地点进行网络管理和信息交换的场地。对于综合布线系统工程设计，设备间主要安装建筑物配线设备。电话交换机、计算机主机设备及入口设施也可与配线设备安装在一起。

(6)进线间

进线间是建筑物外部通信和信息管线的入口部位，并可作为入口设施和建筑群配线设备的安装场地。

(7)管理间

管理应对工作区、电信间、设备间、进线间的配线设备、缆线、信息插座模块等设施按一定的模式进行标识和记录。

2. 综合布线系统的构成要求

(1)综合布线系统基本构成要符合如图 7-3 所示的要求。

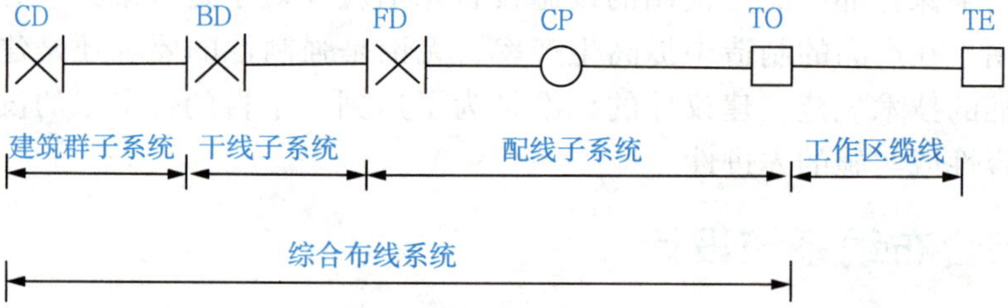

图 7-3　综合布线系统基本构成

(2)综合布线子系统构成要符合如图 7-4 所示的要求。

(3)综合布线系统入口设施及引入缆线构成要符合如图 7-5 所示的要求。

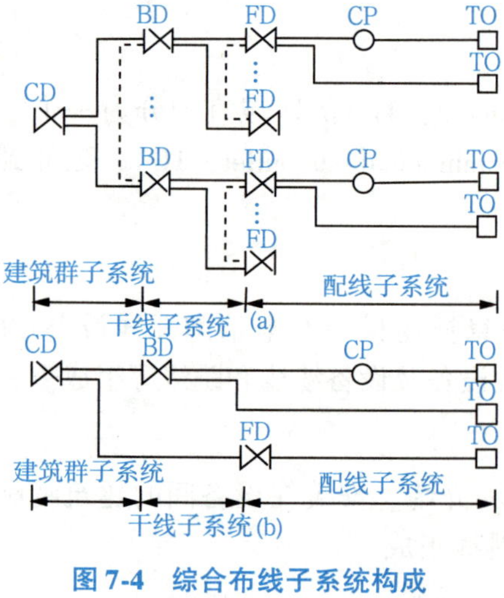

图 7-4　综合布线子系统构成

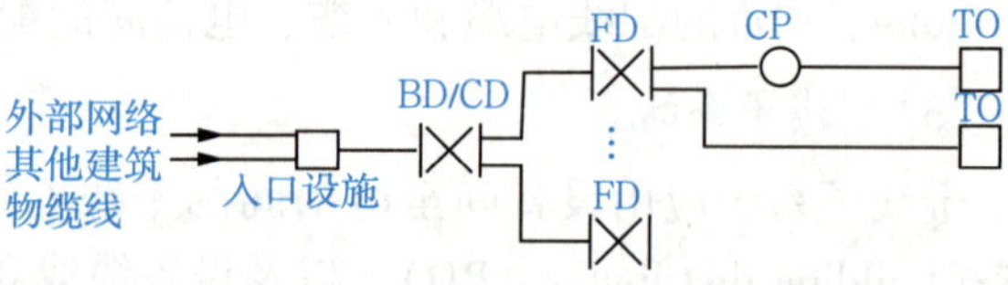

图 7-5　综合布线系统引入部分构成

3. 综合布线系统设计步骤

根据通信工程建设特点，综合布线设计人员在设计施工图时，可根据以下步骤进行设计。

(1) 获取建筑物平面图：到施工现场与用户沟通并获得建筑施工平面图。

(2) 进行现场勘查：在获得建设施工平面图后到施工现场进行现场勘查。

(3) 获取用户需求：了解最终用户的实际需求，进而确定系统需求。

(4) 设计系统结构：根据建筑结构特点和用户需求设计布线系统结构。

(5) 设计布线路由：根据建筑施工平面图和用户需求设计布线系统路由。

(6) 绘制布线施工图：根据建筑施工平面图和用户需求信息设计布线系统施工图。

(7) 编制布线用料清单：根据布线系统施工图编制布线系统所需的用料清单。

4. 工作区子系统设计

一个独立的、需要设置终端设备的区域宜划分为一个工作区。工作区应由（水平）配线布线系统的信息插座及延伸到工作站终端设备处的连接电缆和适配器组成。一个工作区的服务面积可按 5 ~ 10 m^2 估算，或按不同的应用场合调整面积的大小。每个工作区信息插座的数量应按相关规范配置。

(1) 工作区适配器的选用规定

① 设备的连接插座应与连接电缆的插头匹配，不同的插座与插头应加装适配器。

② 当开通 ISDN 业务时，应采用网络终端或终端适配器。

③ 在连接使用不同信号的数模转换或数据速率转换等相应装置时，宜采用适配器。

④ 对于不同网络规程的兼容性，可采用协议转换适配器。

⑤ 各种不同的终端设备或适配器均安装在信息插座之外工作区的适当位置。

(2) 工作区子系统设计步骤

① 确定信息点数量。工作区信息点数量主要根据用户的具体需求来确定。在用户不能明确信息点数量的情况下，应根据工作区设计规范来确定，即一个 5 ~ 10 m^2 面积的工作应配置一个语音信息点或一个计算机信息点，或者一个语音信息点和计算机信息点，具体要参照综合布线系统的设计等级来定。如果按照基本型综合布线系统等级来设计，则应该只配置一个信息点。如果在用户对工程造价考虑不多的情况下，考虑系统未来的可扩展性，应向用户推荐每个工作区配置两个信息点。

② 确定信息插座数量。第一步确定了工作区应安装的信息点数量后，信息插座的数量就很容易确定了。如果工作区配置单孔信息插座，则信息插座数量应与信息点的数量相当。如果工作区配置双孔信息插座，则信息插座数量应为信息点数量的一半。假设信息点数量为 M，信息插座数量为 N，信息插座插孔数为 A，则应配置信息插座的计算公式应为

$$N = \mathrm{INT}(M/A)$$

式中，INT( ) 为向上取整函数。

考虑系统应为以后扩充留有余量，因此最终应配置信息插座的总量 P 应为

$$P=N+N\times 3\%$$

式中，N 为信息插座数量，$N\times 3\%$ 为富余量。

③ 确定信息插座的安装方式。工作区的信息插座分为暗埋式和明装式两种方式，暗埋方式的插座底盒嵌入墙面，明装方式的插座底盒直接在墙面上安装。用户可根据实际需要选用不同的安装方式以满足不同的需要。通常情况下，新建建筑物采用暗埋方式安装信息插座；已有的建筑物增设综合布线系统则采用明装方式安装信息插座。安装信息插座时应符合以下安装规范。

安装在地面上的信息插座应采用防水和抗压的接线盒。

安装在墙面或柱子上的信息插座底部离地面的高度宜在 30 cm 以上。

信息插座附近有电源插座的，信息插座应距离电源插座 30 cm 以上。

5. 水平配线子系统设计

(1)水平配线子系统应由工作区的信息插座、信息插座至楼层配线设备(FD)的配线电缆或光缆、楼层配线设备和跳线等组成。

(2)水平配线子系统设计应考虑下列因素。

① 根据工程提出的近期和远期终端设备要求。

② 每层需要安装的信息插座的数量及其位置。

③ 终端将来可能产生移动、修改和重新安排的预测情况。

④ 一次性建设或分期建设方案。

(3)配线子系统应采用 4 对双绞电缆。在需要时也可采用光缆。配线子系统根据整个综合布线系统的要求，在交换间或设备间的配线设备上进行连接。配线子系统的配线电缆长度不应超过 90 m。设计图纸时，其图上走线距离不应超过 70 m，在能保证链路性能时，水平光缆距离可适当加长。

(4)配线电缆可选用普通的综合布线铜芯双绞电缆，在必要时应选用阻燃、低烟、低毒的电缆。

(5)信息插座应采用 8 位模块式通用插座或光缆插座。

(6)配线设备交叉连接的跳线应选用综合布线专用的插接软跳线，在电话应用时也可选用双芯跳线。

(7)1 条 4 对双绞电缆应全部固定终接在 1 个信息插座上。

6. 垂直干线子系统设计

垂直干线子系统是综合布线系统中非常关键的组成部分，它由设备间与楼层配线间之间的连接电缆或光缆组成。干线是建筑物内综合布线的主馈缆线，是楼层配线间与设备间之间垂直布放(或空间较大的单层建筑物的水平布线)缆线的统称。干线线缆直接连接着几十或几百个用户，因此一旦干线电缆发生故障，则影响巨大。为此，必须十分重视干线子系统的设计工作。

根据综合布线的标准及规范，应按下列设计要点进行干线子系统的设计工作。

(1)线缆类型。确定水平干线子系统所需要的电缆总对数和光纤芯数。对数据应用，采用光缆或五类双绞电缆，双绞电缆的长度不应超过 90 m，对电话应用，可采用三类双绞电缆。

(2)干线路由。水平干线子系统应选择干线电缆较短、安全和经济的路由，且宜选择带门的封闭型综合布线专用的通道布设干线电缆，也可与弱电竖井合用。

(3)干线线缆的交接。为了便于综合布线的路由管理，干线电缆、干线光缆布线的交接不应多于两次。从楼层配线架到建筑群配线架之间只应通过一个配线架，即建筑物配线架(在设备间内)。当综合布线只用一段干线支线进行配线时，放置干线配线架的二级交接间可以并入楼层配线间。

(4)线缆端接。干线电缆宜采用点对点端接，也可采用分支递减端接。点对点端接是最简单、最直接的接合方法。水平干线子系统中，每根干线电缆直接延伸到指定的楼层配线间或二级交接间。分支递减端接是用一根足以支持若干个楼层配线间或若干个二级交接间的通信容量的大容量干线电缆，经过电缆接头保护箱分出若干根小电缆，再分别延伸到每个二级交接网或每个楼层配线间，最后端接到目的地的连接硬件上。

(5)如果设备间与计算机机房和交换机房处于不同的地点，而且需要将语音电缆连至交换机房，数据电缆连至计算机房，则宜在设计中选取不同的干线电缆或干线电缆的不同部分来分别满足语音和数据的需要。需要时，也可采用光纤系统予以满足。

(6)缆线不应布放在电梯、供水、供气、供暖、强电等竖井中。

(7)设备间配线设备的跳线应符合相关规范的规定。

7. 设备间子系统设计

(1)设备间是在每一幢大楼的适当地点设置电信设备和计算机网络设备及建筑物配线设备，进行网络管理的场所，最好位于建筑物的地理中心。对于综合布线工程设计，设备间主要安装建筑配线设备(BD)，电话、计算机等各种主机设备及引入设备可合装在一起。

(2)设备间内的所有总配线设备应用色标区别各类用途的配线区。设备间内的设备种类繁多，而且线缆布设复杂。为了管理好各种设备及线缆，设备间内的设备应分类、分区安装，设备间内所有进出线装置或设备应采用不同色标，以区别各类用途的配线区，方便线路的维护和管理。

(3)设备间位置、大小及环境要求应根据设备数量、规模、最佳网络中心等因素综合考虑确定。设备间的位置及大小应根据建筑物的结构、综合布线规模、管理方式及应用系统设备的数量等进行综合考虑，择优选取。一般而言，设备间应尽量建在建筑平面及其综合布线干线综合体的中间位置。在高层建筑内，设备间也可以设置在 2、3 层。设备间最小使用面积不得少于 20 m^2。

设备间的环境要求应考虑设备间已安装及将要安装的计算机、计算机网络设备、电话程控交换机、建筑物自动化控制设备等硬件设备的要求。这些设备的运行需要相应的温度、供电、防尘等条件。

(4)建筑物的综合布线系统与外部通信网连接时，应遵循相应的接口标准，并预留安装相应接入设备的位置。

8. 管理子系统设计

管理子系统的设计主要包括管理交接方案和管理标记。管理交接方案提供了交连设备与水平线缆、干线线缆连接的方式，从而使综合布线及其连接的应用系统设备、器件等构成一个有机整体，并为线路调整管理提供了方便。

管理子系统使用色标来区分配线设备的性质，标识按性质排列的接线模块，标明端接区域、物理位置、编号、容量、规格等，以便维护人员在现场一目了然。综合布线使用三种标记，即电缆标记、场标记和插入标记。电缆和光缆的两端应采用不易脱落和磨损的不干胶条标明相同的编号。

(1)管理子系统交接方案

管理子系统的交接方案有单点管理和双点管理两种。交接方案的选择与综合布线系统规模有直接关系。一般来说，单点管理交接方案应用于综合布线系统规模较小的场合，而双点管理交接方案应用于综合布线系统规模较大的场合。

① 单点管理交接方案。单点管理属于集中管理型，通常线路只在设备间进行跳线管理，其余地方不再进行跳线管理，线缆从设备间的线路管理区引出，直接连到工作区或直接连至第二个接线交接区。

单点管理交接方案中，管理器件放置于设备间内，由它来直接调度控制线路，实现对终端用户设备的变更调控。单点管理又可分为单点管理单交接和单点管理双交接两种方式。单点管理双交接方式中，第二个交接区可以放在楼层配线间或放在用户指定的墙壁上。

② 双点管理交接方案。双点管理属于集中、分散管理型，除在设备间设置一个线路管理点外，在楼层配线间或二级交接间内还设置第二个线路管理点。这种交接方案比单点管理交接方案提供了更加灵活的线路管理功能，可以方便地对终端用户设备的变动进行线路调整。

在管理规模比较大且复杂，又有二级交接间的场合，一般采用双点管理双交接方案。如果建筑物的综合布线规模比较大，而且结构也较复杂，还可以采用双点管理三交接方式，甚至采用双点管理四交接方式。综合布线中使用的电缆一般不能超过四次连接。

(2)管理子系统标签编制

管理子系统是综合布线系统的线路管理区域，该区域往往安装了大量的线缆、管理器件及跳线，为了方便以后线路的管理工作，管理子系统的线缆、管理器件及跳线都必须做好标记，以标明位置、用途等信息。完整的标记应包含以下信息：建筑物名称、位置、区号、起始点和功能。

综合布线系统一般常用三种标记，即电缆标记、场标记和插入标记，其中插入标记用途最广。

① 电缆标记。电缆标记主要用来标明电缆的来源和去处，在电缆连接设备前电缆的起始端和终端都应做好电缆标记。电缆标记由背面为不干胶的白色材料制成，可以

直接贴到各种电缆表面上，其规格尺寸和形状根据需要而定。例如，一根电缆从三楼的311房间的第1个计算机网络信息点拉至楼层管理间，则该电缆的两端应标记上“311-D1”的标记，其中“D”表示数据信息点。

② 场标记。场标记又称为区域标记，一般用于设备间、配线间和二级交接间的管理器件之上，以区别管理器件连接线缆的区域范围。它也是由背面为不干胶的材料制成的，可贴在设备醒目的平整表面上。

③ 插入标记。插入标记一般在管理器件上，如110配线架、BIX安装架等。插入标记是硬纸片，可以插在1.27 cm×20.32 cm的透明塑料夹里，这些塑料夹可安装在两个110接线块或两根BIX条之间。每个插入标记都用色标来指明所连接电缆的源发地，这些电缆端接于设备间和配线间的管理场。通过不同的色标可以很好地区别各个区域的电缆，方便管理子系统的线路管理工作。

9. 建筑群子系统设计

建筑群子系统主要应用于多幢建筑物组成的建筑群综合布线场合，单幢建筑物的综合布线系统可以不考虑建筑群子系统。建筑群子系统的设计主要考虑布线路由选择、线缆选择、线缆布线方式选择等内容。

(1)建筑群子系统设计要求

① 考虑环境美化要求

建筑群主干布线子系统设计应充分考虑建筑群覆盖区域的整体环境美化要求，建筑群干线电缆尽量采用地下管道或电缆沟布设方式。因客观原因选用了架空布线方式的，也要尽量选用原已架空布设的电话线或有线电视电缆的路由，干线电缆与这些电缆一起布设，以减少架空布设的电缆线路。

② 考虑建筑群未来的发展需要

在线缆布线设计时，要充分考虑各建筑需要安装的信息点种类、信息点数量，选择相对应的干线电缆的类型及电缆布设方式，使综合布线系统建成后保持相对稳定，能满足今后一定时期内各种新的信息业务发展需要。

③ 线缆路由的选择

考虑到节省投资，线缆路由应尽量选择距离短、线路平直的路由。但具体的路由还要根据建筑物之间的地形或布设条件而定。在选择路由时，应考虑原有已布设的各种地下管道，线缆在管道内应与电力线缆分开布设，并保持一定的间距。

④ 电缆引入要求

建筑群干线电缆、光缆进入建筑物时，都要设置引入设备，并在适当位置终端转换为室内电缆、光缆。引入设备应安装必要的保护装置以达到防雷击和接地的要求。干线电缆引入建筑物时，应以地下引入为主，如果采用架空方式，应尽量采取隐蔽方式引入。

⑤ 干线电缆、光缆交接要求

建筑群的干线电缆、主干光缆布线的交接不应多于两次。从每幢建筑物的楼层配线架到建筑群设备间的配线架之间只应通过一个建筑物配线架。

(2)建筑群子系统布线方案

建筑群子系统的线缆布设方式有三种，即架空布线法、直埋布线法和地下管道布线法。下面详细介绍这三种方法。

① 架空布线法

架空布线法通常应用于有现成电杆、对电缆的走线方式无特殊要求的场合。这种布线方式造价较低，但影响环境美观且安全性和灵活性不足。架空布线法要求用电杆将线缆在建筑物之间悬空架设，一般先架设钢丝绳，然后在钢丝绳上挂放线缆。

架空电缆通常穿入建筑物外墙上的 U 形钢保护套，然后向下(或向上)延伸，从电缆孔进入建筑物内部。电缆入口的孔径一般为 5 cm。建筑物到最近处的电线杆间距应小于 30 m。通信电缆与电力电缆之间的间距应遵守当地城管等部门的有关法规。

② 直埋布线法

直埋布线法根据选定的布线路由在地面上挖沟，然后将线缆直接埋在沟内。直埋布线的电缆除了穿过基础墙的那部分电线有管保护外，电缆的其余部分直埋于地下，没有保护。直埋电缆通常应埋在地面 0.6 m 以下的地方，或按照当地城管等部门的有关法规去施工。如果在同一土沟内埋入了通信电缆和电力电缆，应设立明显的公用标志。

直埋布线法的路由选择受到土质、公用设施、天然障碍物(如木、石头)等因素的影响。直埋布线法具有较好的经济性和安全性，总体优于架空布线法，但更换和维护电缆不方便且成本较高。

③ 地下管道布线法

地下管道布线是一种由管道和入孔组成的地下系统，它把建筑群的各个建筑物进行互连。一根或多根管道通过基础墙进入建筑物内部。地下管道对电缆起到很好的保护作用，因此电缆受损坏的机会减少，而且不会影响建筑物的外观及内部结构。

管道埋设的深度一般在 0.5 ~ 1.2 m，或符合当地城管等部门有关法规规定的深度。为了方便日后布线，管道安装时应预埋一根拉线，以供以后布线使用。为了方便线缆的管理，地下管道应间隔 50 ~ 180 m 设立一个接合井，以方便人员维护。

10. 接地系统

根据商业建筑物接地和接线要求的规定：综合布线系统接地的结构包括接地线、接地母线(层接地端子)、接地干线、主接地母线(总接地端子)、接地引入线、接地体六部分，在进行系统接地设计时，可按上述六个要素分层次地进行设计。

(1)接地线

接地线是指综合布线系统各种设备与接地母线之间的连线。所有接地线均为铜质绝缘导线，其截面应不小于 4 mm^2。当综合布线系统采用屏蔽电缆布线时，信息插座的接地可利用电缆屏蔽层作为接地线连至每层的配线柜。若综合布线的电缆采用穿钢管或金属线槽敷设，钢管或金属线槽应保持连续的电气连接，并应在两端具有良好的接地。

(2)接地母线

接地母线是水平布线子系统接地线的公用中心连接点。每一层的楼层配线柜均应与本楼层接地母线相焊接，与接地母线同一配线间的所有综合布线用的金属架及接地干线均应与该接地母线相焊接。接地母线均应为铜母线，其最小尺寸应为6 mm×50 mm(宽)，长度视工程实际需要来确定。接地母线应尽量电镀锡以减小接触电阻，如果不是电镀，则必须在将导线固定到母线之前对母线进行清理。

(3)接地干线

接地干线是由总接地母线引出的、连接所有接地母线的接地导线。在进行接地干线的设计时，应充分考虑建筑物的结构形式、建筑物的大小及综合布线的路由与空间配置，并与综合布线电缆干线的敷设相协调。接地干线应安装在不受物理和机械损伤的保护处，建筑物内的水管及金属电缆屏蔽层不能作为接地干线使用。当建筑物中使用两个或多个垂直接地干线时，垂直接地干线之间每隔三层及顶层需用与接地干线等截面的绝缘导线相焊接。接地干线应为绝缘铜芯导线，最小截面积应不小于16 mm^2。在接地干线上，其接地电位差大于1 V_{rms}(有效值)时，楼层配线间应单独用接地干线接至主接地母线。

(4)主接地母线

一般情况下，每栋建筑物有一个主接地母线。主接地母线作为综合布线接地系统中的接地干线及设备接地线的转接点，其理想位置宜设于外线引入间或建筑配线间。主接地母线应布置在直线路径上，同时考虑从保护器到主接地母线的焊接导线不宜过长。接地引入线、接地干线、直流配电屏接地线、外线引入间的所有接地线，以及与主接地母线同一配线间的所有综合布线用的金属架均应与主接地母线良好焊接。当外线引入电缆配有屏蔽或穿金属保护管时，此屏蔽和金属管也应焊接至主接地母线。主接地母线应采用铜母线，其最小截面尺寸为6 mm(厚)×100 mm(宽)，长度可视工程实际需要而定。和接地母线相同，主接地母线也应尽量采用电镀锡，以减小接触电阻。如果不是电镀，则主接地母线在固定到导线前必须进行清理。

(5)接地引入线

接地引入线指主接地母线与接地体之间的连接线，宜采用40 mm(宽)×4 mm(厚)或50 mm×5 mm的镀锌扁钢。接地引入线应进行绝缘防腐处理，在其出土部位应有防机械损伤措施，且不宜与暖气管道同沟布放。

(6)接地体

接地体分自然接地体和人工接地体两种。当综合布线采用单独接地系统时，接地体一般采用人工接地体，并应满足以下条件。

① 距离工频低压交流供电系统的接地体不宜小于10 m。

② 距离建筑物防雷系统的接地体不应小于2 m。

③ 接地电阻不应大于 40 Ω。

当综合布线采用联合接地系统时，接地体一般利用建筑物基础内钢筋网作为自然接地体，其接地电阻应小于 1 Ω，在实际应用中，通常采用联合接地系统，这是因为与前者相比，联合接地方式具有以下几个显著的优点。

① 当建筑物遭受雷击时，楼层内各点电位分布比较均匀，工作人员及设备的安全能得到较好的保障。同时，大楼的框架结构对中波电磁场能提供 10～40 dB 的屏蔽效果。

② 容易获得较小的接地电阻。

③ 可以节约金属材料，占地少。

进行综合布线系统的接地设计应注意以下几个问题。

① 综合市线系统采用屏蔽措施时，所有屏蔽层应保持连续性，并应注意保证导线间相对位置不变。屏蔽层的配线设备(FD 或 BD)端应接地，用户(终端设备)端视具体情况接地。两端的接地：应尽量连接至同一接地体。当接地系统中存在两个不同的接地体时，其接地电位差应不大于 1 V_{rms}(有效值)。

② 当电缆从建筑物外面进入建筑物内部时，容易受到雷击、电源碰地、电源感应电势或地电势上浮等外界因素的影响，必须采用保护器。

③ 当线路处于以下任何一种危险环境中时，应对其进行过压/过流保护。

- 雷击引起的危险影响。
- 工作电压超过 250 V 的电源线路碰地。
- 地电势上升到 250 V 以上而引起的电源故障。
- 交流 50 Hz 感应电压超过 250 V。

④ 综合布线系统的过压保护宜选用气体放电管保护器。因为气体放电管保护器的陶瓷外壳内密封有两个电极，其间有放电间隙，并充有惰性气体。当两个电极之间的电位差超过 250 V 交流电压或 700 V 雷电浪涌电压时，气体放电管开始出现电弧，为导体和地电极之间提供了一条导电通路。

⑤ 综合布线系统的过流保护宜选用能够自复的保护器。由于电缆上可能出现这样或那样的电压，如果连接设备为其提供了对地的低阻通路，则不足以使过压保护器动作，而其产生的电流却可能损坏设备或引起着火。例如，220 V 电力线可能不足以使过压保护器放电，但有可能产生大电流，进入设备内部造成破坏，因此在采用过压保护的同时必须采用过流保护。要求采用能自复的过流保护器，主要是为了方便维护。

任务评价

评价内容	评价标准	分值/分	自评	师评
综合布线工程网络方案设计	了解综合布线的概念与特点	10		
	熟练掌握综合布线标准	5		

（续表）

评价内容	评价标准	分值/分	自评	师评
综合布线系统设计	了解综合布线系统设计概述	5		
	熟悉综合布线系统设计步骤	25		
	了解工作区子系统设计步骤	25		
	掌握水平配线子系统设计应考虑的因素	15		
	清楚设备间内的环境设置 需要遵守的规范或标准	5		
	了解接地系统六要素	10		
总分		100		

任务 2　综合布线系统工程施工

任务描述

本任务将详细介绍综合布线之前需要做的准备工作、施工前的环境检查工作以及施工前的器材检查工作，然后具体到施工环节，讲述管槽如何安装、电缆如何布线敷设、光缆如何布线敷设。

任务分析

要完成此任务，需全面准备技术细节、检查施工环境及器材，精准执行管槽安装、电缆与光缆布线施工，确保布线合理、保护完善，特别注重主干布线和特殊环境施工，以提升整体施工质量和项目管理水平。

任务重点与实施

7.2.1　施工的要求和准备

综合布线工程的组织管理工作主要分为三个阶段，即工程实施前的准备工作、施工过程中的组织管理工作、工程竣工验收工作。要确保综合布线工程的质量就必须在这三个阶段中认真按照工程规范的要求进行工程组织管理工作。

综合布线系统设施及管线的建设应纳入建筑与建筑群相应的规划设计之中。工程设计时，应根据工程项目的性质、功能、环境条件和近远期用户需求进行设计，并应考虑施工和维护方便，确保综合布线系统工程的质量和安全，做到技术先进、经济合理。

综合布线系统应与信息设施系统、信息化应用系统、公共安全系统、建筑设备管理系统等统筹规划，相互协调，并按照各系统信息的传输要求优化设计。

综合布线系统作为建筑物的公用通信配套设施，在工程设计中应满足为多家电信业务经营者提供业务的需求。

综合布线系统的设备应选用经过国家认可的、产品质量检验机构鉴定合格的、符合国家有关技术标准的定型产品。

1. 技术准备工作

(1)熟悉综合布线系统工程设计、施工、验收的规范要求，掌握综合布线各子系统的施工技术及整个工程的施工组织技术。

(2)熟悉和会审施工图纸。施工图纸是工程人员施工的依据，因此作为施工人员必须认真读懂施工图纸，理解图纸设计的内容，掌握设计人员的设计思想。只有对施工图纸了如指掌后，才能明确工程的施工要求，明确工程所需的设备和材料，明确与土建工程及其他安装工程的交叉配合情况，确保施工过程不破坏建筑物的外观，不和其他安装工程发生冲突。

(3)熟悉与工程有关的技术资料。如厂家提供的说明书和产品测试报告、技术规程、质量验收评定标准等内容。

(4)技术交底。技术交底工作主要由设计单位的设计人员和工程安装承包单位的项目技术负责人一起进行的。技术交底的主要内容包括设计要求和施工组织设计中的有关要求如下。

① 工程使用的材料、设备性能参数。

② 工程施工条件、施工顺序、施工方法。

③ 施工中采用的新技术、新设备、新材料的性能和操作使用方法。

④ 预埋部件注意事项。

⑤ 工程质量标准和验收评定标准。

⑥ 施工中的安全注意事项。

技术交底的方式有书面技术交底、会议交底、设计交底、施工组织设计交底、口头交底等形式。

(5)编制施工方案。在全面熟悉施工图纸的基础上，依据图纸并根据施工现场情况、技术力量及技术准备情况，综合做出合理的施工方案。

(6)编制工程预算。工程预算具体包括工程材料清单和施工预算。

2. 施工前的环境检查

在工程施工开始以前，对楼层配线间、二级交接间、设备间的建筑和环境条件进行检查，具备下列条件方可开工。

(1)楼层配线间、二级交接间、设备间、工作区土建工程已全部竣工。房屋地面平整、光洁，门的高度和宽度应不妨碍设备和器材的搬运，门锁和钥匙齐全。

(2)房屋预留地槽、暗管、孔洞的位置、数量、尺寸均应符合设计要求。

(3)对设备间布设活动地板应专门检查，地板板块布设必须严密坚固。每平方米水平允许偏差不应大于2 mm，地板支柱牢固，活动地板防静电措施的接地应符合设计和产品说明要求。

(4)楼层配线间、二级交接间、设备间应提供可靠的电源和接地装置。

(5)楼层配线间、二级交接间、设备间的面积，环境温湿度、照明、防火等均应符合设计要求和相关规定。

3. 施工前的器材检查

工程施工前应认真对施工器材进行检查，经检验的器材应做好记录，不合格的器材应单独存放，以备检查和处理。

(1)型材、管材与铁件的检查要求

① 各种型材的材质、规格、型号应符合设计文件的规定，表面应光滑、平整，不得变形、断裂。预埋金属线槽、过线盒、接线盒及桥架表面涂覆或镀层均匀、完整，不得变形、损坏。

② 管材采用钢管、硬质聚氯乙烯管时，其管身应光滑、无伤痕，管孔无变形，孔径、壁厚应符合设计要求。

③ 管道采用水泥管道时，应按通信管道工程施工及验收中的相关规定进行检验。

④ 各种铁件的材质、规格均应符合质量标准，不得有歪斜、扭曲、飞刺、断裂或破损现象。

⑤ 铁件的表面处理和镀层应均匀、完整，表面光洁，无脱落、气泡等缺陷。

(2)电缆和光缆的检查要求

① 工程中所用的电缆、光缆的规格和型号应符合设计的规定。

② 每箱电缆或每圈光缆的型号和长度应与出厂质量合格证内容一致。

③ 缆线的外护套应完整无损，芯线无断线和混线，并应有明显的色标。

④ 电缆外套具有阻燃特性的，应取一小截电缆进行燃烧测试。

⑤ 对进入施工现场的线缆应进行性能抽测。可以采用随机方式抽出某一段电缆(最好是100 m)，然后使用测线仪器进行各项参数的测试，以检验该电缆是否符合工程所要求的性能指标。

(3)配线设备的检查要求

① 检查机柜或机架上的各种零件是否脱落或碰坏，表面如果有脱落应予以补浸。各种零件应完整、清晰。

② 检查各种配线设备的型号、规格是否符合设计要求。各类标志是否统一、清晰。

③ 检查各配线设备的部件是否完整、是否安装到位。

7.2.2 管槽安装施工

在智能化建筑内，综合布线系统的缆线遍布建筑物内的各处，通常有暗敷或明敷管路；或利用槽道(桥架、走线架等)进行敷设，起到支撑和保护缆线的作用，是综合布线系统工程中极为重要的部分。

1. 管路和槽道的分类

(1)管路和槽道

智能化建筑中的管路和槽道可分为以下几类。

① 以管路和槽道使用的材质划分有金属材料(如钢管和钢制电缆槽道)和非金属材料(如塑料管或塑料槽道)两大类型。此外，还有利用房屋建筑的构件，例如，在楼板中或墙壁内开凿预留的线槽等。

② 以管路和槽道的安装方式划分有暗敷或明敷两种。管路通常以暗敷为主；槽道多为明敷方式。

③ 以管路和槽道的安装场合划分有主干路由垂直敷设的上升管路和上升槽道；分支路由的水平管路和水平槽道。上升管路和上升槽道通常是在电缆竖井或电信间内沿墙敷设；水平管路和水平槽道一般在楼层中水平敷设或在房间内(包括走廊吊顶内)安装。

④ 以管路和槽道的材质与安装方式划分有利用空心楼板或特制线槽楼板或墙壁槽、地板槽等固定安装的管路和槽道方式以及利用钢管或槽道灵活安装的管槽方式两种。

(2)管槽施工工具

建筑施工单位在安装综合布线系统的管槽系统时，需要用到相关的施工工具，掌握相关工具的使用是保证工程质量的条件之一。下面介绍一些常用的电动工具和设备。

① 电工工具箱。电工工具箱是综合布线系统施工中必备的，一般应包括钢丝钳、尖嘴钳、斜口钳、剥丝钳、螺丝刀、测电笔、电工刀、扳手、铁锤、凿子、卷尺等。

② 电源线盘。在室外施工现场，有时需要长距离的电源线盘接电，线盘长度通常有20 m，30 m，50 m等型号。

③ 电动工具。在综合布线系统工程管槽施工中经常用到的电动工具包括手电钻、冲击电钻、电锤、电镐、曲线锯、角磨机、型材切割机、台钻等。

④ 其他工具。在综合布线系统工程管槽施工中还有一些经常用到的工具，如线槽剪、台虎钳、梯子、管子台虎钳、管子切割器、管子钳、弯管器、数字万用表、接地电阻测量仪等。

(3)线管

安装管槽系统首先必须准备好施工材料和施工工具，然后组织施工安装。管槽系统中使用的施工材料包括线管材料、槽道(桥架)材料和防火材料。

综合布线系统工程中，使用到的线管材料主要有钢管和塑料管两种，在室外建筑群子系统也会采用混凝土管及高密度聚乙烯材料(HDPE)制成的双壁波纹管。

① 钢管

钢管按照制造方法不同可分为无缝钢管和焊接钢管两大类。无缝钢管只有在综合布线系统中的特殊场合(如管路引入屋内承受极大的压力时)并在短距离才采用。综合布线系统的暗敷管路系统中常用的钢管为焊接钢管。

钢管按壁厚不同分为普通钢管(水压实验压力为2.5 MPa)、加厚钢管(3 MPa)和薄壁钢管(2 MPa),普通钢管和加厚钢管统称为水管,有时简称为厚管。薄壁钢管又简称薄管或电管。这两种规格在综合布线系统中都有使用。由于水管的管壁较厚,机械强度高,主要用在垂直主干上升管路、房屋底层或受压力较大的地段;有时也用于屋内缆线的保护管,它是最普遍使用的一种管材。电管因管壁较薄承受压力不能太大,常用于屋子内吊顶中的暗敷管路,以减轻管路的重量,所以使用也很广泛。

钢管具有机械强度高、密封性能好、抗弯、抗压和抗拉能力强等特点,尤其是有屏蔽电磁干扰的作用。钢管管材可根据现场需要任意截锯拗弯,以适合不同的管线路由结构,安装施工方便。但它存在管材重、价格高且易锈蚀等缺点,所以随着塑料管在机械强度、密封性、阻燃防火等性能的提高,目前在综合布线工程中电磁干扰小的场合,钢管已经被塑料管代替。

钢管的规格有多种,以外径(mm)为单位,综合布线工程施工中常用的金属管有D16、D20、D25、D32、D40、D50,D63、D110等规格。

② 塑料管

塑料管是由树脂、稳定剂、润滑剂及添加剂配制挤塑成型。目前,按塑料管使用的主要材料,塑料管主要有以下产品:聚氯乙烯管材(PVC-U管)、高密度聚乙烯管材(HDPE管)、双壁波纹管、子管、铝塑复合管、硅芯管等。综合布线系统中通常采用的是软硬质聚氯乙烯管,且是内外壁光滑的实壁塑料管。室外的建筑群主干布线子系统采用地下通信电缆管道时,其管材除主要选用混凝土管(又称水泥管)外,目前较多采用的是内外壁光滑的软硬质聚 氯乙烯实壁塑料管(PVC-U)和内壁光滑、外壁波纹的高密度聚乙烯管双壁波纹管,有时也采用高密度聚乙烯的硅芯管。由于软硬质聚氯乙烯管具有阻燃性能,对综合布线系统防火极为有利。此外,在有些软聚氯乙烯实壁塑料管使用场合中,有时也采用低密度聚乙烯光壁(LDPE)子管。

聚氯乙烯管材是综合布线工程中使用最多的一种塑料管,管长通常为4 m、5.5 m或6 m,PVC-U管具有优异的耐酸、耐碱、耐腐蚀性,耐外压强度、耐冲击强度等都非常高,具有优异的电气绝缘性能,适用于各种条件下的电线、电缆的保护套管配管工程。PVC-U管以外径(mm)为单位,有D16,D20,D25,D32,D40,D45,D63,D110等多种规格,与其安装配套的有接头、螺圈、弯头、弯管弹簧、开口管卡等多种附件。图7-6为PVC-U管及管件。

③ 双壁波纹管

塑料双壁波纹管结构先进,除具有普通塑料管耐腐性、绝缘性好、内壁光滑、使用寿命长等优点外，还具有刚性大、耐压强度高于同等规格之普通光身塑料管；重量是同规格普通塑料管的一半，从而方便施工，减轻工人劳动强度；密封好，在地下水位高的地方使用更能显示其优越性；波纹结构能加强管道对土壤负荷抵抗力，便于连续敷设在凹凸不平的地面上；使用双壁波纹管工程造价比普通塑料管降低 1/3 等技术特性。图 7-7 为双壁波纹电缆套管。

图 7-6　PVC-U 管及管件

图 7-7　双壁波纹电缆套管

④ 铝塑复合管

铝塑复合管是近年来广泛使用的一种新的塑料材料，它是以焊接管为中间层，内外层均为聚乙烯，聚乙烯与铝管之间以高分子热熔胶粘全，经复合挤出成型的一种新型复合管材。铝合金是非磁材料，具有良好的隔磁能力，抗电磁场音频干扰能力强，是良好的屏蔽材料；因此常用作综合布线、通信线路的屏蔽管道。

⑤ 硅芯管

硅芯管可作为直埋光缆套管，内壁预置永久润滑内衬，具有更小的摩擦系数，采用气吹法布放光缆，敷管快速，一次性穿缆长度 500 ~ 2 000 m，沿线接头、人孔、手孔相应减少。

(4) 线槽

线槽有金属线槽和 PVC 塑料线槽，塑料线槽是综合布线系统工程明敷管槽时广泛使用的一种材料，它是一种带盖板封闭式的管槽材料，盖板和槽体通过卡槽合紧，如图 7-8 所示。塑料线槽的品种规格更多，从型号上讲有 PVC-20、PVC-25、PVC-30、PVC-40、PVC-60 等系列；从规格上讲有 20×12、24×14、25×12. 5、25×25、30×15、40×20 等。与 PVC 槽配套的连接件有阳角、阴角、直转角、平三通、左三通、右三通、连接头、终端头等。PVC 塑料线槽连接件如图 7-9 所示。

(5) 桥架

综合布线系统工程中，桥架具有结构简单、造价低、施工方便、配线灵活、安全可靠、安装标准、整齐美观、防尘防火、延长缆线使用寿命、方便扩充电缆和维护检修等特点，且同时能克服埋地静电爆炸、介质腐蚀等问题，因此被广泛应用于建筑群主干管线和建筑物内主干管线的安装施工。

图 7-8 PVC 塑料线槽

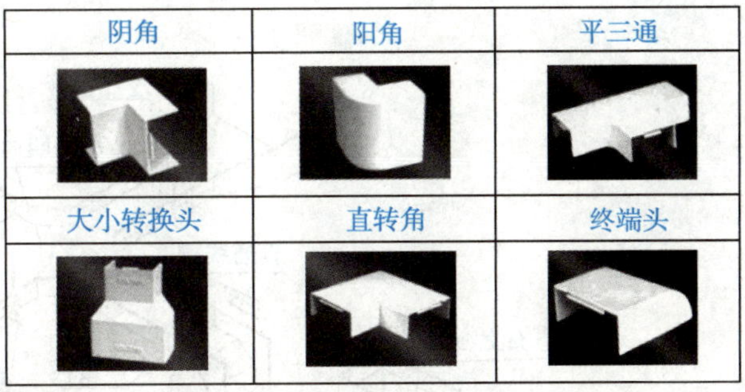

图 7-9 PVC 塑料线槽连接件

① 桥架的分类

桥架按结构可分为梯级式、托盘式和槽式三种类型。

桥架按制造材料可分为金属材料和非金属材料两类。金属材料又可分为不锈钢、铝合金和铁质桥架三种类型。不锈钢桥架美观、结实、档次高；铝合金桥架轻、美观、档次高；铁质桥架经济实惠。铁质桥架按表面工艺处理可分为电镀彩(白)锌、电镀后再用粉末静电喷涂和热浸镀锌三种。

② 桥架产品

槽式桥架是全封闭电缆桥架，也就是通常所说的金属线槽，由槽底和槽盖组成，每根槽一般长度为 2 m，槽与槽连接时使用相应尺寸的铁板和螺丝固定。它适用于敷设计算机缆线、通信缆线、热电偶电缆及其他高灵敏系统的控制电缆等，它对屏蔽干扰重腐蚀环境中电缆防护都有较好的效果。适用于室外和需要屏蔽的场所。在综合布线系统中一般使用的金属槽的规格有 50 mm×100 mm、100 mm×100 mm、100 mm×200 mm、100 mm×300 mm、200 mm×400 mm 等多种规格。图 7-10 为槽式桥架空间布置示意图。

托盘式桥架具有重量轻、载荷大、造型美观、结构简单、安装方便、散热透气性好等优点。它适用于地下层、吊顶内等场所。图 7-11 为托盘式桥架空间布置示意图。

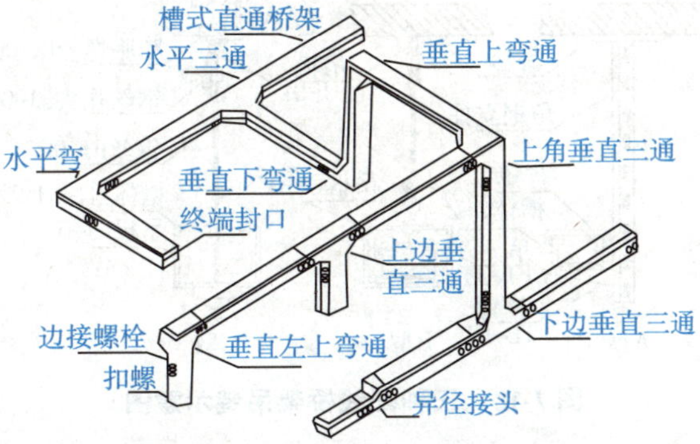

图 7-10 槽式桥架空间布置示意图

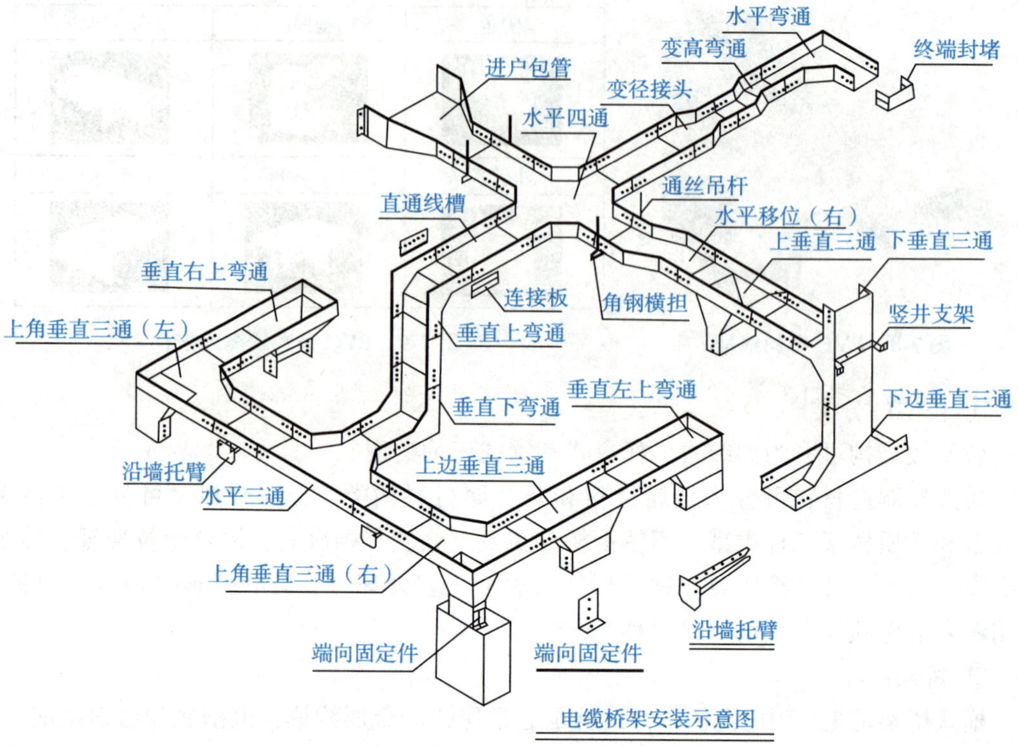

图 7-11　托盘式桥架空间布置示意图

梯级式桥架具有重量轻、成本低、造型别致、通风散热好等特点。它适用于一般直径较大电缆的敷设，适用于地下层、垂井、活动地板下和设备间的缆线敷设。

支架是支撑电缆桥架的主要部件，它由立柱、立柱底座、托臂等组成，可满足不同环境条件(工艺管道架、楼板下、墙壁上、电缆沟内)安装不同形式(悬吊式、直立式、单边、双边和多层等)的桥架，安装时还需连接螺栓和安装螺栓(膨胀螺栓)。图 7-12 为三种配线桥架吊装示意图。

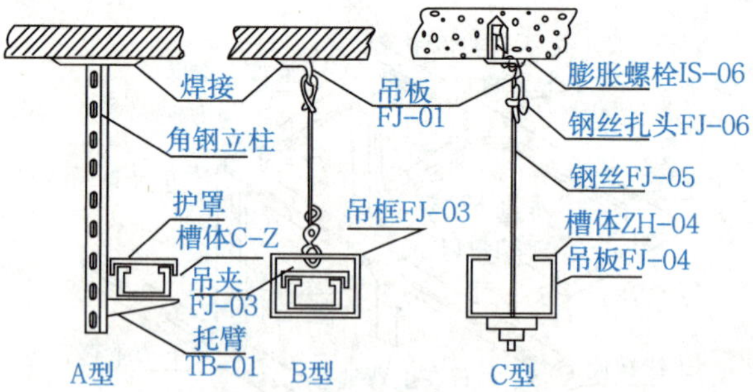

图 7-12　三种配线桥架吊装示意图

③ 桥架安装范围与特点

桥架的安装可因地制宜。可以水平、垂直敷设；可以转角、T 字形、十字形分支；可以调宽、调高、变径。安装成悬吊式、直立式、侧壁式、单边、双边和多层等形式。

大型多层桥架吊装或立装时，应尽量采用工字钢立柱两侧对称敷设，避免偏载过大，造成安全隐患。其安装的范围如下。

- 工艺管道上架空敷设。
- 楼板和梁下吊装。
- 室内外墙壁、柱壁、露天立柱和支墩、隧道、电缆沟壁上侧装。

2. 管路和槽道安装的基本要求

管路和槽道系统是智能化建筑综合布线系统的重要组成部分，又是附属于房屋建筑中，因此，必须与土建工程同时设计与施工。所以，在综合布线系统总体方案决定之后，对于管槽系统需要预留管槽的位置和尺寸、洞孔的规格和数量以及其他特殊工艺要求(如防火要求或与其他管线的间距等)。这些资料要及早提交给建筑设计单位，以便建筑设计中一并考虑，使管槽系统能满足综合布线系统缆线敷设和设备安装的需要。

(1)对管槽系统安装施工的基本要求

① 管路和槽道系统建成后，尤其是暗敷安装方式，一旦建成后，与房屋建筑成为一个整体，使用年限应与建筑物的使用年限一致，属于永久性设施。因此，对于管路的管材品种和管孔内径，槽道的规格尺寸和材质等的选用，都必须根据工程今后发展的实际需要，所在环境的客观条件和通信缆线的数量、品种和规格等因素综合考虑。

② 为管路和槽道预留的洞孔、线槽和预埋安装铁件的位置、数量、标高和规格尺寸都应标示在设计文件和施工图样上。做到位置准确、尺寸规范、技术到位和没有遗漏。

③ 所有的管路和槽道系统隐蔽工程敷设完毕后，应请监理单位及时到现场验收，做好完整的隐蔽工程记录和签证等规定手续，以便日后备查。所有的管路和槽道系统穿越楼板或墙壁的洞孔和空隙，必须按防火标准和设计中规定的要求执行，并经有关主管单位派人检查验收签证。

④ 建筑物内的暗敷管路或预留沟槽的路由、走向、位置和规格等均应符合设计文件和施工图样。在墙壁内敷设时，应采取水平或垂直方向有规律地走向；在地板中埋设时，应互相垂直或平行敷设；在屋内的暗敷管路，无论在墙壁或楼板中，不得任意斜穿，以免增加与其他管线的互相交叉或产生矛盾，影响双方管线安装施工和今后维护。

⑤ 建筑物干线子系统缆线如在电缆竖井或电信间中敷设时，在电缆竖井的墙壁上应预埋安装上升管路垂直槽道(桥架)的预埋铁件，要求支承的铁件坚固牢靠，其间距应符合工程设计要求。

⑥ 严禁与燃气、电力、供水和热水管线合用电缆竖井或槽道，以保证通信系统和信息网络(包括综合布线系统)正常安全地运行。在与上述管路系统互相交越或平行敷设，应满足间距要求。

⑦ 综合布线系统的缆线和所需的管槽系统必须与公用通信网络的管线连接。要得到通信运营单位的指导和支持，以求更加完善和互相配合。

⑧ 过线盒、通信引出端等所需预留洞孔的位置和规格尺寸应符合设计和设备的要求。暂不使用的暗敷管路的管孔，应用易取出的堵塞物堵封严密。

总之，在安装敷设管路和槽道时，必须与建筑设计和施工等有关单位加强联系，密切协商，妥善解决问题。

(2) 弱电沟

智能建筑内的综合布线系统经常利用暗敷管路或桥架和槽道进行线缆布设，对综合布线系统的线缆起到很好的支撑和保护作用。在综合布线工程施工中，管路和槽道的安装是一项重要工作。

① 根据以下原则确定开沟路线。

- 路线最短原则。
- 不破坏原有强电原则。
- 不破坏防水原则。

② 确定开沟宽度。根据信号线的多少确定 PVC 管的多少，进而确定开沟的宽度。

③ 确定开沟深度。若选用 16 mm 的 PVC 管，则开沟深度为 20 mm；若选用 20 mm 的 PVC 管，则开沟深度为 25 mm。

④ 弱电沟外观要求横平竖直、大小均匀。

⑤ 弱电沟的测量。暗盒、弱电沟独立计算。均按弱电沟起点到弱电沟终点测量，弱电沟如果放两根以上的管，应按两倍以上来计算长度。

(3) 预埋槽管

① 施工工艺流程

预埋槽管施工工艺流程如图 7-13 所示。

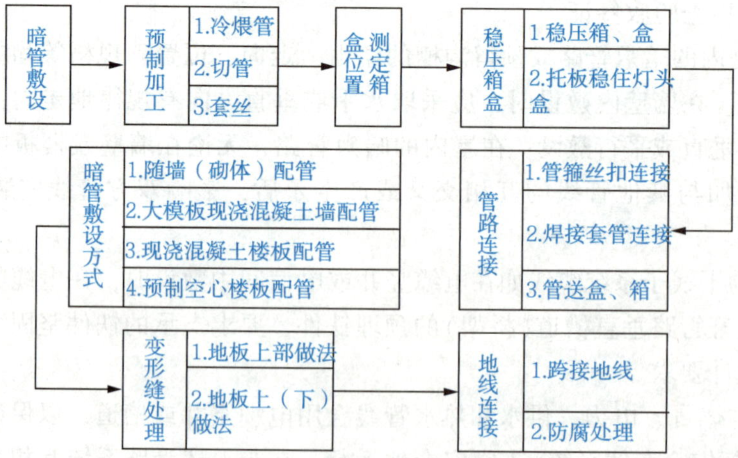

图 7-13　预埋槽管施工工艺流程

② 工艺要求

• 预埋金属线槽

在建筑物中预埋线槽，宜按单层设置，每一路由进出同一过路盒的预埋线槽均不应超过3根，线槽截面高度不宜超过25 mm，总宽度不宜超过300 mm。线槽路由中若包括过线盒和出线盒，截面高度宜在70～100 mm范围内。线槽直埋长度超过30 m或在线槽路由交叉、转弯时，宜设置过线盒，以便于布放缆线和维修。

过线盒盖能开启，并与地面齐平，盒盖处应具有防灰与防水功能。过线盒和接线盒盒盖应能抗压。从金属线槽至信息插座模块接线盒间，或金属线槽与金属钢管之间相连时的缆线宜采用金属软管敷设。

• 预埋暗管

预埋在墙体中间暗管的最大管外径不宜超过50 mm，楼板中暗管的最大管外径不宜超过25 mm，室外管道进入建筑物的最大管外径不宜超过100 mm。直线布管每30m应设置过线盒装置。

暗管的转弯角度应大于90°在路径上每根暗管的转弯角不得多于两个，并不应有S形弯出现，有转弯的管段长度超过20 m时，应设置管线过线盒装置；有两个弯时，不超过15 m应设置过线盒。暗管管口应光滑，并加有护口保护，管口伸出部位宜为25～50 mm至楼层电信间暗管的管口应排列有序，便于识别与布放缆线。暗管内应安置牵引线或拉线。

金属管明敷时，在距接线盒300 mm处，弯头处的两端每隔3 m处应采用管卡固定。管路转弯的曲半径不应小于所穿入缆线的最小允许弯曲半径，并且不应小于该管外径的6倍。当暗管外径大于50 mm时，不应小于10倍。

(4) 桥架、金属线槽的安装

① 施工工艺流程

桥架、线槽施工工艺流程如图7-14所示。

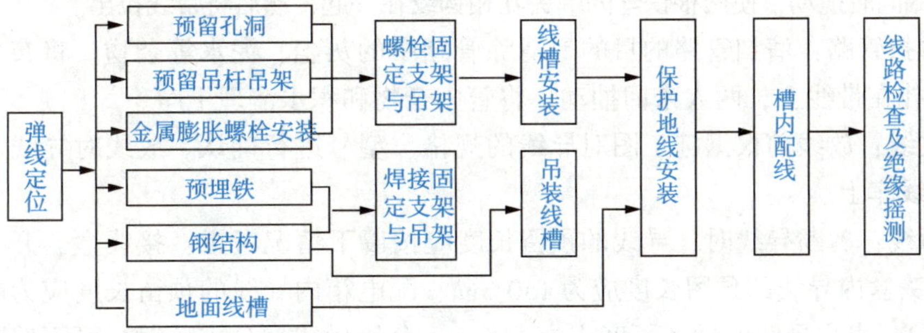

图7-14 桥架、线槽施工工艺流程

② 工艺要求

• 缆线桥架底部应高于地面2.2 m及以上，顶部距建筑物楼板不宜小于300 mm，与梁及其他障碍物交叉处间的距离不宜小于50 mm。

• 缆线桥架水平敷设时，支撑间距宜为1.5～3 m。垂直敷设时固定在建筑物结构体上的间距宜小于2 m，距地1.8 m以下部分应加金属盖板保护，或采用金属走线柜包封，门应可开启。

• 直线段缆线桥架每超过15～30 m或跨越建筑物变形缝时，应设置伸缩补偿装置。

• 金属线槽敷设时，在下列情况下应设置支架或吊架：线槽接头处；每间距3 m处；离开线槽两端出口0.5 m处；转弯处。

• 塑料线槽槽底固定点间距宜为1 m。

• 缆线桥架和缆线线槽转弯半径不应小于槽内线缆的最小允许弯曲半径，线槽直角弯处最小弯曲半径不应小于槽内最粗缆线外径的10倍。

• 桥架和线槽穿过防火墙体或楼板时，缆线布放完成后应采取防火封堵措施。

(5)管内穿线

管内穿线施工工艺流程如图7-15所示。

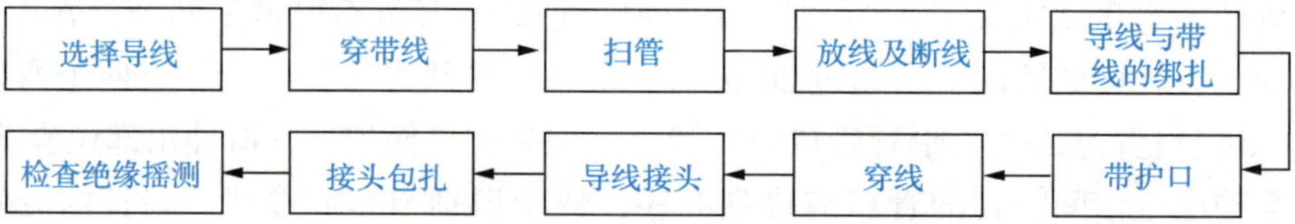

图7-15　管内穿线施工工艺流程

为确保工期，穿线工作在不影响土建进度的前提下穿插作业。采用的线缆应符合施工规范的要求，不同线的颜色应加以区分。穿线的一般步骤如下。

① 穿带线：穿带线的同时，检查线路是否畅通，管路的走向及盒、箱的位置是否符合设计及施工图的要求。带线一般采用中为1.2～2.0 mm的铁丝或钢丝。先将铁丝的一端弯成不封口的圆圈，再利用穿线器将带线穿入管路内，管路的两端均留有100～150 mm的余量。在管路较长或转弯较多时，可以在敷设管路的同时将带线穿好。穿带线受阻时，用两根铁丝分别在两端同时搅动，使两根铁丝的端头互相钩绞在一起，然后将带线拉出。

② 清扫管路：清扫管路的目的是清除管路中的灰尘、泥水等杂物。将布条的两端牢固地绑扎在带线上，两人来回抽动，将管内杂物和积水清理干净。

③ 放线：放线前根据施工图对导线的规格、型号进行确认。放线时导线应置于放线架或放线车上。

④ 断线：剪断导线时，导线的预留长度应按以下情况考虑：接线盒、开关盒、插销盒及灯头盒内导线的预留长度应为150 mm；配电箱内导线的预留长度应为配电箱体周长的1/2：出户导线的预留长度应为1.5 m；公用导线在分支处时，可不剪断导线而直接穿过。

⑤ 导线与带线的绑扎：导线根数较少，可将导线前端绝缘层削去，然后将线芯直接插入带线的盘圈内并折回压实，绑扎牢固，使绑扎处形成一个平滑的锥形过渡部位。导线根数较多或导线截面积较大时，可将导线端部的绝缘层削去，然后将线芯斜错排

列在带线上，用绑线缠绕绑扎牢固，使绑扎接头处形成一个平滑的锥形过渡部位，便于穿线。

⑥ 管内穿线：在穿线前，应首先检查各个管口的护口是否齐整，如有遗漏或破损应补齐和更换。管路较长或转弯较多时，要在穿线的同时往管内吹入适量的滑石粉。穿线时要两人或多人各在管口一端，一人一边慢慢抽拉带线，另一边的一人慢慢将导线送入管内。应配合协调、一拉一送。如果管路较长或弯曲较多，可用滑石粉润滑管道。距离比较远或不在同一层穿线时，两人要呼应，以防带线被拉断。

穿线时注意以下问题：同一交流回路的导线必须穿于同一管内；不同回路、不同电压和交流与直流的导线，不得穿入同一管内；在变形缝处，补偿装置应活动自如，导线留有一定的余量。穿入管内的绝缘导线，不准接头、局部绝缘破损及死弯。导线外径总截面不超过管内面积的40%。

敷设于垂直管路中的导线，当超过下列长度时应在管口处和接线盒处加以固定：截面积为50 mm^2 的导线对应30 m；截面积为70～95 mm^2 的导线对应20 m；截面积在180～240 mm^2 导线对应18 m。

7.2.3 电缆布线敷设

1. 缆线敷设施工的一般要求

综合布线子系统与建筑物内缆线敷设通道对应关系如下。

(1)配线子系统对应于水平缆线通道。

(2)干线子系统对应于主干缆线通道，电信间之间的缆线通道，电信间与设备间、电信间及设备间与进线间之间的缆线通道。

(3)建筑群子系统对应于建筑物间缆线通道。

对于建筑物间缆线通道内较为拥挤的部位，综合布线系统与大楼弱电系统各子系统合用一个金属槽盒布放缆线时，各个子系统的线束间应用金属板隔开。各个子系统的缆线应布放在各自的金属槽盒中，金属槽盒就近靠接地。各系统缆线间距应达到设计要求。

在《综合在线系统工程验收规范》(GB/T 50312—2016)中，规定了缆线布放的一般要求如下。

(1)缆线的形式、规格应与设计规定相符。

(2)缆线在各种环境中的敷设方式、布放间距均应符合设计要求。

(3)缆线的布放应自然平直，不得产生扭绞、打圈接头等现象，不应受外力的挤压和损伤。

(4)缆线的布放路由中不得出现缆线接头。

(5)缆线两端应贴有标签，应标明编号，标签书写应清晰、端正和正确。标签应选用不易损坏的材料。

(6)缆线应有余量以适应成端、终接、检测和变更，有特殊要求的应按设计要求预留长度，并应符合规定。

(7)缆线的弯曲半径应符合规定。

(8)综合布线系统缆线与其他管线的间距应符合设计文件要求。

(9)最大牵引力。电缆敷设过程中的拉力过大会损坏电缆的导线部分，牵引电缆用力过猛会改变电缆线对的结构或者线对在电缆中的排列。极端情况下，拉力过大会导致导线延伸甚至断裂。

(10)具有屏蔽结构的电缆，其屏蔽层端到端应保持完整良好的导通性，屏蔽层的全程不得有中断的现象。如屏蔽层不连续完整，将会直接影响到屏蔽层的效果并使通信质量下降。

2. 电力电缆施工

电力电缆施工工艺流程如图 7-16 所示。

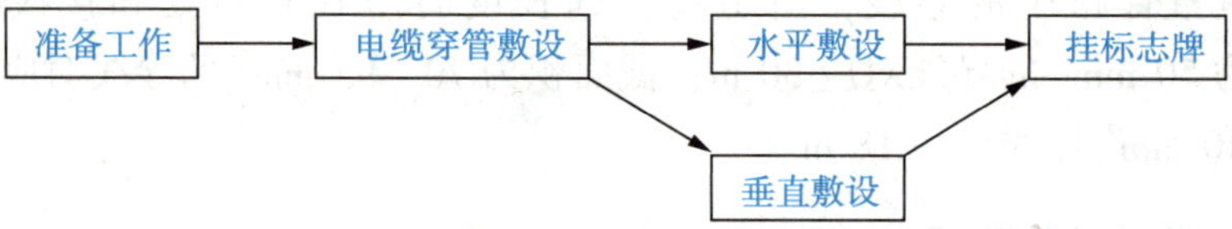

图 7-16　电力电缆施工工艺流程

电力电缆施工内容如下。

(1)电缆桥架上电缆敷设：电缆牵引可用人力或机械牵引。

(2)电缆水平敷设：电缆沿桥架或托盘敷设时，应将电缆单层敷设，排列整齐。不得有交叉，拐弯处应以最大截面电缆允许弯曲半径为准。不同等级电压的电缆应分层敷设，高压电缆应敷设在最上层。同等级电压的电缆沿桥架敷设时，电缆水平净距不得小于电缆外径。电缆敷设排列整齐，水平敷设的电缆，首尾两端、转弯两侧及每隔 5 ~ 10 m 处应设固定点。

(3)电缆垂直敷设：垂直敷设电缆时，有条件的最好自上而下敷设。土建未拆塔吊前，用吊车将电缆吊至楼层顶部；敷设前选好位置，架好电缆盘，电缆的向下弯曲部位用滑轮支撑电缆，在电缆轴附近和部分楼层应设制动和防滑措施；敷设时，同截面电缆应先敷设低层，再敷设高层。自下而上敷设时，低层小截面电缆可用滑轮大麻绳人力牵引敷设，高层大截面电缆用机械牵引敷设。

(4)电缆的排列和固定：电缆敷设排列整齐，间距均匀，不应有交叉现象。大于 45° 倾斜敷设的电缆每隔 2 m 设固定点。对于敷设于垂直桥架内的电缆，每敷设一根应固定一根，全塑型电缆的固定点为 1 m，其他电缆固定点为 1.5 m，控制电缆固定点为 1 m。敷设在竖井及穿越不同防火区的桥架，按设计要求位置，做好防火阻隔。

(5)电缆挂标志牌：标志牌规格应一致，并有防敷性能，挂装应牢固。标志牌上应注明电缆编号、规格、型号、电压等级及起始位置。沿电缆桥架敷设的电缆在其两端、拐弯处、交叉处应挂标志牌，直线段应适当增设标志牌。

0.6/1 kV 干包式塑料电缆终端头制作方法如下。

(1)选用1 000 V摇表，对电缆进行摇测，绝缘电阻应在10 MΩ以上。电缆摇测完毕后，应将线芯对地放电。

(2)剥除电缆铠甲、焊接地线。根据电缆与设备连接的具体尺寸，测量电缆长度并做好标记。锯掉多余电缆，根据电缆头套型号尺寸要求剥除外护套。

(3)将地线的焊接部位用钢锉处理，以备焊接。用绑扎铜线将接地铜线牢固地绑扎在钢带上，接地线应与钢带充分接触。利用电缆本身钢宽带的二分之一做卡子，采用咬口的方法将卡子打牢，必须打两道，防止钢带松开，两道卡子的间距为15 mm用钢锯在绑扎线向上3~5 mm处锯一环行深痕，深度为钢带厚度的2/3，不得锯透，以便剥除电缆铠甲。

用螺丝刀在锯痕尖角处将钢带挑起，用钳子将钢带撕掉，随后将钢带锯口处用钢锉处理钢带毛刺，使其光滑。将地线采用焊锡焊接于电缆钢带上，焊接应牢固，不应有虚焊现象。焊接时应注意不要将电缆烫伤。

(4)包缠电缆，套塑料手套。从钢带切口向上10 mm处，向电缆端头方向剥去电缆统包绝缘层。根据电缆头的型号尺寸，按照电缆头套长度和内径，用PVC粘胶带采用半叠法包缠电缆。PVC粘胶带包缠应紧密，形状如枣核状，以手套套入紧密为宜。选择与电缆截面相适应的塑料手套，套在三叉根部，在手套袖筒下部及指套上部分分别用PVC粘胶带包绕防潮锥。防潮锥外径为线芯绝缘外径加8 mm。

(5)包缠线芯绝缘层。用PVC粘胶带在电缆分支手套指端起至电缆端头，自上而下，再自下而上以半搭盖方式包缠2层。最后在应力锥上端的线芯绝缘保护层外，用红、黄、绿三色PVC粘胶带包缠2-3层，作为相色标志。

(6)压电缆芯线接线鼻子。按端子孔深加5 mm，剥除线芯绝缘，并在线芯上涂上凡士林。将线芯插入鼻子内，用压线钳子压紧接线鼻子，压接应在两道以上。压接完后用PVC粘胶带在端子接管上端至导体绝缘端一段内包缠成防潮锥体，防潮锥外径为线芯绝缘外径加8 mm。

(7)电缆头固定、安装。将做好终端头的电缆固定在预先制作好的电缆头支架上，线芯分开。根据接线端子的型号选用螺栓，将电缆接线端子压接在设备上。应使螺栓自上而下或从内向外穿，平垫或弹簧垫安装齐全。

3. 双绞线电缆施工

单幢智能化建筑的综合布线系统，一般只有建筑物主干布线子系统和水平布线子系统两个部分，其施工范围就只有两个部分。

建筑群主干布线子系统一般为室外敷设的干线线路，而其他两个子系统都属于室内敷设的通信线路，室内、外的安装施工现场和客观环境条件是截然不同的，因此，安装方法与技术要求有较大的区别。一般说来，建筑群主干布线子系统的缆线敷设方式不同于室内通信线路，与本地线路网的电缆安装敷设方式基本一致，因为都是室外敷设的通信线路，其使用性质和工作特点基本相同，只是使用对象有所变化。所以在安装施工的技术和相应规格的器材方面与一般线路工程项目一致，可以互相参照使用。

建筑物主干线子系统的电缆施工范围，主要是从设备间到建筑物至各个楼层配线架之间的主干路上所有缆线。它的施工环境全部在室内，且在建筑中已有电缆竖井或专用房间等客观条件。因此，现场环境的施工条件比室外要好。建筑物主干布线子系统是所有综合布线系统中必有的组成部分，它与建筑和室内其他管线系统关系密切，因此，在安装施工中必须加强与有关单位协作配合，互相协调，以求建筑物主干布线子系统的所有缆线敷设和安装顺利进行，且有可靠的质量保证。

4. 建筑物主干布线子系统缆线敷设的基本要求

建筑物主干布线子系统的缆线条数较多，且路由集中，它是综合布线系统中的重要骨干线路。因此，在安装敷设前和整个施工过程中注意以下几点基本要求，以保证敷设缆线的施工质量。

(1)为了使施工顺利进行，在敷设缆线前，在施工现场对设计文件和施工图纸进行核对，尤其是对主干路由中所采用的缆线型号、规格、程式、数量、起讫段落及安装位置，要重点复核，如有疑问，及早与设计单位和主管建设的部门共同协商，予以研究解决，以免耽误工程开展、影响施工进度。

(2)在敷设缆线前，对已运到施工现场的各种缆线进行清点和复查。其内容有缆线的型号、规格、程式和数量。根据施工图纸要求、施工组织计划和工程现场条件等，将需要布放的缆线整理妥善，在其两端贴上显著的标签。标签内容有缆线的用途和名称(也可用代号代替)、型号、规格、长度、起始端和终端地点等，标签上的字迹应清晰、端正和正确，以便按施工顺序、对号入座进行敷设施工。

(3)为了减少缆线承受的拉力和避免在牵引过程中产生扭绞现象，在布放缆线前，制作操作方便、结构简单的合格牵引端头和连接装置，把它装在缆线的牵引端。由于建筑物主干布线子系统的主干缆线一般长度为几十米，所以以人工牵引方法为主。如为高层建筑，因其楼层较多，缆线对数较大，需采用机械牵引方式，这时根据牵引缆线的长度、施工现场的环境条件和缆线允许的牵引张力等因素，选用集中牵引或分散牵引等方式，也可采用两者相结合的牵引方式，即除在一端集中机械牵引外，在中间楼层设置专人帮助牵引。人工拉放，使缆线受力分散，既不损伤缆线，又可加快施工进度。但采用这种方式时必须统一指挥，加强联络、同步牵拉，且注意不要猛拉紧拽。

(4)为了保证缆线本身不受损伤，在缆线敷设时，布放缆线的牵引力不宜过大，应小于缆线允许张力的80%。在牵引过程中，为防止缆线被拖、蹭、刮、磨等损伤，应均匀设置吊挂或支承缆线的支点，吊挂或支承的支持物间距不大于1.5 m，或根据实际情况来定。

(5)在缆线布放过程中，缆线不产生扭绞或打圈等有可能影响缆线本身的质量。缆线布放后，应处于安全稳定的状态，不应受到外界的挤压或遭受损伤。

(6)在智能化建筑内，通信系统、计算机系统、楼宇设备自控系统、电视监控系统、广播与卫星电视系统和火灾报警系统等信号、控制及电源缆线，如果在同一路由上敷设，采用金属电缆槽道或桥架，按系统分离布放，金属电缆槽道或桥架有可靠的接地装置。各个系统缆线间的最小间距及接地装置都符合设计要求，在施工时统一安排，并互相配合敷设。

(7)在建筑物主干布线子系统的缆线敷设时，需要相应的支承固定件和保护措施，这就是支撑保护方式。它对主干缆线的安全运行起着保证作用，它是极为重要的环节。为此，在智能化建筑内的电缆竖井和上升房中设有暗敷管路、槽道(包括桥架)等装置，以便敷设主干缆线。

5. 建筑物主干布线子系统的缆线敷设

建筑物主干布线子系统的主干缆线敷设是极为重要的施工项目，它对于综合布线系统的有效使用具有决定性作用。

(1)电缆敷设的施工方式

目前，在建筑中的电缆竖井或上升房内敷设电缆有两种施工方式：一种是由建筑的高层向低层敷设，利用电缆本身自重的有利条件向下垂放的施工方式；另一种是由低层向高层敷设，将电缆向上牵引的施工方式。这两种施工方式虽然仅是敷设方向不同，但差别较大，向下垂放远比向上牵引简便、容易、减少劳动工时和劳力消耗，且加快了施工进度；相反，向上牵引费时费工，困难较多。因此，通常采用向下垂放的施工方式，只有在电缆搬运到高层确有很大困难时，才采用由下向上牵引的施工方式。在电缆敷设施工时应注意以下几点。

① 向下垂放电缆的施工方式中，将电缆搬到建筑的顶层。电缆由高层向低层垂放，要求每个楼层有人引导下垂和观察敷设过程中的情况，及时解决敷设中的问题。

② 为了防止电缆洞孔或管孔的边缘不光滑，磨破电缆的外护套，在洞孔中放置一个塑料保护槽，以便保护。

③ 在向下垂放电缆的过程中，要求敷设的速度适中，不宜过快，使电缆从电缆盘中慢速放出，下垂进入洞孔。各个楼层的施工人员都将经过本楼层的电缆徐徐引导到下一个楼层的洞孔，直到电缆逐层布放到要求的楼层为止。并且要在统一指挥下宣布敷设完毕后，各个楼层的施工人员才将电缆绑扎固定。

④ 如果各个楼层不是预留直径较小的洞孔，而是大的洞孔或通槽，则不需使用保护装置，采用滑车轮的装置，将它安装在建筑的顶层，用绳索固定在洞孔或槽口中央，然后电缆通过滑车轮向下垂放。

⑤ 向上牵引电缆的施工方法一般采用电动牵引绞车，电动牵引绞车的型号和性能根据牵引电缆的质量来选择。其施工顺序是由建筑的顶层下垂一条布放牵引拉绳，其强度足以牵引电缆的所有质量(电缆长度为顶层到最低楼层)，将电缆牵引端与拉绳连接妥当。启动绞车，慢速将电缆逐层向上牵引，直到将电缆引到顶层，电缆预留一定长度，才停止绞车。此外，各个楼层必须采取加固措施，将电缆绑扎牢固，以便连接。

⑥ 电缆布放时有一定的冗余量，在交接间或设备间内，电缆预留长度一般为3～6 m。主干电缆的最小曲率半径至少是电缆外径的10倍，以便缆线的连接和今后维护检修时使用。

(2)电缆在电缆槽道或桥架上敷设和固定

综合布线系统的缆线常采用槽道或桥架敷设，尤其是在电缆条数多而集中的干线通道的交接间内。在电缆槽道或桥架上敷设电缆时，应符合以下规定要求。

① 电缆在桥架或敞开式的槽道内敷设时，为了使电缆布置牢靠和美观整齐，应采取稳妥的固定绑扎措施。如果在水平装设的桥架内敷设，在电缆的首端、尾端、转弯处进行固定。具体固定方法为：用专制的塑料电缆扎在桥架或敞开式槽道内的支架上。

② 电缆在封闭式的槽道内敷设时，要求在槽道内缆线均平齐顺直，排列有序，尽量互相不重叠或不交叉，缆线在槽道内不溢出，以免影响槽道盖盖合。在缆线进行出槽道的部分或转弯处绑扎固定。

在桥架槽道内的缆线绑扎固定时，根据缆线的类型、缆径、缆线芯数分束绑扎，以示区别，也便于维护检查。例如，4 对双绞线对称电缆以 24 根为一束；25 对或 25 对以上的主干双绞线对称电缆或光缆及信号电缆可分束捆扎。绑扎的间距不宜大于 1.5 m，绑扎间距均匀一致，绑扎松紧适度。

③ 在吊顶内利用吊顶支撑柱挂缆的安装敷设方式。由于它在吊顶内，每根支撑柱所辖范围不大，因此，缆线条线较少，可以附挂而不需要设置槽道。这种安装敷设方式可以节省槽道的费用，但缆线布置易混乱，必须分束绑扎，以便管理和检修。在这种场合，所有缆线的外护套具有阻燃性能，选用时要求符合设计规定。

7.2.4 光缆布线敷设

1. 光缆施工准备

光缆施工时应当做好以下准备工作。

(1)光缆外观检查。用户收到光缆后，应及时检查缆盘及外层光缆，确定所收光缆没有受到损伤，检查缆盘中心孔有无各种可能损害光缆护套或妨碍光缆收卷或展开的障碍物。

(2)数量检查。检查光缆总数量、每盘长度是否与合同要求一致。

(3)质量检查。用光时域反射仪检查光缆在运输中受到伤害，检查所得数据可用来与安装后验收监测数据进行比较，并作为数据记录的一部分，有利于日后紧急修复工作。

(4)配线设备的使用应符合规定。光缆交接设备的型号、规格应符合设计要求；光缆交接设备的编排及标记名称应与设计相符，各类标记名称应统一，标记位置应正确、清晰。

2. 光缆敷设要求

光缆和电缆之间有较大的区别，如果光缆在牵引敷设过程中玻璃光纤损坏，则这条光缆就报废了，必须更换。在布线施工时必须注意以下几点。

(1)光缆弯曲时不能超过最小曲率半径。光纤的纤芯是石英玻璃，光纤是由光传输的，因此光缆比双绞线有更高的弯曲半径要求。在安装敷设完工后，光缆允许的最小曲率半径应不小于光缆外径的 15 倍；在施工过程中，光缆允许的最小曲率半径不应小于光缆外径的 20 倍。尺寸较大、光纤数目较多的光缆的最小弯曲半径要比小尺寸的光缆大。

(2)光缆敷设时的张力应符合设计标准中的规定。要求布放光缆的牵引力应不超过光缆允许张力的 80%，瞬时最大牵引力不得大于光缆允许张力。主要牵引力应加在光缆的加强构件上，光纤不应直接承受拉力。光缆如采用机械牵引时，牵引力应用拉力计监视，不得大于规定值。

为了满足对弯曲半径和抗拉强度的要求，在施工中应使光缆卷轴转动，光缆盘转动速度应与光缆布放速度同步，要求牵引的最大速度为 15 m/min，保持恒定。光缆应从卷轴的顶部去牵引光缆，而且是缓慢而平稳地牵引，严禁硬拉猛拽。

(3)光缆敷设时的侧压力、扭转力均应符合设计标准中的规定。涂有塑料涂覆层的光纤细如毛发，而且光纤表面的微小伤痕都将使耐张力显著地恶化。另外，当光纤受到不均匀侧面压力时，光纤损耗将明显增大，因此，敷设时应控制光缆的敷设张力，避免使光纤受到过度的外力(弯曲、侧压、牵拉、冲击等)。在光缆敷设过程中，严禁光缆打小圈及弯曲、扭曲，有效地防止打背扣的发生。

(4)光缆敷设时的最大垂直高度。最大垂直高度是垂直敷设的光缆自支承时的垂直距离。光缆沿大楼的立柱垂直敷设时光缆要承受其自身的压力。如果光缆支撑方法不正确，光缆自身重量会压到光缆支撑物上，会对光缆产生损害。

(5)根据运到施工现场的光缆情况，结合工程实际，合理配盘与光缆敷设顺序相结合，应充分利用光缆的盘长，施工中宜整盘敷设，不得任意切断光缆，以减少中间接头。

(6)光缆布放应有冗余。光缆布放路由宜盘留(过线井处)，预留长度宜为 3 ~5 m；在设备间和电信间，多余光缆盘成圆形来存放，光缆盘的弯曲半径也应至少为光缆外径的 10 倍，预留长度宜为 3 ~5 m，有特殊要求的应按设计要求预留长度。

(7)光缆与建筑物内其他管线应保持一定间距，最小净距符合国标的规定。

(8)必须在施工前对光缆的端别予以判别，并确定 A、B 端，A 端应是网络枢纽一侧，B 端是用户一侧，敷设光缆的端别应方向一致，不得使端别排列混乱。

(9)光缆无论在建筑物内还是建筑群间敷设，应单独占用管孔。如利用原有管道和铜芯电缆共管时，应在管孔中穿放塑料子管，塑料子管的内径应为光缆外径的 1.5 倍以上，光缆在塑料子管中敷设。在建筑物内光缆与其他弱电系统的缆线平行敷设时，应有一定间距分开敷设，并固定绑扎妥当。当小芯数光缆在建筑物内采用暗管敷设时，管道的截面利用率应为 25% ~30%。

3. 室内光缆敷设方式

室内光缆敷设包括建筑物内干线光缆和水平光缆。

(1)建筑物内干线光缆敷设方式。建筑物内干线光缆敷设方式有两种：一种是由建筑的顶层向下垂直布放；另一种是由建筑的底部向上牵引。通常采用向下垂直布放的施工方式，只有整盘光缆盘搬到顶层有较大困难或有其他原因时，才采用由下向上牵引光缆的施工方式。

(2)水平光缆敷设方式。建筑物配线子系统的光缆从电信井到工作区，一般采用走吊顶(电缆桥架)或线槽(地板下)的敷设方式。

4. 室外光缆敷设方式

室外光缆(即建筑物间干线光缆)常见的敷设方式有三种：地下管道敷设，即在地下管道中敷设光缆；直接地下掩埋敷设；架空光缆敷设，即在空中从电线杆到电线杆的敷设。

(1)地下管道。地下管道既是一个通道，又是一个保护管道，是楼宇间干线布线的首选方案。这种敷设方案可以保护光缆，防止潮湿和其他外界因素的破坏。

(2)地下直埋。直埋法不需要敷设管道，直接挖沟对光缆进行掩埋。直埋光缆需要有一层保护铠甲保护光缆，防止动物撕咬。直埋光缆敷设方案在楼间干线上并不是首选方案，因为如果以后在敷设区进行挖掘的时候会损坏光缆。

(3)架空光缆。架空光缆是架设在地面以上，用杆支撑起来或捆扎在建筑物上的光缆。在园区楼宇规划中，这是最经济的楼宇间架空光缆的方式。一些会损伤架空光缆的外界因素有风、冰雪、鸟害等。

选择何种敷设方式，应视工程条件、环境特点和电缆类型、数量等因素，且满足运行可靠、便于维护的要求和技术经济合理的原则来选择。

5. 管道光缆敷设要求

管道光缆敷设方式就是在管道中敷设光缆，即在建筑物之间预先敷设一定数量的管道，如塑料管道，然后再用牵引法布放光缆。

管道光缆敷设的基本要求如下。

(1)在敷设光缆前，根据设计文件和施工图纸对选用穿放光缆的管孔进行核对，如所选管孔需要改变时，应征求设计单位同意。

(2)在敷设光缆前，应逐段将管孔清刷干净和试通。清扫时应用专制的清刷工具，清扫后应用试通棒检查合格，才可穿放光缆。如选用已有的多孔水泥管(又称混凝土管)穿放塑料子管，在施工前应对塑料子管的材质、规格、盘长进行检查，均应符合设计要求。一个水泥管孔中布放两根以上的塑料子管时，其子管等效总外径不宜大于管子内径的85%，如图7-17和图7-18所示。

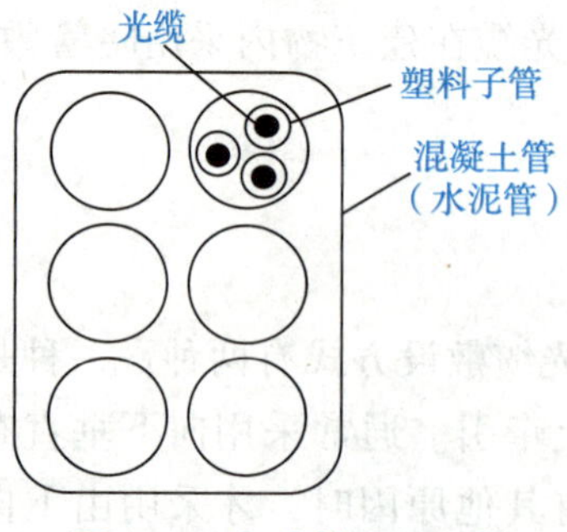

图7-17 多孔的混凝土管

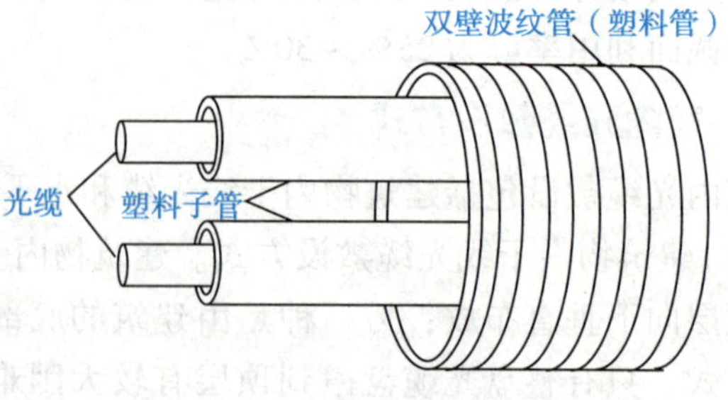

图7-18 单孔的塑料管

(3)当穿放塑料子管时，其敷设方法与电缆敷设基本相同，但需注意以下几点。

① 布放两根以上的塑料子管，如管材已有不同颜色可以区别时，其端头可不必做标志，如无颜色区别，应在其端头有区别的标志，具体标志内容由工程实际需要决定。

② 布放塑料子管的环境温度应在-5～35 ℃，在过低或过高的温度时，尽量避免施工，以保证塑料子管的质量不受影响。

③ 连续布放塑料子管的长度不宜超过300 m，要求塑料子管不得在管孔中间有接头。

④ 牵引塑料子管的最大拉力不应超过管材的抗拉强度，牵引时的速度要求缓和均匀。

⑤ 穿放塑料子管的水泥管孔应采用塑料管堵头(也可采用其他方法)在管孔口处安装，使塑料子管固定。塑料子管布放完毕应将子管口临时堵塞，以防异物进入管内；近期不会穿放缆线的塑料子管必须在其端部安装堵塞或堵帽。塑料子管在人孔或手孔中应按设计规定预留足够的长度，以备使用。

(4)光缆的牵引端部的端头应预先制成。为防止在牵引过程中产生扭转而损伤光缆，在牵引端头与牵引绳索之间应加装转环，避免牵引光缆时产生扭转而损伤光缆。

(5)光缆采用人工牵引布放时，每个人孔或手孔中应有专人帮助牵引，同时，予以照顾和解决牵引过程中可能出现的问题。在机械牵引时，一般不需要每个人孔有人，但在拐弯人孔或重要人孔处应有专人照看。整个光缆敷设过程，必须有专人统一指挥，严密组织，并配有移动通信工具进行联络。不应有未经训练的人员上岗和在无通信联络工具的情况下施工。

(6)光缆一次牵引长度一般不应大于1 000 m，超过1 000 m时，应将光缆盘成倒8字形状，分段牵引或在中间适当地点增加辅助牵引，以减少光缆张力，提高施工效率。

(7)为了在牵引过程中保护光缆外护套不受损伤，在光缆穿入管孔或管道拐弯处或与其他障碍物有交叉时，应采用导引装置或喇叭口保护管等保护。此外，根据需要可在光缆四周涂抹中性润滑剂等材料，以减少牵引光缆时的摩擦阻力。

(8)光缆敷设后，应逐个在人孔或手孔中将光缆放置在规定的托板上，并应留有适当余量，避免光缆过于绷紧。

如在设计中有特殊预留长度的要求，应按规定的位置妥善留足和放置，例如，预留光缆是为了将来引入新建的建筑物内，光缆可放在建筑物附近的人孔内。

6. 直埋光缆的敷设要求

直埋光缆敷设的主要特点是能够防止各种外来的机械损伤，而且地温较稳定，减少了温度变化对光纤传输特性的影响，从而提高了光缆的安全性和传输质量。直埋光缆是隐蔽工程，技术要求高，在敷设时应注意以下几点。

(1)在直埋光缆施工前，要对设计中确定的线路路由实施复测。内容包含路由测量、复核，以确定光缆路由的具体走向和位置。核实丈量地面正确的距离，为光缆配盘、分屯和敷设等工序提供必要的数据和依据，对于确保施工质量和提高工效会起到很好的作用。光缆路由复测的内容包括定线、定位、测距、打标桩、确定埋深的划线和登记等工作。

（2）直埋光缆最大的工程量之一是挖掘缆沟（以下简称挖沟），在市区和智能化小区中，因道路狭窄、操作空间较小，线路距离短，不易采用机械式挖沟，通常采用人工挖沟，简便、灵活，不受地形和环境条件的影响，是较为经济、有效的施工方法。

（3）在同一路由上，且同沟敷设光缆或电缆时，应同期分别牵引敷设。如与直埋电缆同沟敷设，应先敷设电缆，后敷设光缆，在沟底应平行排列。如同沟敷设光缆，应同时分别布放，在沟底不得交叉或重叠放置，光缆必须平放于沟底，或自然弯曲使光缆应力释放，光缆如有弯曲腾空和拱起现象，应设法放平，不得用脚踩光缆使其平铺沟底。

（4）直埋光缆的敷设位置，应在统一的管线规划综合协调下进行安排布置，以减少管线设施之间的矛盾。直埋光缆与其他管线及建筑物间的最小净距应符合要求。

（5）在智能化小区、校园式大院或街坊内布放光缆时，因道路狭窄、操作空间小，宜采用人工抬放敷设光缆，施工人员应根据光缆的重量，按 2～10 m 的距离排开抬放。如人数有限时，可采用 8 字形盘绕分段敷设。敷设时不允许光缆在地上拖拉，也不得出现急弯、扭转、浪涌或牵引过紧等现象，抬放敷设时的光缆曲率半径不得超过规定，应加强前后呼应，统一指挥，步调一致，逐段敷设。在敷设时或敷设后，需要前后移动光缆的位置时，应将光缆全长抬起或逐段抬起移位，要轻手轻脚，不宜过猛拉拽，从而使光缆的外护套产生暗伤隐患。

（6）光缆敷设完毕后，应及时检查光缆的外护套，如有破损等缺陷应立即修复，并测试其对地绝缘电阻。

（7）在智能化小区、街坊内敷设的光缆，应按设计规定需在光缆上面铺设红砖或混凝土盖板，应先敷盖 20 cm 厚的细土再铺红砖，根据敷设光缆条数采取不同的铺砖方式（如竖铺或横铺）。

（8）在智能化小区、校园式大院或街坊内，尤其是道路的路口、建筑的门口等处，在施工时应有安全可靠的防护措施，如醒目安全标志等，以保证居民生活和通行安全。光缆敷设完毕后，应及时回填，回填土应分层夯实，地面应平整。

（9）直埋光缆的接头处、拐弯点或预留长度处以及其他地下管线交越处，应设置标志，以便今后维护检修。标志可以专制标识，也可利用光缆路由附近的永久性建筑的特定部位，测量出距直埋光缆的相关距离，在有关图纸上记录，作为今后的查考资料。

7. 架空光缆的敷设

架空敷设光缆通常适用在临时的应用，对于永久或固定的缆线安装，不建议采用架空方式，但如确须采用架空方式，架空光缆在敷设时有以下基本要求。

（1）在光缆架设前，在现场对架空杆路坚固状况进行检验，要求符合最新验收规范中的规定，且能满足架空光缆的技术要求时，才能架设光缆。

（2）在架设光缆前，应对新设或原有的钢绞线吊线检查有无伤痕和锈蚀等缺陷，钢绞线绞合应严密、均匀，无跳股现象。吊线的原始垂度应符合设计要求，固定吊线的铁件安装位置应正确、牢固。对光缆路由和环境条件进行考察，检查有无有碍于施工敷设的障碍和具体问题以确定光缆敷设方式。

(3)不论采用机械式或人工牵引光缆，要求牵引力不得大于光缆允许张力的最大拉力。牵引速度要求缓和均匀，保持恒定，不能突然启动，猛拉紧拽。架空光缆布放应通过滑轮牵引，敷设过程中不允许出现过度弯曲或光缆外护套硬伤等现象。

(4)光缆在架设过程中和架设后受到最大负载时，会产生的伸长率，要求应小于0.2%，在工程中对架空光缆垂度的确定应十分慎重，应根据光缆结构及架挂方式计算架空光缆垂度，并应核算光缆的伸长率，使取定的光缆垂度能保证光缆的伸长率不超过规定值。

任务评价

评价内容	评价标准	分值	自评	师评
施工的要求和准备	列举施工前的技术准备工作	10		
	列举施工前的施工前的环境检查工作	10		
	列举施工前的施工前的器材检查工作	10		
管槽安装施工	掌握管路和槽道的分类	10		
	了解管路安装的基本要求	10		
	了解槽道安装的基本要求	10		
电缆布线敷设	了解缆线敷设施工的一般要求	5		
	掌握电力电缆和双绞线电缆施工之间的区别	15		
光缆布线敷设	了解光缆施工准备	5		
	掌握光缆布线敷设方式和敷设要求	15		
总分		100		

任务3 综合布线系统工程测试与验收

任务描述

本任务将详细介绍综合布线施工完成后的检查与验收环节。

任务分析

要完成此任务，首先需要深入理解并严格执行《综合布线系统工程验收规范》

(GB/T 50312—2016)的各项要求，具体涵盖环境、器材、测试、文件编制及质量检查。确保施工环境合规，器材达标，电缆测试精准，文档详尽。全面检查安装质量与系统性能，及时修复不合格项，确保综合布线工程高质量完成。

任务重点与实施

7.3.1 综合布线验收规范概述

为了统一建筑物与建筑群综合布线系统工程施工质量检查、随工检验和竣工验收等工作的技术要求，国家制定、颁布了综合布线验收规范，即《综合布线系统工程验收规范》(GB/T 50312—2016)，这个规范适用于新建、扩建和改建建筑与建筑群综合布线系统工程的验收。综合布线系统工程实施中采用的工程技术文件、承包合同文件对工程质量验收的要求不得低于这个规范规定。

在施工过程中，施工单位必须执行规范中有关施工质量检查的规定，建设单位应通过工地代表或工程监理人员加强工地的随工质量检查，及时组织隐蔽工程的检验和验收。综合布线系统工程要符合设计要求，工程验收前应进行自检测试、竣工验收测试工作。

7.3.2 综合布线环境检查

1. 工作区、电信间、设备间的检查

(1)工作区、电信间、设备间土建工程已全部竣工。房屋地面平整、光洁，门的高度和宽度应符合设计要求。

(2)房屋预埋线槽、暗管、孔洞，以及竖井的位置、数量、尺寸均应符合设计要求。

(3)铺设活动地板的场所，活动地板防静电措施及接地应符合设计要求。

(4)电信间、设备间应提供220 V带保护接地的单相电源插座。

(5)电信间、设备间应提供可靠的接地装置，接地电阻值及接地装置的设置应符合设计要求。

(6)电信间、设备间的位置、面积、高度、通风、防火及环境温/湿度等应符合设计要求。

2. 建筑物进线间及入口设施的检查

(1)引入管道与其他设施如电气、水、煤气、下水道等的位置间距应符合设计要求。

(2)引入缆线采用的敷设方法应符合设计要求。

(3)管线入口部位的处理应符合设计要求，并应检查采取排水及防止气、水、虫等进入的措施。

(4)进线间的位置、面积、高度、照明、电源、接地、防火、防水等符合设计要求。

7.3.3　器材及测试仪表工具检查

1. 器材检验要符合下列要求

(1)工程所用缆线和器材的品牌、型号、规格、数量、质量应在施工前进行检查，应符合设计要求并具备相应的质量文件或证书；无出厂检验证明材料、质量文件的或与设计不符的不得在工程中使用。

(2)进口设备和材料应具有产地证明和商检证明。

(3)经检验的器材应做好记录，对不合格的器件应单独存放，以备核查与处理。

(4)工程中使用的缆线、器材与订货合同或封存的产品在规格、型号、等级上相符。

(5)备品、备件及各类文件资料应齐全。

2. 配套型材、管材与铁件的检查应符合下列要求

(1)各种型材的材质、规格、型号应符合设计文件的规定，表面应光滑、平整，不得变形、断裂。预埋金属线槽、过线盒、接线盒及桥架等表面涂覆或镀层应均匀、完整，不得变形、损坏。

(2)室内管材采用金属管或塑料管时，其管身应光滑、无伤痕，管孔无变形，孔径、壁厚应符合设计要求。金属管槽应根据工程环境要求做镀锌或其他防腐处理。塑料管槽必须采用阻燃管槽，外壁应具有阻燃标记。

(3)室外管道应按通信管道工程验收的相关规定进行检验。

(4)各种铁件的材质、规格均应符合相应质量标准，不得有歪斜、扭曲、飞刺、断裂或破损。

(5)铁件的表面处理和镀层应均匀、完整，表面光洁，无脱落、气泡等缺陷。

3. 缆线的检验要符合下列要求

(1)工程使用的电缆和光缆型号、规格及缆线的防火等级应符合设计要求。

(2)缆线所附标志、标签内容应齐全、清晰，外包装应注明型号和规格。

(3)缆线外包装和外护套要完整无损；当外包装损坏严重时，应测试合格后再在工程中使用。

(4)电缆应附有本批量的电气性能检验报告，施工前应进行链路或信道的电气性能及缆线长度的抽检，并做测试记录。

(5)光缆开盘后应首先检查光缆端头封装是否良好。光缆外包装或光缆护套如有损伤，应对该盘光缆进行光纤性能指标测试，如有断纤，应进行处理，待检查合格才允许使用。光纤检测完毕，光缆端头应密封固定，恢复外包装。

(6)光纤接插软线或光跳线检验应符合两端的光纤连接器件端面应装配合适的保护盖帽及光纤类型应符合设计要求，并应有明显的标记。

4. 连接器件的检验应符合下列要求

(1)配线模块、信息插座模块及其他连接器件的部件应完整，电气和机械性能等指标符合相应产品生产的质量标准。塑料材质应具有阻燃性能，并应满足设计要求。

(2)信号线路浪涌保护器各项指标应符合有关规定。

(3)光纤连接器件及适配器使用型号和数量、位置应与设计相符。

5. 配线设备的使用要符合下列规定

(1)光/电缆配线设备的型号、规格应符合设计要求。

(2)光/电缆配线设备的编排及标志名称应与设计相符。各类标志名称应统一，标志位置正确、清晰。

6. 测试仪表和工具的检验应符合下列要求

(1)应事先对工程中需要使用的仪表和工具进行测试或检查，缆线测试仪表应附有相应检测机构的证明文件。

(2)综合布线系统的测试仪表应能测试相应类别工程的各种电气性能及传输特性，其精度符合相应要求。测试仪表的精度应按相应的鉴定规程和校准方法进行定期检查和校准，经过相应计量部门校验取得合格证后，方可在有效期内使用。

(3)施工工具，如电缆或光缆的接续工具剥线器、光缆切断器、光纤熔接机、光纤磨光机、卡接工具等必须进行检查，合格后方可在工程中使用。

7.3.4 电缆信道和链路测试

1. 电缆的认证测试模型

在《综合布线系统工程验收规范》(GB/T 50312—2016)中规定了两种测试模型永久链路模型和信道模型。各等级的布线系统应按照永久链路和信道进行测试。

(1)永久链路模型

永久链路又称固定链路，永久链路方式供工程安装人员和用户用以测量安装的固定链路性能。永久链路由最长为 90 m 的水平电缆、水平电缆两端的接插件(一端为工作区信息插座，另一端为楼层配线架)和链路可选的转接连接器组成，永久链路不包括两端测试电缆，电缆总长度最大为 90 m。永久链路模型如图 7-19 所示。永久链路模型使用永久链路适配器连接测试仪表和被测链路，测试仪表能自动排除测试跳线的影响，排除测试跳线在测试过程中本身带来的误差，因此在技术上消除了测试跳线对整个链路测试结果的影响，使测试结果更准确、合理。

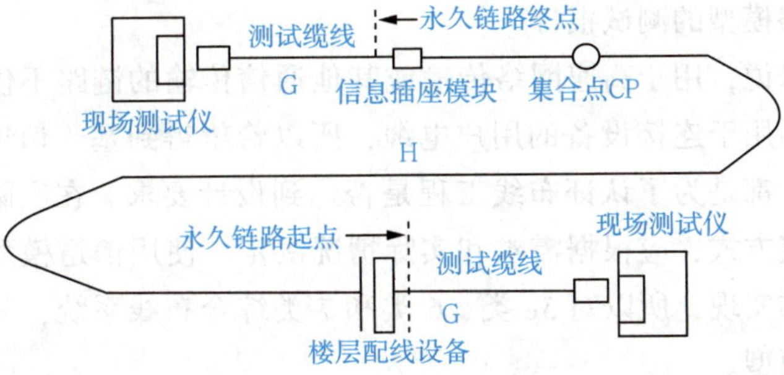

图 7-19 永久链路模型

注意

H 为从信息插座至楼层配线设备(包括集合点)的水平电缆长度，H≤90 m。

(2)信道模型

信道是指从网络设备跳线到工作区跳线的端到端的连接，包括最长 90 m 的水平缆线、水平电缆两端的接插件(一端为工作区信息插座，另一端为楼层配线架)、一个靠近工作区的可选的附属转接连接器，最长 10 m 的在楼层配线架和用户终端的连接跳线，信道最长为 100 m，信道模型如图 7-20 所示。

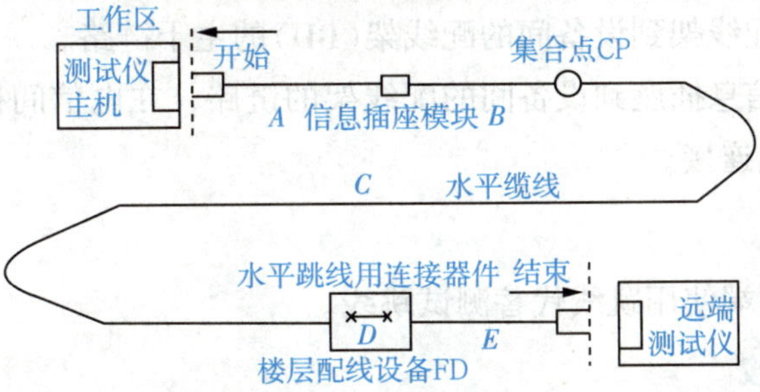

图 7-20 信道模型

注意

A 为工作区终端设备电缆长度；B 为 CP 缆线长度；C 为水平缆线长度；D 为配线设备连接跳线长度；E 为配线设备到设备连接电缆长度；B+C≤90 m，A+D+E≤10 m。

信道测试的是网络设备到计算机间端到端的整体性能，是用户所关心的，所以信道也被称为用户链路。

永久链路由综合布线系统施工方负责完成。通常，综合布线系统施工方在完成综合布线系统工程的时候，布线系统所要连接的设备、器件并没有完全安装，而且并不是所有的电缆都会连接到设备或器件上，所以，综合布线系统施工方只能向用户提交一份基于永久链路模型的测试报告。

从用户角度来说，用于高速网络传输或其他通信传输的链路不仅仅要包含永久链路部分，还应包括用于连接设备的用户电缆，所以希望得到基于信道的测试报告。无论采用何种模型，都是为了认证布线工程是否达到设计要求。在实际测试应用中，选择哪一种测量连接方式，应根据需求和实际情况决定。使用信道模型更符合实际使用的情况，但是很难实现，所以对5e类、6类和7类综合布线系统，一般工程验收测试都选择永久链路模型。

2. 双绞线电缆通道测试

对于一个完整的双绞线电缆信道，有时候需要作为一个信道整体来测试，有时候需要分开来测试。通常有以下几种情况。

(1)跳线

测试方法是将要测试的双绞线跳线的两端分别插入测试仪的主测试端和远程测试端的RJ-45端口。打开测试仪电源。

(2)永久链路

永久链路根据电信间的设备连接方式通常有以下几种情况。

① 从工作区的信息插座到电信间的配线架(FD)的水平链路。

② 从电信间的配线架到设备间的配线架(BD)的主干链路。

③ 从工作区的信息插座到设备间的配线架的链路，在电信间楼层配线架与建筑物配线架之间通过跳线连接。

(3)信道测试

在永久链路的两端使用跳线代替测试跳线。

3. 管理系统验收

(1)综合布线管理系统应满足下列要求。

① 管理系统级别的选择应符合设计要求。

② 需要管理的每个组成部分均设置标签，并由唯一的标识符进行表示，标识符与标签的设置应符合设计要求。

③ 管理系统的记录文档应详细完整并汉化，包括每个标识符相关信息、记录、报告、图纸等。

④ 不同级别的管理系统可采用通用电子表格、专用管理软件或电子配线设备等进行维护管理。

(2)综合布线管理系统的标识符与标签的设置应符合下列要求。

① 标识符应包括安装场地、缆线终端位置、缆线管道、水平链路、主干缆线、连接器件、接地等类型的专用标识，系统中每一个组件应指定一个唯一的标识符。

② 电信间、设备间、进线间所设置配线设备及信息点处均应设置标签。

③ 每根缆线应指定专用标识符，标在缆线的护套上或在距每一端护套300 mm内设置标签，缆线的终接点应设置标签标记指定的专用标识符。

④ 接地体和接地导线应指定专用标识符，标签应设置在靠近导线和接地体的连接处的明显部位。

⑤ 根据设置的部位不同，可使用粘贴型、插入型或其他类型标签。标签表示内容应清晰，材质应符合工程应用环境要求，具有耐磨、抗恶劣环境、附着力强等性能。

⑥ 终接色标应符合缆线的布放要求，缆线两端终接点的色标颜色应一致。

(3)综合布线系统各个组成部分的管理信息记录和报告，应包括如下内容。

① 记录应包括管道、缆线、连接器件及连接位置、接地等内容，各部分记录中应包括相应的标识符、类型、状态、位置等信息。

② 报告应包括管道、安装场地、缆线、接地系统等内容，各部分报告中应包括相应的记录。

③ 综合布线系统工程如采用布线工程管理软件和电子配线设备组成的系统进行管理和维护工作，应按专项系统工程进行验收。

4. 工程验收

(1)编制工程验收文件

工程完工后，进入验收阶段，首先要编制工程竣工技术文件。为了便于工程验收和今后管理，在工程竣工后和验收前，施工单位应及早编制工程竣工技术文件，并在工程验收前提交建设单位。

工程竣工技术文件应包括以下内容。

① 综合布线系统工程的主要安装工程量，如主干布线的缆线规格和长度，装设楼层配线架的规格和数量等。

② 在安装施工中一些重要部位或关键段落的施工说明，如建筑群配线架和建筑物配线架合用时其连接端子的分区和容量等。

③ 设备、机架和主要部件的数量明细表，即将整个工程中所用的设备、机架和主要部件分别统计，清晰地列出其型号、规格、程式和数量。

④ 在施工棚有少量修改时，可利用原工程设计图更改补充，不需再重作竣工图纸；但在施工中改动较大时，则应另作竣工图纸。

⑤ 工程中各项技术指标和技术要求的测试记录，如缆线的主要电气性能、光缆的光学传输特性等测试数据。

⑥ 直埋电缆或地下电缆管道等隐蔽工程经工程监理人员认可的签证；设备安装和缆线敷设工序告一段落时，经常驻工地代表或工程监理人员随工检查后的证明等原始记录。

⑦ 综合布线系统工程中如采用微机辅助设计，应提供程序设计说明和有关数据，如磁盘、操作说明、用户手册等文件资料。

⑧ 在施工过程中由于各种客观因素部分变更或修改原有设计或采取相关技术措施时，应提供建设、设计和施工等单位之间对于这些变动情况的洽商记录，以及在施工中的检查记录等基础资料。

(2)竣工验收技术文件的主要要求

竣工技术文件和相关资料应做到内容齐全、数据准确无误、文字表达条理清楚、文件外观整洁、图表内容清晰，不应有互相矛盾、彼此脱节和错误遗漏等现象。竣工技术文件通常为一式三份，在有多个单位需要时，可适当增加份数。

(3)竣工技术文件编制要求

竣工技术文件应按下列要求进行编制。

① 工程竣工后，施工单位应在工程验收之前，将工程竣工技术资料交给建设单位。

② 综合布线系统工程的竣工技术资料应包括以下各项：安装工程量；工程说明；设备、器材明细表；竣工图纸；测试记录(宜采用中文表示)；工程变更、检查记录及施工过程中，需更改设计或采取相关措施，建设、设计、施工等单位之间的双方洽商记录；随工验收记录；隐蔽工程签证；工程决算。

③ 竣工技术文件要保证质量，做到外观整洁，内容齐全，数据准确。

5. 综合布线工程质量检查

综合布线系统工程，要按照《综合布线系统工程验收规范》(GB/T 50312—2016)中所列项目、内容进行检验。检测结论作为工程竣工资料的组成部分及工程验收的依据之一。

(1)系统工程安装质量检查，各项指标符合设计要求，则被检项目检查结果为合格。被检项目的合格率为100%，则工程安装质量判为合格。

(2)系统性能检测中，对绞电缆布线链路、光纤信道应全部检测，竣工验收需要抽验时，抽样比例不低于10%，抽样点应包括最远布线点。

(3)如果一个被测项目的技术参数测试结果不合格，则该项目判为不合格；如果某一被测项目的检测结果与相应规定的差值在仪表准确度范围内，则该被测项目应判为合格。

① 按规范的指标要求，采用4对对绞电缆作为水平电缆或主干电缆所组成的链路或信道有一项指标测试结果不合格，则该水平链路、信道或主干链路判为不合格。

② 主干布线大对数电缆中按4个对绞线对测试，指标有一项不合格，则判为不合格。

③ 如果光纤信道测试结果不满足本规范附录C的指标要求，则该光纤信道判为不合格。

④ 未通过检测的链路、信道的电缆线对或光纤信道可在修复后复检。

(4)在对双绞电缆布线进行全部检测时，无法修复的链路、信道或不合格线对数量有一项超过被测总数的1%，则判为不合格。在光缆布线检测时，如果系统中有一条光纤信道无法修复，则判为不合格。

在双绞电缆布线抽样检测时，被抽样检测点(线对)不合格比例不大于被测总数的1%，则视为抽样检测通过，但不合格点(线对)应予以修复并复检。被抽样检测点(线对)不合格比例如果大于1%，则视为一次抽样检测未通过，应进行加倍抽样；加倍抽样不合格比例不大于1%，则视为抽样检测通过。若不合格比例仍大于1%，则视为抽样检测不通过，应进行全部检测，并按全部检测要求进行判定。

全部检测或抽样检测的结论为合格，则竣工检测的最后结论为合格；全部检测的结论为不合格，则竣工检测的最后结论为不合格。

(5)综合布线管理系统检测，标签和标识按10%抽检，系统软件功能全部检测。检测结果符合设计要求，则判为合格。

任务评价

评价内容	评价标准	分值/分	自评	师评
综合布线验收规范概述	准确理解并严格执行验收规范	20		
综合布线环境检查	会全面、细致进行环境检查，使其符合设计要求	30		
器材及测试仪表工具检查	列举器材检验的要求	10		
	列举配套型材、管材与铁件检查的要求	10		
	列举连接器件检验的要求	10		
	列举测试仪表和工具检验要求	10		
电缆信道和链路测试	掌握两种电缆的认证测试模型	5		
	会编写综合布线工程质量检查	5		
总分		100		

项 目 小 结

本项目全面介绍了综合布线系统工程的设计、施工及测试验收流程，通过本项目的学习，读者能够型网络综合布线，加深了对布线技术的理解与应用，提升了网络构建与维护能力，为实际工程项目提供了有力的技术支持。

项目习题

一、选择题

1. 综合布线系统(PDS)的主要功能是什么?(　　)

A. 仅传输语音信号

B. 仅传输数据信号

C. 综合传输语音、数据、图像等信号

D. 仅提供电源线路

2. 以下哪个不是综合布线系统设计时应考虑的子系统?(　　)

A. 电话系统　　B. 计算机网络系统

C. 闭路电视系统　　D. 通风系统

3. 综合布线系统的开放性特点意味着什么?(　　)

A. 仅支持特定品牌的设备　　B. 支持所有通信协议和多种设备

C. 不允许任何外部设备接入　　D. 仅使用特定类型的传输介质

4. 根据 EIA/TIA-568 标准，超五类双绞线的带宽至少是多少?(　　)

A. 100 MHz　　B. 200 MHz

C. 1 GHz　　D. 10 GHz

5. 在综合布线系统中，哪个子系统负责连接各个建筑物之间的主干电缆和光缆?(　　)

A. 工作区子系统　　B. 配线子系统

C. 建筑群子系统　　D. 设备间子系统

二、填空题

1. 综合布线系统中，________是建筑物内部的语音交换、智能数据处理设备及其他广义的数据通信设施相互连接起来的网络系统。

2. 综合布线系统设计时应考虑的步包括：获取建筑物平面图、进行现场勘查、获取用户需求、________、________。

3. 施工前的器材检查中，电缆和光缆的检查要求包括规格和型号符合设计规定、________、________、外护套完整无损等。

三、简答题

1. 简述综合布线系统与传统布线相比的优点。

2. 描述综合布线系统设计中，工作区子系统设计需要考虑哪些因素?

3. 解释“单点管理交接方案”和“双点管理交接方案”在综合布线系统管理子系统设计中的区别。

4. 为什么在施工前需要进行环境检查，它包括哪些主要内容?

5. 阐述综合布线系统工程测试与验收的重要性，并说明测试与验收的基本流程。

四、项目实战

小型网络综合布线

本实战进行小型网络综合布线，需要掌握跳线的制作方法；掌握免打线信息模块的端接方法；掌握 RJ-45 配线架的端接方法；掌握 PVC 线槽成型、信息插座安装和线缆布放的方法；掌握交换机、模块化快速配线架和理线架在机柜内的安装和跳线。

网络布线实战在综合布线实战室进行。实战环境包括模拟设备间、模拟楼层配线间和模拟墙。

设计思路

(1) 跳线的制作。

(2) PVC 线槽的成型和敷设。

(3) 信息插座的安装。

(4) 配线架、理线架和交换机的安装。

(5) 配线架的端接。

(6) 布线测试。

参考文献

[1]张继成．交换机与路由器的配置管理［M］．北京：中国铁道出版社，2024.

[2]周汉清．网络设备配置与管理项目式教程［M］．北京：电子工业出版社，2023.

[3]张平安．交换机/路由器配置与管理任务教程［M］．北京：高等教育出版社，2022.

[4]冯昊．交换机/路由器的配置与管理［M］.3 版．北京：清华大学出版社，2022.

[5]谢志强，宋超荣，杨伟杰，曾煌存．局域网组网技术：交换机与路由器的配置与管理［M］．广州：华南理工大学出版社，2021.